# 人生就是一场催眠

# 汤姆·史立福科学催眠秘籍

〔美〕汤姆·史立福 著 / 于连香 译

## 用心投射，而不是照本宣科

北京科学技术出版社

# 图书在版编目（CIP）数据

汤姆·史立福科学催眠秘籍 /（美）汤姆·史立福著；于连香译 .— 北京：北京科学技术出版社，2018.6

ISBN 978-7-5304-9615-2

Ⅰ. ①汤… Ⅱ. ①汤… ②于… Ⅲ. ①催眠术 Ⅳ. ① B841.4

中国版本图书馆 CIP 数据核字（2018）第 068066 号

**汤姆·史立福科学催眠秘籍**

作　　者：〔美〕汤姆·史立福
译　　者：于连香
策划编辑：王跃平
责任编辑：苑博洋
责任印制：张　良
封面设计：何　瑛
版式设计：何　瑛
出 版 人：曾庆宇
出版发行：北京科学技术出版社
社　　址：北京西直门南大街 16 号
邮政编码：100035
电话传真：0086-10-66135495（总编室）
　　　　　0086-10-66113227（发行部）　0086-10-66161952（发行部传真）
电子信箱：bjkj@bjkjpress.com
网　　址：www.bkydw.cn
经　　销：新华书店
印　　刷：北京宝隆世纪印刷有限公司
开　　本：720mm×1000mm　1/16
字　　数：277 千字
印　　张：23
版　　次：2018 年 6 月第 1 版
印　　次：2018 年 6 月第 1 次印刷
ISBN 978-7-5304-9615-2/B·045

定　　价：268.00 元

美国临床催眠委员会和美国催眠基金会 联袂推荐

用精准、快速的催眠技术帮助人们摆脱无形的限制和痛苦

## 谨以此书献给我挚爱的妻子苏珊娜

　　此书献给我亲爱的妻子苏珊娜·史立福。她总是相信我用催眠帮助了很多人并且在我将催眠带到"极限之外"的过程中给予我百分百的支持。当我面对生命中的严峻挑战时，苏珊娜对我说："现在时候还太早，上帝对你另有打算，你还不能离开。"她是我的天使，我会永远爱她，直到永恒。

# 前　言

　　汤姆·史立福老师在科学催眠领域里所创造的成就，在本书中有详细的说明，在此，我不再赘述。2010 年，汤姆老师带着"美国催眠师院长"奥蒙德·麦吉尔老师的遗愿进入中国，期待将科学催眠的理论和技术带到这个古老而神秘的国度，帮助千千万万的人们摆脱那些无形的限制和痛苦，创造自己的美好人生。为此无论经历什么样的困难，他都坚持每年到访中国，孜孜不倦，为催眠爱好者们奉献他的智慧和出神入化的震撼催眠技术。

　　2009 年，汤姆老师罹患前列腺癌，接受了放射性治疗。但治疗失败，8 个半月以后，癌症卷土重来，病情更为凶险。2014 年 9 月 24 日，汤姆老师接受了前列腺根治手术，在术前、术中和术后，他都使用了自我催眠。6 周之后，他已经可以自由地外出度假了，并在接下来的时间里，继续四处奔波，在全球开课。在来中国授课的时候，他甚至可以不受时差干扰，立刻精神百倍地工作，令人叹为观止。他以自己的切身经历，证明了科学催眠的强大，也展示了自我催眠能够带给人们怎样的人生转变。

　　2015 年汤姆老师生日当天，他在 YouTube 社交网站上发表了一段话：我知道得越多，越知道我所不知道的更多。他的一生，是探索的一生。有句话他常常挂在嘴边："奥蒙德告诉我，人生就是一所学校、一个游乐场，如果我们把人生看得太严肃，就会错过很多人生的乐趣。"所以他在课堂上可以展现出婴儿般的童真，也可以还原每一个案例的精彩，更能够以细致入微的呵护，带领学员乐在其中，重塑自我。

催眠不是入睡，而是醒来。汤姆老师有一个愿望，用自己的人生故事和科学催眠技术，鼓舞人们去寻找自己，唤醒自己，成为自己。这便是本书的起点。为此，汤姆老师奉献出自己人生中很多真实的经历，把自己的核心技术做了更加详尽的图解，同时增加了三个真实个案的完整催眠对话实录，供临床催眠师们临摹、参考。这些无私的分享，可以让每个人在快乐阅读中获得感悟，也可以让身为临床催眠师的人们避免很多弯路，成长得更加快速。人生就是一场催眠，我们能够拥有的，要么是环境催眠的结果，要么是自我催眠的结果，主动权在你的手中。

佛陀有言："对失眠者来说，夜晚格外漫长；对疲惫者而言，目的地格外遥远；而对盲目生存、不解正法者而言，生命中处处皆苦。任何知识，无论你们自己阅览，还是听智者宣讲，甚至是听我宣讲，都不要轻易相信。要用自己的学识和智慧，去加以分别、验证。在真理的路上与任何人相遇，都不要轻易去接受。你们的生活，掌握在自己的手中。不要去依赖任何人。"我们也许不是佛教徒，也许信仰不同，但生命之苦，却不离左右。不依赖他人，亲自去体验、去感悟，成为自己的催眠师，成为自己的一盏灯，如果可以，也请做照亮世界的一盏灯。用科学催眠，成人达己，如此，这本书的初衷就已达成了。

汤姆老师一直强调，要用心去投射，而不是照本宣科地死记硬背。语言、语速、音调、眼神、肢体动作、力度、位置，每一个细节，都需要体验，需要琢磨。本书已经竭力用图文传达这些理念和技术的精髓，几易其稿，遗憾的是，在艺术面前，语言总是略显苍白，不及万一。如果你有幸进入老师的课堂，会更加享受行云流水的畅快。我虔诚地希望，本书能够带给正在捧读的你一点儿思考、一些方法、一条道路、一个方向。作为汤姆老师的学生和他的中国代表人，我也诚挚地欢迎乐于探索的你，来课堂亲自验证科学催眠带给你的那些质朴的神奇和感动。

译者 于连香

# 致所有激励过我的人

　　我要感谢所有令人着迷的麦斯麦术师、磁学家、电生物学家和催眠师。我们每个人都值得拥有幸福和健康的人生。为了帮助人们克服精神上、生理上和心理上影响幸福和健康的那些困难，他们贡献出自己的人生，甚至牺牲掉他们在医学和科学领域的前程，去探索我们潜意识中未知的领域。

　　我要特别感谢我挚爱的导师奥蒙德·麦吉尔博士。他是 20 世纪和 21 世纪东、西方催眠术的引领者之一。奥蒙德·麦吉尔对他人的慈悲以及对催眠的友善和热爱鼓舞了成千上万的催眠师、舞台催眠师以及临床催眠治疗师。作为一名多产的作家和探险家，奥蒙德在全球旅行，到访印度、印度尼西亚，以及中国台湾地区等世界其他角落，参加各种各样的宗教和灵性仪式，探寻大脑的奇迹。奥蒙德同时也在全球做舞台催眠秀，以"僵尸博士"的称号闻名。从 1994 年直到 2005 年奥蒙德离世，我们都是最好的朋友。奥蒙德总是告诉我："汤姆，你必须继续你在亚洲的工作，因为把科学催眠带给亚洲人民非常重要。"我们俩也在催眠领域合作出版了几本书。奥蒙德过去是我最爱戴的人，将来也是如此，愿他和他挚爱的妻子迪莱特在来世找到愉悦的安详。保佑他——我的朋友，敬他对每个曾经遇见的人付出的无条件的爱和仁慈。

　　我还要感谢我深爱的妻子·苏珊娜。她从我们第一次见面至今一直都作为我最好的朋友、我生命的爱人、同事和精神伴侣陪伴在我左右。苏珊娜在我

**汤姆·史立福和苏珊娜在婚礼上，摄于 2009 年 8 月 1 日**

被诊断出患有恶性肿瘤时嫁给了我。在我两次与前列腺癌抗争的过程中，包括密集的化疗和一次根治性抢救手术时，苏珊娜一直告诉我，现在仍在告诉我，上帝还不会带我走，因为我还有很多工作要做：用科学催眠帮助那些上瘾、应激创伤、恐惧症和面临其他人生挑战的人。苏珊娜是上天派给我的天使。她是我人生的真爱，直到永远。我要对她说："我全身心地爱着你，我亲爱的苏珊娜。"

我要感谢在我长长的一生中有缘与我一起工作的那些来访者和搭档们。在帮助个案重获新生，拥抱璀璨人生的同时，我也获得了成长和历练，见证了生命的无限可能和无数奇迹。对科学催眠生出更多的好奇和敬畏，拥有动力去不断地探索和推进。感谢你们给予我的支持和信任，感谢你们一路同行。

　　我也要感谢本书的翻译于连香，她应邀成为我的独家合作伙伴和中国唯一代表人，皆因她中英文俱佳，非常专业而且敬业，充满活力和动力。她对人所抱有的尊重和理解以及对东西方文化差异的洞察也深深地打动了我。我们的每一次合作都令我感到如沐春风。很开心能把本书交由她来翻译并在中国出版。

汤姆·史立福

# 催眠术的历史

在很长一段时间里，催眠术都被应用着，只是形式各异。千百年来，古印度的瑜伽师以各种方式践行着催眠。他们会通过各种各样的咒语将自己或他人导入一种心智恍惚的状态。

在印度祭司的古老神庙疗愈活动中，我们可以观察到催眠现象。同样的，波斯的魔法师和中国的玄术用它来减缓苦痛。

催眠术超自然的一面在催眠的古老形式中也有记载，例如透视和心电感应（现在也被叫做超感觉）。我们在希伯来预言和希腊神谕中都读到过相关的参考记载。那些掌握这种奇异而神秘能力的人被古人深深地敬畏着。因此，这些秘密被严防死守就不足为奇了。它只在被精挑细选出的人中口耳相传，也就是说，它被作为一种宝贵的遗产父子相传。

随着耶稣基督降临，启蒙运动之路打开了。他说出了关于人类奇妙的内在本质的真理。这位大师运用心智的力量表演奇迹。他解释说这些奇迹是每个人都可以做到的，并乐于揭示这些天赐的秘密，这治愈了很多人的小病小痛。他甚至用自己催眠和神秘的能力死而复生。这是借由暗示和按手礼（抚头顶祝福礼）显现的。除了少数个例，大众还没有准备好从内在去领会他所教导的本义。宁愿待在无知和迷信之中。然而，种子已经播下，即使是他的死也无法彻底地摧毁火种。他的十二门徒肩负他的工作继续前行，将他的教导传播到很多国家。今天，他的教义和信众达数十亿之众。

我们发现，在早期的基督徒中，有很多精神疗法术士采用了耶稣治愈疾病的方法。他们被罗马人迫害，处以死刑。结果，在早期历史上的那个时期，这种治疗方法（按手礼和祈祷唱颂暗示治疗）几乎自此消失了。然而，随着后来基督教堂的崛起，为数众多的牧师和修道士们重拾信仰治疗以及祈祷的暗示力量。

18世纪后期，一个叫盖斯纳神父的耶稣会神父在德国引起了轰动。他能诱发一种催眠状态。当一个人在房间里等待时，他会突然进入那个房间，一只手举着一个十字架，径直走向这个人，用拉丁文大喊一声"睡着"。不出意外的，他就会这样诱导出一种催眠状态。他进行了一些不同寻常的实验，在他的一个"敏感的人"身上，他使其心跳暂停了几分钟，在明显死亡之后又把这个人唤醒，重新活了过来。

18世纪，另一位对此课题的兴趣复兴很有帮助的是维也纳的弗雷德里克·安东·麦斯麦（也译作弗朗兹·安东·麦斯麦）医生。他在近现代被公认为精神医学的"鼻祖"。

1778年春，麦斯麦由奥地利的维也纳来到巴黎。他在维也纳获得了自己的医学博士学位。通过研究物理磁铁（这在当时医生之间非常流行），他发展出一套理论，用他的手来治愈疾患。他声称它们能散发出跟物理磁铁一样的磁力感应。由于这种感应本质上是由器官完成的，故把这命名为"动物磁力"。他宣称这种磁力存在于人体之中，可以从医生流转到病患身上。他做了很多非凡的治疗。他的方法以"麦斯麦术"而闻名。

巴黎对麦斯麦和他的学说敞开了怀抱。他很快就开了你能想象出的最好的沙龙之一。在那里他处理、治疗了成百上千的病患，贫富都有。为了应对愈来愈多的求诊者，他想出了一个主意，对他的病患集体施治。他在治疗室的中间安装了一种喷泉，叫做"巴奎特"，里边充满了水。水事先被"通磁"了。然后给"巴奎特"盖上盖子。盖子上有很多孔，从每个孔里伸出一根铁丝（每个患者一根）。大约30个患者可以围坐在这个装置周围同时接受治疗。麦斯麦身着一袭淡紫色的袍子在音乐声中上场了。病患抓着从大桶里伸出来的能量棒，他绕场行走，触碰每个病患身体的患病部位，并且，用银线把病患们串连在一起。他用这种流程完成了成百上千的治疗并记录在案。记录显示在 1784 年他治疗了 8000 多人。据说他为自己的服务收取了昂贵的费用，为自己创造了财富。考虑到他富有的主顾们，这应该是真的。但同样真实的是，穷人也接受了同样的治疗，但却完全免费。

他的成功激起了其他法国医师的嫉妒、对抗。他们诽谤他的工作。麦斯麦回到自己的祖国，直到于 1815 年去世。

继麦斯麦之后，下一个历史性人物是英国的詹姆斯·布雷德医生。他在催眠治疗的推进上非常突出。布雷德医生于 1795 年出生于爱丁堡。在那里，他以医师和外科医生的身份毕业。在苏格兰做了几年实习医生之后，定居在曼彻斯特，直到 1860 年离世。布雷德医生被公认为现代催眠术之父。实际上，是他创造了"催眠"这个名字。他从希腊语"徐普诺斯"（Hypnos），意思也就是睡眠之神那里获得灵感，创造了我们现在所熟知的词语：催眠术"hypnotism"。

在英国曼彻斯特，布雷德医生亲眼见证了一场麦斯麦术和动物磁力学表演。那是由一个法国麦斯麦术师做的。在那之后，布雷德医生开始了自己的一系列实验，很快发现了即使不使用这些媒介、不需要相信所谓的"磁流"，也能产生相同的现象。他发明了一种方法，把一个明亮的物体放在被试者的面前数英尺远的位置，位于眼睛的上方，让被试者目不转睛地盯着它，这似乎也能产生一种类似于自然睡眠的状态。看上去，他的方法产生的结果与那些麦斯麦术师所宣称的结果很相似。布雷德断定："动物磁力学"与所发生的现象毫无关系。他认为，被试者对眼前物体的专心致志才是关键所在。在早期的工作中，布雷德医生没有使用语言暗示来加深病患恍惚的状态，后期，在自己的技术中加入了暗示。前边我们提到，他把诱导出的精神状态叫做"催眠"，把这种状态的终止叫做"解除催眠"。他在此领域认真负责的工作，引领着当时其他杰出的人们去研究这个现象，这促进了对其心理学本质的一种理解。在这些人当中，就有法国的昂布鲁瓦兹－奥古斯特·李厄保（Ambroise-AugusteLiébeault）。

1864 年，李厄保医生定居法国南锡，践行医学和催眠术。他的催眠病患太多，以至于不得不扩大自己的诊疗范围。他在催眠术方面的工作非常成功，很快引起了全法国的关注。随后，他与他受人尊敬的朋友——内科医生伯恩海姆一起合作，开办了南锡催眠治疗学校。

李厄保使用布雷德的方法诱发催眠性睡眠，催眠过程中始终使用语言暗示，暗示的价值被他和伯恩海姆所察觉。几年以后，基于在"南锡诊所"实施的治疗个案历史记录，他们出版了一本广受好评的书，叫做《暗示疗法》（*SuggestiveTherapeutics*）。

与此同一时期，此课题引起了巴黎拉萨尔帕蒂里尔（Sapetriere）医院的夏科氏医生（Dr. Charcot）的注意，追随者众。拉萨尔帕蒂里尔医院和南锡学校就催眠现象的因果关系持有不同的观点。夏科氏坚称只有神经病患者和歇斯底里的人才能被催眠。南锡学校坚持认为诱发的梦游状态（催眠）在所有人类身上普遍存在，健康的人们实际上是最好的被试者。

在现代催眠的这些先锋去世以后，当弗洛伊德的精神分析工作站到了最前沿时，催眠的治疗应用开始衰落。在那个时期，舞台催眠师们周游列国，使催眠得以活跃在民众之间。

第二次世界大战使催眠再次复兴，其治疗用途被用来救助弹震症士兵。当时，催眠是被美国医学协会官方承认的一种治疗艺术，有着确凿无疑的价值。

由于医学专家的认可，催眠治疗的发展蔚然成风。今天，人类能量从医生到病患的生理性转移这一信念与心理学暗示的心理方面一起被广为尊重（就像麦斯麦提议的那样）。

我们认为，科学的两面都占有一席之地。与此同时，结合催眠来为人类大脑的生物电脑编程有着极大的影响力。

# 目　录

**第二篇**

**点石成金**
**——汤姆·史立福科学催眠震撼引导技术**

## 第三篇

### 纤毫毕现
### ——汤姆·史立福原汁原味的完整治疗案例

第一篇

# 人生就是一场催眠

——汤姆·史立福科学催眠自传体实录

人生就是一场催眠

## 汤姆·史立福与催眠

我叫汤姆·史立福，是一名科学催眠师。我在催眠领域里工作了 35 年多。在此期间，我经历了一些令人着迷而又非同寻常的事件。大部分人真的不知道催眠是什么，甚至不知道催眠师是干什么的。很多人认为催眠是伏都教的一种形式、魔术、医术，或者一个狂热的疯子摇动着一块怀表，同时说着"看着我的眼睛，你被我控制了"。人们认为催眠像那些令人毛骨悚然的电影里的僵尸一样，或者某个人在深沉的恍惚状态里说着"是的，主人"，就像弗兰肯斯坦①那样。很多人实际上害怕催眠。一些宗教运动甚至认为催眠是与恶魔相关的某种东西控制了你的大脑，偷走了你的灵魂。我们当中的一些人甚至认为催眠是黑暗魔术，或者像社交小把戏那样让人们做愚蠢可笑的事，比如学鸡鸣狗吠、跳艳舞或者让某人曝光他们内心深处最不可告人的秘密。有些人认为催眠师是能在你身上下咒的人，并且催眠师的暗示会控制你做一些邪恶的事，比如用催眠后暗示或者某个触发开关杀死某人。还有很多人认为催眠是假装出来的，是个玩笑，甚至根本就不真实。

当今世界上对催眠有如此多的困惑，这种困惑实际上已经流传成百上千年了。催眠是一门科学，也是一门艺术。如果使用不当，任何一门科学和艺术都可能带来伤害甚至死亡。就像你将会在此书中看到的一样，你会发现世

---

① 弗兰肯斯坦：又译作"作法自毙的人"，英国女作家玛丽·雪莱著的一部恐怖小说，曾拍成电影，译名《科学怪人》。

**魅力四射的催眠师——汤姆·史立福**

界上很多非常邪恶的人使用大量的催眠、暗示和感观超载技术操纵成千上万的人，毫不夸张地说，亘古以来，他们用程序指令控制这些头脑软弱的人们，摧毁了千百万人的人生。现在，当代希特勒们和疯子们仍然使用它在某些宗教集团成员中安装恐惧、谎言以及暴力情绪，甚至政客们也利用它带出我们内心最坏的东西。

这是我早期的一张照片，摄于 1985 年，它将我打造成一个可怕的大脑

控制者，能够将你催眠后按照我的指令去做任何事情。

你在我掌控之中"睡！"

在我作为舞台催眠师的职业生涯的开端，我制作了一套宣传照来销售我的舞台秀。我会发给那些内行的代理人一套宣传资料，里边至少囊括这些照片和我的一份个人简介。

实际上，催眠可以回溯到数千年之前。当时在印度有一些睡庙。人们被带到这些庙里，冥想自省以及与睡眠手印神（Nidra，湿婆的一种形象）对话，通过这些治愈了各种各样的苦恼。有时候我会觉得非常有趣。有个叫阿维森纳（980—1037）的波斯医学家——也可以被叫做早期的心理医生，写过一本书，叫做《疗愈之书》（*Book of Healing*），在书中他区分了睡眠和催眠。他认为催眠就是"al-Wahm al-Amil"，也就是说一个人可以在另一个人身上创建出一种状态，使他/她在催眠状态下接受现实。

在久远的过去，有很多伟大的人学过催眠，当时催眠也被称为动物磁学或者麦斯麦术。有一些充满魅力的人成为了催眠师、麦斯麦术师或者磁学家。他们是世界上伟大的偶像，其中有些人也曾经是世界上顶尖的医生。杰出的英国作家查尔斯·狄更斯 ① 也是其中之一。另有一位著名人物是位革命战士——拉斐耶特（1757—1834），拉斐耶特将军也以法国贵族拉斐耶特侯爵而闻名。在美国独立战争中，他作为军官为美国而战。拉斐耶特将军是个麦斯麦术师，也就是现在我们所说的催眠师。麦斯麦术师实际上源自弗朗兹·安东·麦斯麦尔，他被公认为是催眠术之父。

在 18 世纪，有一个叫乔安·乔瑟夫·盖斯纳（1727—1779）（Johann Joseph Gassner）的天主教牧师实践过自己的催眠术。他的催眠形式是祈祷和咒语。他声称疾病来自于邪灵，而他相信自己能够治愈这些疾病。另有一位玛克西米利安·海尔神父（1720—1792）（Father Maximilian Hell）曾经用过磁学，他会把钢板放在裸体上来治愈疾病和痛苦，同时他也使用暗示的力

---

① 查尔斯·狄更斯：1812 年生，1870 年卒，著有《雾都孤儿》《远大前程》《神秘故事》《双城记》《匹克威克外传》《艰难时代》《大卫·科波菲尔》等小说。

量。海尔神父的学生之一就是催眠之父——弗朗兹·安东·麦斯麦尔。

有一个词"梦游症"，指的是"睡梦中走路"。就催眠来说，"梦游"显然是催眠中接受度最高的状态。只有在比例很小的被催眠人群中能够发生。这是麦斯麦尔的一名学生塞句公爵（Marquis de Puysegur）创造出的名字。当时，他们称自己为试验主义者。这些只是很多为催眠贡献出自己一生的人中的几位。他们不断地实践、探索，使催眠以一门新的科学为众人所知。

在当今催眠界，有很多自称催眠师、认证的催眠治疗师甚至催眠培训师的人，实际上接受的催眠培训很有限，对催眠的理解也不甚深入，实践经验更是少之又少。在大多数催眠学校里，催眠教育也很有限。因此，催眠师的技术很受限，甚至缺乏对催眠强大威力的理解。使用得当的话催眠可以助人；如果被心怀不轨的人所掌握，也可能助纣为虐。众所周知，世界上有一些伟大的人曾经使用催眠、动物磁力学和麦斯麦术的某些方面帮助这个世界变得更美好。但另一方面，大家也都知道，世界上有一些很危险邪恶的人也曾利用催眠和暗示的力量鼓动人们采取最可怕的暴力行动。我在此不会深入去讲，但必须强调催眠是一门强大的科学，"必须"被尊重并且被明智地使用。惟其如此，才能使其获得科学殿堂学术界的认可。对催眠正确的培训和理解需要逐步培养，这样，作为一门积极强大的科学，它才会被全世界所认同。事实上，它真的很强大。

本书所述均为我人生中真实的故事和毕生的科学催眠技术之大成，发生在我对潜意识世界的探索之旅上。而这些，存在于真实的催眠世界。这是我人生之旅上的宝藏。在此旅途中，我成为一名科学催眠实验者，打破其他催眠培训师们的"这根本不可能"的信念，创造成功。当你阅读本书的时候，请记得，如果你相信某件事无法实现，那么它就真的无法实现；"凡你相信的，你就会把它变成现实。"我把催眠带到极限之外，甚至在人生中超出了它真实的潜力。你将读到的都完全属实！

接下来，我邀请你跟我一起去展开我人生的画卷，体味科学催眠给我带来的精彩人生。我相信，通读本篇的你，也会拥有更多的精彩改变，因为，人生就是一场催眠。我能做到的，你也可以！

## 死亡与创伤

1952 年 12 月 20 日，我出生于纽约布鲁克林的鲍勃·史立福和伊芙琳·史立福夫妇之家。我的父亲出生于俄罗斯，大约在 1910 年俄国革命开始之前举家迁入美国。我的母亲伊芙琳·格拉芙出生于纽约。她的父母来自澳大利亚和罗马尼亚。在我大约 2 岁的时候，我家从纽约布鲁克林迁往加利福尼亚州温尼特市的一个养鸡场。我们住在一座老房子里，门前是一条土路，路边种着胡椒树。我们的房后篱笆里养着鸡，感觉有成百上千那么多。除此之外，还养着两只鹅、一条狗和一匹小马。我有三个哥哥：立德、特雷西和谢利。我是四个孩子中最小的一个，也是个快乐的孩子，总是拿东西做着孩子们爱玩儿的那些实验。后来我进了温尼特小学，从来没拿过高分，大约可以算作"中等生"。

我想在这里回顾一下小时候我所遇到的那些死亡和创伤。我们当中的很多人都会遇到这样那样的创伤，而这也成了我们的必修课。我在此所记录的几件事，都是有关死亡和创伤，它们对当时的我来说都是难以承受的痛苦和恐惧，甚至影响了我很多年。发生在我们人生中的每件事，都在有意无意地催眠着我们。有些突发的事件，在成人眼里也许并不严重，但对一个孩子的影响，却不可估量。催眠无处不在，如果我们能意识到这一点，就能更好地保护自己，掌控自己的人生。

关于死亡的记忆，是从我的祖母开始的。我们叫她嬷嬷，她一直跟我们住在一起。祖母非常慈祥，总是跟我玩儿，照顾我。有一天在加州温尼特的

**汤姆·史立福的曾祖父母，摄于俄罗斯**

前院里，祖母在帮助我的时候滑了一跤，摔倒了，臀部骨折。救护车把她送进了医院。从医院回来之后她就再也不像从前那样了。她看上去一天比一天虚弱，有一天早上我醒来去叫她起床的时候，她没有醒来。我飞奔进父母的房间喊着："我叫不醒嬷嬷。"他们来到嬷嬷的房间开始哭泣。她去了，再也不能陪我玩儿了，这令我很悲伤。我从来没有忘记关于死亡这个最初的记忆。

　　说到创伤，有一些寻常小事也可能带给孩子深刻的印象和无边的恐惧。作为小孩子，我总是可以自由地出入房子，跟邻居家的孩子一起去野外消磨时间、爬树，在他们家里玩耍。我记得我 7 岁那年的一天，跟我的哥哥谢利和特雷西一起拿着妈妈的化妆品闲玩儿，把它们擦在脸上扮成印第安人。我妈妈突然出现，抓了我们现行。我们都吓坏了，带着狗从家里跑了出去。我们走到离家好远的地方，一定是离家至少几英里了。我记得我们进了一个小商店，买了一些甘草糖吃，甘草糖一块一美分。当时我们都觉得如果不立刻

汤姆·史立福的外公外婆住在纽约，摄于 20 世纪 20 年代

跑掉的话一定会被修理的。我们完全不知道我们数小时不回家母亲会有多担心。后来我们在大街上走的时候，一辆警车经过，发现我们并停了下来。警察把我们带上警车送回了家。我妈妈对我们逃走的事特别恼火，她把我们关到房间里打了一顿屁股，告诉我们以后再也不要那么做了。因为太疼了，我大哭了一场，那时候我还没有意识到我们的逃跑之事把母亲差点儿吓死。后来妈妈进来叫我们去吃午饭的时候，我才意识到她并不是要惩罚我们。

　　我拥有一个美好的童年。我记得那些日子里，爸爸在早晨和我一起去鸡棚里拾新鲜的鸡蛋，我们的那两只鹅也下蛋。鹅蛋很大，一只就足够我们所有人的早餐了。当时我常常跟罗纳尔多和唐纳尔多两兄弟玩耍。他们住在离我家差不多一条街远的一所老房子里。农舍被一些老旧的栅栏和很多胡桃树围着。我们经常聚在一块儿，从树上往下砸核桃。我记得有一天，有一个人

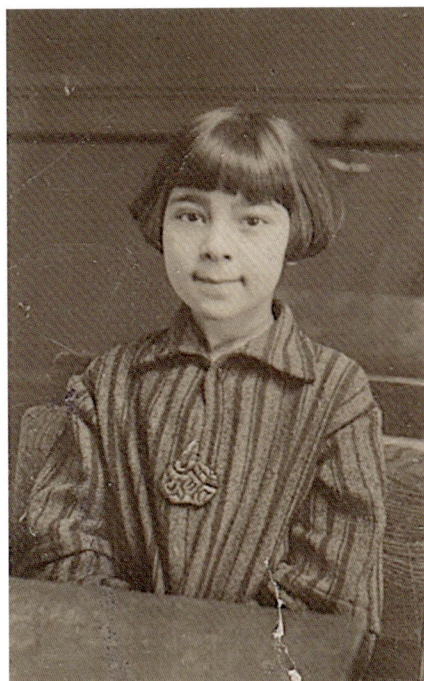

汤姆·史立福的妈妈小时候

汤姆·史立福的妈妈和舅舅哈利

妈妈（左一）和她的朋友们，摄于纽约布鲁克林

嬷嬷

汤姆·史立福和爸爸在布鲁克林，摄于 1955 年

汤姆·史立福在布鲁克林，摄于 1956 年

走过来，我不太确定他做了什么，但我认为他可能是想要猥亵我们，也可能他甚至把我们绑在那个老栅栏上对我们做了什么。我记得我被弄疼了，然后就哭了。那时候我们大约都是 6 岁左右。紧挨着他们房子的那些被遗弃的栅栏总是给我带来一种恐惧感。

我还记得这件事发生之后的一两天，有人来到罗纳尔多和唐纳尔多家，他把那个伤害我们的人抓住了，当着我们的面把他吊在一棵树上，我们都用生核桃砸他，一遍又一遍，我对这个人是如此的愤怒，以至于每次用核桃打他的时候都感觉到很畅快。在那之后的一段时间里，我经常做一些很可怕的梦。在一个重复发生的梦里，我是一个很小的孩子，在一块地里走着走着掉到了一个大洞里。这个洞一直通到一个很大的房间，里面有一些邪恶的人向我走来，他们想要伤害我或者杀了我。现在想来，也许那个可怕的梦跟我小时候发生的创伤有关。在唐纳尔多和罗纳尔多家发生在我身上的事情，一定带来了创伤后应激障碍。这个事件在我的大脑里留下了像创伤后应激障碍一样的负面印记。我们在人生中有极端创伤经验的时候，会埋藏那些记忆和情绪的创伤，这有点儿类似于自我保护。这些被隐藏的创伤也许永远被埋藏了，也或者他们会在我们以后的人生中以被压抑的创伤事件或者被压抑的记忆形式悄然再现。成千上万的儿童、青少年和成人在精神上、性方面或者是肉体上被虐待，虐待可能来自于父母、父母的朋友、亲戚、朋友、兄弟姐妹甚至是陌生人。数据显示，三分之一的女性曾经遭遇过某种形式的性虐待，包括强奸。五分之一的男性在孩童时期或者成年之后遇到过某种形式的性虐待。这是非常醒目的数字。很多成人所面临的问题，也跟童年时所经历的创伤有关。在我的催眠生涯里，我遇到了很多因此而备受困扰的来访者。

在我住在养鸡场的时候，我还记得一件很伤心的事儿。那天是我的生日，我邀请了很多同学到家里庆贺。一个同学跟我同一天过生日，他也组织了生日晚会。想到所有学校里的朋友来我家给我过生日，我特别兴奋。我等啊等，只有一个人来到我家，其他的同学都去另一个同学那里参加他的生日聚会去了。我记得我哭了，感觉就像除了来庆祝我生日的这一个孩子之外没有人喜欢我了。当你很小的时候，发生在你身上的这类事情可能影响你整个人生，因为它能在你内心创造出不安全感以及不被喜欢或需要的感觉。这种感觉悲伤以及没有人喜欢我的记忆在我大脑里留下了很深的印记，甚至现在也是如此。因为它是那样强烈的一种感觉：我不受人待见，每个人都更喜欢另一个孩子而不是我。儿童时期这类事情可以创造出一种不安全感和自我怀疑。

另一件印象深刻的事情，在我的人生中打下了深刻的烙印，也使我在后来对催眠有了深刻的认识。10 岁的时候，我进入了少年棒球联合会，开始打棒球。我是左利手，守一垒，也做投手。我所在的球队叫海盗队。我热爱打棒球，我们赢了很多场比赛，并准备好在某天上午要打一场大赛。

周六早上，我醒来的时候对这场比赛特别兴奋，我们将借此拿到第一。这意味着我们可能成为这个赛季的冠军。我到了少年棒球联合会场地，开始热身，准备为我们球队做投手。我试着投出了几个球。比赛还没开始，这时有两个男人走到我跟前，他们告诉我这是一场大赛，打这种比赛我会非常紧张。他们把其他可怕的想法也塞进了我的脑袋，比如我不够好，不能为赢得比赛开球，那样我们当天就会输掉比赛。我那时候还太小，不能意识到他们到底在干什么。那两个人是对方球队的经理和球员家长。他们试图吓唬我，使我失去信心，从而输掉比赛。实际上，我是如此害怕投出球去，输掉比赛，以至于我甚至都没能把球投过本垒板。他们把我催眠了，给我编了程序，使我很害怕，输掉了比赛。

加利福尼亚温尼特小学合影（四排右四为汤姆·史立福），摄于 1960 年

加利福尼亚温尼特小学合影（后排左四为汤姆·史立福），摄于 1962 年

　　我把每个人都保送上垒了，对方球队到达本垒的球员越来越多。每一次投球，我都感觉到自己整个身体因恐惧而发抖，手也不停地颤抖。那两个人在我脑中植入了恐惧的想法，而我相信了他们。这使我失去了所有的自信。对手赢得了比赛，我输了，我们的球队也因为我而输了。我感到悲伤而丢脸，我哭了，甚至想要去死。我感觉自己就像一个最大的失败者，让每个人都很失望。我现在意识到了，当时我被对方球队的经理和一位球员家长催眠了，变得恐惧，有不安全感以及自我怀疑。他们希望我失败，输掉比赛。但当时我并没有意识到这点，因为我是如此紧张和兴奋，处于一种高暗示接受度的状态，被植入了恐惧的暗示。我被催眠要失败，进而输掉了比赛。这件事在我的人生中创造了一个长期的恐惧和自我怀疑，跟随我多年，直到我用自我催眠移除了这些植入的情绪。

　　在我小时候，还有一件关于死亡的痛苦记忆，让我每每想起都会痛彻心扉。我有一个同父异母的哥哥，叫杰克·史立福，是一名律师。他比我和我的其他兄弟们大很多。杰克有个妻子和一个叫斯基珀的儿子。我们原来住在

汤姆·史立福 11 岁时
上初中的照片

汤姆·史立福在少年棒球
联合会比赛

我家前面的房子里，后来父亲把我们的另一所房子搬到了后院，我们就搬了进去。我的哥哥杰克一家搬到了前边的房子里。斯基珀比我小一岁，我们成了好朋友，总是一起玩儿，一起做事。他是我的侄子，也是最好的朋友，我爱他。我们俩上了同一所小学，有时候会一起走路上学。学校离我们家大约两英里远。我记得我们沿着火车轨道走向学校，也记得沿着铁轨走是多么的有趣。我能够记得想到我们会是一生中最好的朋友和亲戚的时候自己是那么开心，我总是梦想着我们长大以后仍然像当时那样亲密。

斯基珀是杰克和他妻子玛高唯一的孩子，也是他们生命中的乐趣所在。有一天，我家决定要到波莫纳乐园去度一天假，那是一个游乐场。我妈和我爸带着我，以及我的哥哥谢利和特雷西。我问我的父母我们能否邀请斯基珀

汤姆·史立福所在的少年棒球联合会海盗队

汤姆·史立福的父母在一个舞会上跳舞

一同前往。他们同意了。我又去问斯基珀的妈妈玛高是否允许他跟我们一起去游乐场。起初她对此有一点儿担心，斯基珀是他们唯一的孩子。最后她同意让斯基珀跟我们一同前往，但她告诉斯基珀要非常小心。我觉得她可能有一种不祥的预感，感到有什么不好的事儿要发生。我们在乐园里度过了非常愉快的一天，骑马、玩游戏，吃了很多食物和棉花糖。我爸爸喜欢赌马，他没有跟我们一起去游乐场，可能是去了邻近乐园的一个跑马场。我哥哥特雷西也跟他一起去了。

我的哥哥谢利、我妈妈、我侄子斯基珀和我一起去了波莫纳乐园。天晚了，我们都很累，所以决定走回到我们的车那儿等爸爸和哥哥来汇合。车停在那个巨大的停车场的最后边，走过去大约需要 20 分钟。妈妈和哥哥走在我和斯基珀前面，离我们大约 100 英尺左右。这时我留意到有一辆带两节车厢的敞篷卡车，可以把人们送回他们的泊车位，我们叫它客运摆渡车。一节车厢就像是一把大椅子、一条大长凳，人们坐在一个椭圆形的敞篷车厢里，围坐在露天护栏旁。车厢挂在一个小卡车后，能坐 50 多人。两排座位之间有链条或者空隙，就像火车要用车钩把火车车厢一节一节连接起来一样。我看到客运摆渡车向停车场驶来的时候，就跟斯基珀说，我们应该跳上摆渡车，这样就能打败妈妈和哥哥，比他们早到汽车那儿。斯基珀同意跟我一起跳车。我们一起奔向摆渡车。到了离它大约 5 英尺远的时候，我突然呆住了，停了下来；同时我看到斯基珀跳上了其中的一节车厢，他正好跳到了两节车厢连接的位置上，我看到他一跳到车上就滑了一下，跌落到坐满人的车下。我眼睁睁地看着他被拖着，活活被碾死。我开始尖叫，对司机狂喊："停车！停车！……"我在撕心裂肺地哭喊，我的侄子就那样被坐满人的摆渡车碾轧着，拖拉着。我的妈妈和哥哥谢利听到我的尖叫停下来回头看我，他们看到了恐怖的一幕。司机把车停了，所有人都跳了下来。大家一起把客运车厢往侧面推翻了。我看到我侄子的身体在血泊中战栗发抖。我的心碎了。我吓坏了，大哭起来。我妈妈也在痛哭尖叫。后来，一辆救护车驶来，把斯基珀抬了上去。我妈妈和哥哥上了救护车，她希望我跟他们一起去医院急救。我去不了。我被吓到了，都是我的错。我害了我的侄子。我不断地想着，是我害了斯基珀，我杀了他。我开始往医院走。等我走到的时候，看到了哥哥特雷西。他告诉我，斯基珀死了。我的心碎了，不停地痛哭，是我的责任，是我告诉斯基珀跳上客运摆渡车的。甚至是现在，当我写下这些的时候，只要想到发生在我侄子身上的事儿，我仍然忍不住哭泣。这就是所谓的"致命速递"。我记得事后一些警察问了我些问题。我想他们是努力想要弄清发生了什么事，为什么一个 11 岁的男孩儿要奔过去被轧死。斯基珀去世以后，我同父异母的哥哥搬离了我们前边的房子。我们跟他失去了联系。我听说他妻子精神崩溃了，不得不去疗养院接受治疗。我的父母和哥哥们从来没谈起过发生了什么事。我觉得每个人都有他们自己的愧疚和痛苦，没有人做过任何事情或者任何形式的治疗来跨越这些重大的创伤事件。

我带着这种愧疚过了很多年。甚至是现在我也仍然带着痛楚，也许余生都会如此。那时我 12 岁。在当时，我猜没有多少人相信心理医生和治疗师能帮助他们移除创伤。我知道我从来没有获得任何帮助，我的父母和哥哥们也没有。然而我相信，每个人都可能带着曾经的极度痛苦和懊悔。我的人生中没有什么能够重来，我家人的人生也是如此。甚至作为成人，我从来无法谈起它，即使过了三十多年，我也不能提起斯基珀的名字，每次说起都要痛哭一场。

过去的几年里，我能够自己给自己做一些工作，至少我能谈及发生的事。但我想我的心里会始终对我亲爱的侄子斯基珀的悲剧之死怀有痛苦。我觉得人生中最困难的时光之一就是我不得不回到学校的时候，报纸报道了斯基珀之死，我不得不面对同学们，听他们跟我说他们为此感到遗憾。有时我仍然感到因我侄子之死而带来的疼痛；有时候也会想，如果这事故从未发生，现在我的人生又将会如何呢？我们回不到过去改写人生，但我们可以理解过去，以便继续向未来进发。每个人都会被某种方式伤害。当时，我必须与创伤共存，后来就了解了创伤后应激障碍。

## 结缘催眠

　　我 8 岁的时候，爸爸把家从加州的伯班克迁到加州瑞喜达的一个大房子里。房子占地两英亩，有两层，建于 20 世纪 20 年代。我们养了两只鸡和一条名叫"公主"的白色德国牧羊犬。我住的对面是一片开阔地，地的另一边住着哈尔·斯泰尔斯（Hal Stiles）牧师夫妇和他们的儿子杰弗瑞。哈尔·斯泰尔斯有个教堂，叫"睦邻教堂"。他是个牧师，每周日跟来到教堂的人们一起聆听布道并做礼拜。在老教堂上有一口大钟，杰弗瑞的父母每周日早上开始礼拜服务时会敲钟。哈尔·斯泰尔斯是个非常奇怪、性情乖戾的人，对邻里间大部分孩子来说都有点儿吓人。杰夫·斯泰尔斯 ① 和我成了非常亲密的朋友，放学后我们会玩儿很长时间。每天晚上我都能听到教堂的钟声敲响。杰夫怕他爸爸，一听到钟声就会停下所有事情奔命一样跑回家，否则会有麻烦——如果回家迟了就会被禁足，很长时间都不能出来跟我或者其他朋友玩儿。

　　进入初中以后，我仍然常常去杰夫·斯泰尔斯家，看到杰夫的爸爸在自己的办公室里进进出出。哈尔·斯泰尔斯有一个奇怪的爱好，后来我很快就发现是什么爱好了。如果知道他在那个紧邻自家房子的水泥防空洞里做了什么的话，他大部分的会众大概都会不舒服。哈尔·斯泰尔斯牧师在他的水泥防空洞里消磨了很多时间，在杰夫、他的好朋友们、会众以及家人身上做实

---

① 杰夫：杰弗瑞的昵称。

验，杰夫把它称为催眠。实际上那个时候我不知道催眠是什么，但杰夫告诉我他爸爸会在那个属于他们的小水泥建筑里催眠他和别人。

有一天，我看到斯泰尔斯先生在杰夫身上练习一个"向后倒"的催眠技术。我不知道他们在干什么，后来才发现那是一项催眠测试。由于哈尔偶尔也会催眠杰夫，我的好奇心和想象力被新奇而又不同凡响的想法持续地喂养着，也间接地感受到并吸收了所有来自杰夫的经验。哈尔·斯泰尔斯用他自己独一无二、匪夷所思的技术帮助人们，一次一人。我很笃定这将是我的媒介，某一天我会通过它实现我的梦想……只要哈尔肯教我。很不幸，我从来没被邀请过，从来没有。直到很多年后，我才获准进入那个神秘的地下宝藏。我打赌哈尔先生催眠了他整个教会的会众。

在我高中的时候，哈尔·斯泰尔斯离世了。我悲痛欲绝，我还从来没有获得观看哈尔工作的机会呢。葬礼后几周，我惊喜地得到杰夫的邀请，去参观他父亲庞大的图书馆，里边有海量的藏书。过后，我的一个朋友斯蒂

**汤姆·史立福在加州瑞喜达欧文大街上的家**

夫·韦伯给我看了一本杰夫送给他的书，是关于轮回的。那本书吸引了我。我开始读这本书的时候，自己在心里想着，哈尔的办公室里一定还有很多其他好书留在那儿。办公室在教堂的后边。我决定问问杰夫我是否能浏览一下他父亲的藏书，他答应了。

当我打开哈尔的办公室时，发现成百上千的书散落在地板上，四处都是。大部分书都与宗教相关。我花费了好几个钟头，在那些书里边寻找与催眠、妖魔鬼怪和轮回有关的书籍。有些书是在 19 世纪中期甚至更早之前写的。我尽可能多地收集了这些书，现在它们仍然是我的藏书。我感觉到哈尔的工作有巨大的价值，也许某一天我能使用这些资料帮助我自己和他人。随着我不断长大，我不停地读这些书，读了很多年。

高中毕业以后，我进入了位于加利福尼亚州伍德兰岗的皮尔斯学院，主修心理学。我加入了学生会，任心理学理事。在整个大学期间，我学习了很多心理学和哲学的课程，对我们大脑的能量充满好奇。实际上，我们只使用了自己大脑如此少的一部分。

1984 年，我在宝丽金唱片公司的职位被解除了。我失业了，没有工作，也没有任何可以依靠的事情，又离了婚，感觉到自己根本就没有未来。在心里，我不断地想起哈尔·斯泰尔斯，我朋友的父亲，那个牧师，想起他对自己的教众在催眠方面所做的工作。

有一天，我的大哥特雷西来找我，给我带来了一个绝妙的机会。特雷西当时在加州凡奈思一家叫"催眠动机学院"（HMI）的催眠学院里担任视频编辑，他以剪辑催眠培训视频谋生。特雷西说老板约翰·卡帕斯的儿子乔治·卡帕斯要找个录像师，在催眠学院工作。他需要人录制催眠课程和讲座并做成录像带，然后把录像带提供给报名参加他们一年期催眠培训课的学生。我去了催眠学院，见了乔治，我们达成一致，我用为学校提供的服务冲抵在 HMI 的学费。他答应付我每小时 10 美元的费用，以此折现我在他们学校的注册费。这大约需要我花费 1 年或者更短一点儿的时间来完成。我一旦攒够了足够注册的费用就可以开始上课了，也许还能获得催眠治疗师的证书。当时一整年的课程费用大约是七八百美元。这对我来说是一大笔钱。因

汤姆·史立福和摇滚巨星比利·艾尔多

为我离婚之后又失去了宝丽金唱片公司的工作，几乎没什么钱。这最终成为了我的第一个机遇，让我得以通过在学校里掌镜来真正地学习催眠，弄清楚催眠是否是我的宿命。我学习催眠帮助人们的梦想就要实现了，我会有那么一点点儿擅长催眠吗？这会成为我大哥抛给我的一个新的职业机会吗？催眠是真的还是仅仅是个像魔术一样的把戏？人们真的能被催眠吗？所有这些问

汤姆·史立福（右）和哥哥特雷西·史立福（左）、弗罗伦斯·亨德森（约翰·卡帕斯的太太），
摄于塔扎纳催眠动机学院

题立刻从我的脑袋里冒出来，我对这个学习催眠的机会充满了兴奋。

当时 HMI 还在加州凡奈思。在前边的九个月里，我是课堂上的三个摄影师之一，在所有课堂、讲座和研讨会上录制催眠课程、案例分析、课堂演示以及练习过程。

我的工作就是在讲台上录制观众在课堂上的反应，同时也近距离拍摄现场催眠演示。在开始正式学习之前，在台上正对着培训师使我提前一年吸收了海量的知识。我完全没有意识到，未来我会放弃他们的系统测试理论，创造出我自己建立在神经系统科学之上的方法、理论和技术。在 1985 年早期，我攒够了足以抵扣我催眠治疗培训学费的工时。我在 HMI 足足学了一年，然后就开始在那儿实习，作为住校催眠治疗师接待客户。

我在做课程摄影师的时候，曾经扛着摄像机录制过由约翰·卡帕斯讲授的一节课。当时他在给后来嫁给他的弗罗伦斯（亨德森）做催眠。卡帕斯太太学过催眠，知道如何催眠别人。她实际上也是个催眠治疗师。我记得有一天我们闲聊时，她告诉我她曾经催眠过一个叫吉姆·内波斯的演员，他在安迪·格里菲斯电视节目秀里扮演过高莫·派尔。那档节目是 20 世纪 60 年代美国的一个电视连续剧。弗罗伦斯·亨德森告诉我吉姆·内波斯需要做肝移植，她在手术前和手术过程中给他催眠，帮助他度过最严重的处境。我在吉姆·内波斯的自传里没有得到印证，不过我相信弗罗伦斯·亨德森（也就是约翰·卡帕斯太太）跟我说的是真的。

我一完成作为临床催眠摄影师的职责，就参加了所有的课程，成为一名优秀学员。我仍然继续录制一些课程和培训，正在成为一个真正的催眠师让我感觉很棒，我必须要通过一些私人的催眠治疗课来放下一些原有的恐惧、创伤和自我怀疑。给我做催眠治疗训练的导师是艾利克斯·卡帕斯和约翰·卡帕斯兄弟俩。艾利克斯·卡帕斯是一名超棒的催眠老师。我看到他在自己的课堂上做过很多次测试，甚至在课堂上演示过一个流程。当时他把自己导入了我们所称的自我催眠状态，眼睛睁着，完全清醒，把一根针从他的一侧脸颊直插进去，从另一侧拔出来，没有流血，甚至脸上都没有留下痕迹。这个震撼人心的演示展示出对躯体疼痛感觉的移除和对自主神经系统的完全掌控。我亲眼看到他做这个测试做了很多次，就在我的眼皮底下。艾利克斯·卡帕斯几年前去世了。又过了几年，催眠动机学院的创始人——约翰·卡帕斯也去世了。而我，就此踏上了催眠之旅。

## 第一次催眠

随着我学了越来越多关于催眠的知识，我必须练习催眠别人了。催眠的人越多，我做得就会越好。此时，在我的一些朋友身上尝试这些似乎就顺理成章，我觉得是时候看看它是否有用了。碰巧，有个志愿者，她是我哥哥特雷西室友的妹妹，名字叫詹妮弗。我那时住在我哥哥特雷西位于加州西山的家里。很多年来，詹妮弗都饱受严重的头痛之苦。现代医药无法解除她的苦痛。她尝试了很多不同的方法，但头痛如影随形。做催眠是她想都没想过的。我和特雷西给詹妮弗描述了我们催眠书中记载的很多不可思议的治疗案例，詹妮弗听后很兴奋，好奇心被大大地激发了。因为对基本的导入技术很熟练，我第一次就成功地把她催眠了。这次治疗很顺利地开始了，我们带她做了一系列的例行测试，确保她真的进入了催眠状态而不是装的。然后我问了她一些基本的问题，诸如她的生活方式、喜好、憎恶，最后问到了她的童年。

我在詹妮弗身上做了我的第一次年龄回溯，想看看我能不能真的把她带回到早年的记忆里。在我的学习课上，我学了年龄回溯催眠，也看过很多次课堂上的年龄回溯示范，但我自己还从来没有尝试过。现在我相信当所有其他流程对一个个案都无效的时候，回溯治疗可以作为治疗的最后一个有效的手段。我也相信回溯技术被很多催眠师误操作了，因为催眠师植入或给出的指令会污染或者误导个案记起在他们过去从未发生的事情。

我开始把她一年年地往后带。让我震惊的是，詹妮弗真实地在她的童年记忆里重新活了一把。我很惊讶，催眠回溯真的起作用了，而她是一个接受度如此高的个案。我让她回到了 6 岁，告诉我和我哥哥那时候她在干什么。然后，我把她带到 7 岁，回到 8 岁，然后 9 岁。她跟我说话的时候，我听到的就像是一个小孩儿在跟我讲话。当她回到 9 岁的时候，她的脸色开始紧张，她的用词开始颤抖，就像是她在经受什么痛苦一样。泪从她的眼睛里涌了出来，她开始颤抖着尖叫："放开我！放开我！"她自发地揭露了她在 9 岁的时候被她的哥哥米奇强暴的事情。而他就跟我一起住在特雷西家里！这个色魔是我的室友。被这个吓人的信息所震惊，我们两个初出茅庐的催眠师感觉到一种冰冷的恐慌将房间淹没了。詹妮弗还在呐喊："米奇放开我！米奇放开我！"我和特雷西不知所措。我还在学习催眠，感觉到我们打开了某个人痛苦的过往之门，我们该怎么办？我们怎么关上那扇门？学校从来没有教给我催眠状态下有些不好的事情会发生，我也从来没有接受过相关训练，不知道如何处理被压抑的创伤。大部分催眠学校从来不提及这些在催眠状态下会不知不觉从潜意识心智中浮现出来的异常行为以及那些负面的被埋藏的创伤，这些甚至在心理咨询过程中和认知行为疗法里也会出现。

　　我不知怎么做到了重新镇静下来，温和地把詹妮弗带出了催眠状态。在我把她带回到完全清醒之前，我给了詹妮弗一个暗示，她会忘记刚才发生的一切。我和特雷西也郑重地约定，永远不对她和她的哥哥米奇提起这个黑暗的秘密。她不知不觉地把这个秘密藏在了潜意识里，藏了很多年。我们祈祷她不记得了。当詹妮弗从催眠中醒过来，她感觉到很奇怪，愤怒又困惑。每次她经过她哥哥的卧室时，都会在门口停下来，盯着房间看。然后詹妮弗会转向我说，她对哥哥感到愤怒抓狂，但不知道为什么。我告诉她不用担心。詹妮弗还告诉我，她头痛了好多年，现在更痛了，她说那是偏头痛。詹妮弗离开我们回家了，我不知道那天晚上她回家之后会发生什么。

　　第二天，詹妮弗打电话跟我说她仍然头痛得要命，并且整晚上压根儿就没睡着，她仍然对哥哥感到很愤怒。现在我该怎么办呢？这头痛是因为我把她催眠了？还是因为那个想要从她的潜意识心智里浮现出来却被我埋藏回

1989 年汤姆·史立福在 HMI 讲授科学催眠和情绪重置疗法

去的那个痛苦的记忆？我该怎么办呢？我应该告诉她被催眠以后她所说的话吗？还是该尽力在催眠状态下移除她情绪上的痛苦？或者什么都不该做吗？我让詹妮弗到我们家来，她来了。我决定再次催眠她，尝试移除她深埋在自己潜意识里的情绪上的痛苦。

我用我在 HMI 学到的一个简单方法把她催眠了，詹妮弗很快被深深催眠了。我又把她带回到了她哥哥性侵她的时候，然后暗示她放下过去的痛苦，从她的人生中彻底地释放掉它。詹妮弗还在哭泣，泪水和痛苦的创伤从她的大脑和身体里释放掉了。我让她把所有的都拿出来，这大约花费了 20 到 30 分钟。最后，她过去痛苦的情绪都释放掉了。接下来，我暗示回溯到 9 岁的她跟哥哥说：她已经原谅他对自己所做的事情。我也要求詹妮弗原谅自己，放下自己的自责，我甚至让她在催眠状态下说："我原谅我自己，现在我会永远放下它。"她连续不断地重复了 10 遍这些话，然后就陷进了一种非常放松的、更深、更平和的催眠状态。我要她在她的大脑中看到一个非常宁静的祥和之地，然后走进那里。当她点头示意她已经在一个美丽祥和的地方的时候，我问她在哪儿。她说她躺在一块美丽的花田里，看着那些花在风中柔和地摇摆。她说她能看到远处的雪山，能够听到小溪的水声，小溪就在离花田几英尺远的地方。我让她走到缓缓流淌的溪水旁，触摸一下水面，感受一下水的凉爽和美好。她走到水边，触摸了一下，说感觉到水很凉，明快又清冽。她说水看上去清澈见底，她能够看到小溪里的小鹅卵石。我问她现在有什么感觉？她说："我感觉到如此宁静、幸福、新鲜而又纯净，就像这水一样。"我跟她说："从现在开始，这种感觉就是你人生中每天都会有的感觉，宁静、新鲜、纯净而幸福。"过了几分钟，我温和地将她带回到了当下，暗示她，在她过去的人生中发生的每件事都永远结束了，现在她可以继续前行，每一天都感到非常开心。我把詹妮弗从催眠中唤醒。我知道，她必须知道发生在她身上的事情的真相。那时候她 9 岁，放下并且原谅是可以做到的。詹妮弗的头痛立刻不见了，消失了。她看着我说："是的，我现在记起来了。米奇在我 9 岁的时候性侵了我。我原谅他了，也原谅自己了。"她对未来感到开心又兴奋。她重活了一遍，把它从自己的大脑里发泄掉了，也从她的过去里释放掉了。幸运的是，这次治疗没有留下不好的结果。实际上，几年以后她给我电话，感谢我帮助了她。她非常激动，从我们做完催眠治疗后，她一次也没有头痛过。2014 年，我又得到她的消息，头痛再也没有回来。催眠帮助她永远地改变了她的人生。听到这个消息，我们长长地松了一口气，深感慰藉。我的首次催眠治疗非常成功。我为自己学会了催眠感到非常开心。在催眠状态下，她能够面对她终身的折磨来源，通过原谅释放掉痛苦。这次催眠给詹妮弗带来了她之前从未感受到的全新的自由、谅解和幸福。

我现在走上了自己命中注定的路，成为了一个奉献关爱的催眠师。虽然在催眠状态下这些事情跳了出来让我不知到底该怎么办，但不管怎样，我还是正确地处理了这件事情。被压抑的创伤在催眠状态下浮现出来，这很容易以灾难性的结果而告终。学校里从来没有谈及会发生此类事情。我当时立刻意识到催眠也会带来危险的后果，我决定要做更多的催眠研究，要读所有写

1989 年汤姆·史立福（右）、奥蒙德·麦吉尔（中）和乔治·卡帕斯（左）
在加州塔扎那 HMI

于 18 世纪晚期到 19 世纪的书，它们是最受尊敬的医生们撰写的，他们本身就精通麦斯麦术、磁力学、催眠术。催眠是个非常强大甚至危险的工具，可以轻易地打开我们过去埋藏的创伤。我要尽可能地多读书，也要科学地创造催眠的方法，这样就可以或者有望预防冒出潜意识的过往创伤伤害来访者。这可能发生在催眠过程中或者催眠完成后。

我成为科学催眠实验者的工作正式开始了，我决定，要在这个领域里被重视，必须首先更广泛地接受心理学科学，在人类大脑的研究方面打下基础。1986 年，经过一年密集的学习和实践训练之后，我从催眠动机学院获得了自己的临床催眠治疗师认证毕业证书，我终于成为了被认证的催眠师，有证书为凭！经过两年的私人临床从业，我在给我培训的学院里成为了住院催眠治疗师。我意识到，这是一所很棒的学校，给我提供了基础的催眠知识，基本的催眠技术；但我还有好多要学的，甚至我也要进行我自己在催眠方面的科学研究，以便使催眠成为一种受人尊敬、被人接纳的科学。我还有很多事情要做，很多研究要进行，这只是个开始而已。

## 患广场恐惧症的妇人

我一从催眠学院毕业就遇到了我的前妻芮妮·伯格曼，我们决定结婚。当时，我们遇到了一个很好的拉比（教士）来主持我们的婚礼。我们跟他见面，选定了结婚的日子。他的名字就叫拉比·辛格。拉比·辛格的人生面临着一大挑战。他在支持一个寡妇，她是他的教会会众。这位女士饱受广场恐惧症之苦。广场恐惧症是一种精神疾病，患者经受着恐慌症和惊恐发作的折磨，这会极度限制这个人的人生自由。他们可能无法离开家，甚至无法离开家里的一个小房间，否则就会感到不安全。广场恐惧症是一种心理上和生理上的失调，据我所知，它也是一种强迫症类型的失调。拉比·辛格跟我做了几次私人治疗，由于他要把大部分时间花在尽力照顾这位不敢离开家的女士身上，因此承受着极大的压力和财务上的不安全感。

广场恐惧症有一个倾向，就是操控朋友们或者爱他的人为他们做所有事情。有一次拉比·辛格问我，能不能去玛丽安德尔湾这位女士的家里去看看她，也看看我能不能帮助她克服这种精神上的挑战。我同意看看催眠是否能帮助她。所以有一天我就去她家催眠她。我跟她坐下来，聊了聊她的情况以及惊恐发作，然后我就进行催眠，来移除她对于离开家的恐惧。这次会面从她那边看来效果不错，当她从催眠结束后清醒过来的时候，看上去很平静、放松，对这次治疗有很积极的反响。我回家了。

几天以后，拉比·辛格联系我说那位女士是个作家，周末的时候她离开家去橘郡参加一个作家大会了。我跟她只会面了一次就如此成功！她相信自己可以离开家，仅仅因为她相信她可以离开家，她就能离开了。当她相信自己无法离开家时，她真的离不开家。信念是个强大的暗示，不管一个人被催眠了还是仅仅因为拥有一个强大的信念系统。催眠显然是一种改变信念系统的方法。

大约离我的婚礼还有一个月的时候，我又收到了拉比·辛格的电话，他告诉我他正在失去他的教堂，充满了压力、恐惧和焦虑。他说这个广场恐惧症的女士消耗了他所有的时间和金钱，他不能主持我的婚礼了，很抱歉。我让拉比·辛格到我家里来，跟他说我会移除他所有的焦虑和恐惧。下午他来了，我把他催眠了，重新安装他的自信，也安装以积极方式继续生活的信念；我还催眠他，让他从自己的人生中放下这位广场恐惧症的女士，继续照顾她已经不是他的责任。这次治疗很顺利。拉比·辛格从催眠中走出来，对能够继续自己的人生感觉非常棒。一周之后，我们在拉比·辛格的教堂里结婚了，拉比·辛格主持了婚礼。

有趣的是，大约一年后的一天晚上我在加州谢尔曼橡树区的贝思阿米神社做了一次关于心智大脑的演讲。演讲结束的时候我四处溜达着跟听众聊天，令我惊讶的是拉比·辛格也在那儿！他走近我，给我一个信封，打了个招呼。我回家之后打开信，他给我写了一封感人肺腑的感谢信，感谢我帮他克服了对失去所有东西的恐惧，信封里还有一张 100 美元的支票。几年之后，我又给拉比·辛格做了几次催眠，然后就再也没有他的消息了。

## ERT（情绪重置疗法）的诞生

　　我跟芮妮结婚以后，买了岳父母在加州帕纳拉马的房子，现在我可以把其中的一个卧室当办公室接待来访者。芮妮的妈妈叫雪莉·伯格曼，她是个更开明的人，相信催眠是真实的。有一天，她问我能不能催眠她，让她戒烟。雪莉一天几乎要抽两包烟，烟龄大约有 40 年了。她尝试了各种方法来戒烟，但是无论她怎样努力都戒不掉。我说我能用催眠帮助她戒烟。当时我成为持证催眠师已经有一段时间了，还没有发展出我自己的方法和技术来催眠别人。HMI 教我们读催眠治疗的脚本，对于任何有脚本的案例，我都习惯于去读：用来减肥的脚本、戒烟的脚本、减压的脚本，凡此种种。学校把学生当作需要依赖脚本的人，这让我感觉到压力很大。当我在 HMI 的小办公室里做催眠治疗时，客户一闭上眼睛，我就拿出脚本开始读。我总是很担心我正读着脚本的时候，客户会张开眼睛，发现我在读长长的脚本。读催眠暗示脚本也让我很担心，一旦手里没有脚本我就无法独立工作。随着我在催眠方面的进展，我声明我要放弃读脚本这种荒谬的方法，取而代之的是学习怎样听取来访者想要的，因此我学会了催眠的一个重要观点，就是给客户他们想要的，而不是我认为他们需要的。我同时也意识到每个人的思想、情感和思维方式都是独一无二的，无一例外。

　　我为雪莉做了规划，约好了来我这里催眠戒烟的时间。我要她在会话开始之前扔掉所有的香烟，彻底保证她想要戒烟。现在，到了我跟我的岳母一起工作，看看我是否能帮她戒烟的时候了。雪莉进入我家的小催眠室，我让她坐在躺椅上，给她解释催眠是什么，不是什么。我真的很想给她普及催眠，这样她会理解催眠是一门科学。我坚信这会强化她被催眠的意愿。在我们的谈话过程中，她发现自己被来自丈夫伯特的负面词汇和对待所影响。伯特会说她愚蠢以及其他一些负面的词汇，这些对自己的丈夫、妻子和孩子来说简直太可怕了。伯特不怎么尊重自己的妻子，整体来说对人都不尊重。我告诉雪莉我会帮助她为自己发声，更坚定而自信地不允许伯特用那种贬低她的方式跟她说话。我用我最新创造的催眠引导方法给雪莉做了引导，然后用5到10分钟做了接受性催眠。在催眠状态下，我移除了雪莉所有绑定在吸烟上的触发点和情绪，包括压力、紧张和对她丈夫的怨气；我让她将吸烟的习惯替换成了几个她想要的新的、积极的习惯——散步、多喝水。这是我现在称其为情绪重置疗法（ERT）的第一次经验。后面我会用更长的篇幅介绍ERT。雪莉接受度很高，这次治疗非常成功，我不仅帮助她戒掉了终生的吸烟习惯，还让她屏蔽了来自她丈夫吸烟的影响，哪怕他故意在她面前吞云吐雾。我也帮助她为自己站出来，面对她丈夫的霸凌。伯特不再骂她，开始尊重她，赞美她。他也深受触动，催眠真的帮他妻子永远戒烟了，他曾以为这不过是个玩笑。

雪莉为催眠治疗代言，她说这在整体上给了她更多的力量和自信，这些是她一直渴望拥有但靠她自己却永远无法实现的。

## 胃痛、失眠和关系问题的实例

我第一次遇见我的前妻芮妮的时候，她告诉我她胃部紊乱，病了好几年了。她说她感觉自己的腹部肌肉就像是一个巨大的疼痛的结一样，吃了很多药，但疼痛始终在那儿。好多年来她都在服用大量的治疗胃溃疡的药物。她看到了我和她妈妈一起努力的结果，希望我也能帮帮她。我把她催眠了，然后问了些问题。我发现她的工作环境充满了虐待，她恨她的老板，他对她非常吝啬。过去她曾经做过一些检测，包括 CT 扫描和脊椎穿刺来检查脑瘤。医生告诉芮妮，如果真的发现了肿瘤，不马上摘除的话她就只有两三天的生命。芮妮的老板非常不好，不允许她去做检测，告诉她说如果她从工作中抽时间去做测试，会危及她在公司的职位，甚至会失业。她的工作单位是卡车司机工会。我催眠她之后发现压力来自于她与老板的对抗，这是导致她严重胃部肌肉痉挛的首要因素。在催眠状态下，无论她说什么或做什么，我都化解掉她对老板的所有敌意，然后暗示她那个结会自动打开，就像爆米花在她的胃里爆开一样。她感觉到胃部的肌肉在抖动舒展，就像她在放开胃里的那个结一样。她的胃持续舒展、抖动了几分钟，然后停止了，胃里的那个结和疼痛消失了；做了三次治疗以后彻底消失了。她甚至可以中断所有的药物了。在我们婚姻的 19 年间，疼痛从来没有再出现。

芮妮也有失眠的问题。她睡觉很轻，每天大约凌晨 1 点会醒来，然后就睡不着；有时候能继续睡，但大部分时间，会整晚地辗转反侧。由于睡眠恶化，她常常觉得疲惫，精力不济，非常情绪化。很多睡眠困难的人会体验到精力不济、专注力受限、精神无法集中，这被叫做过敏症，意思是他们会变得很容易情绪化。我做了多次催眠治疗，调整芮妮的生物钟，这样她会睡得舒服一些，晚上睡得很香，每天早上 6 点准时醒来。在后来的一次治疗中，我问催眠状态下的芮妮，她是否想要早上 7 点醒来。她说那样她会迟到的，坚持 6 点醒来。那些催眠治疗对她非常有效，她上班的时候会在闹钟响之前，6 点整准时醒来。

我在家接待的早期客户中有个女士，叫内奥米·罗森博格。当时我的收费是每次 20 美元，我希望积累经验，所以也免费见了很多人。我催眠别人的实践越多，就越能成为更好的催眠师。内奥米有一些情绪上和性方面的问题。她害怕性行为，害怕成功。她很害羞，对整个人生都觉得不安全。我每周跟她一起工作，每周我都催眠她，持续了几乎两年的时间。她告诉我她性交的时候感觉极度疼痛，因此她发展出一种对关系和性接触的恐惧。在我们的会面中，我们一起移除她的恐惧，放松在性接触区域她体验到紧张的那些肌肉。她也跟我叙述她小时候被性骚扰过，那时她只有 12 岁。看上去内奥米似乎卡在了时光隧道里，她并没有在性、精神和身体上发展成一个成年女性。我相信她的身体和思想实际上卡在她 12 岁的时候。在催眠状态下我跟她的潜意识沟通，要求她的潜意识大脑放下她童年的自己，允许内奥米发展她现在 26 岁女士该有的精神和身体。我也做了些工作，移除她对男人和关系的恐惧。内奥米慢慢地开始好转，开始成长为一个女人，她不再对男人害怕，也不再表现得像个 12 岁的孩子那样。她从她的过去里解放出来，成为一个女人，恋爱了，跟一个男人有肢体性行为的时候不再感觉到身体疼痛或有情绪上的痛苦。在我作为催眠师的日子里，内奥米是唯一一个跟我一起工作了大约两年的来访者。大部分人来见我，在短期治疗之后就有了很棒的结果。但是内奥米有非常根深蒂固的潜意识问题，这用了她很多次催眠治疗来克服它们。她现在住在亚利桑那州凤凰城，婚姻幸福，有三个孩子。我还时时能收到她的来信，我很开心她能够继续自己的人生。

## 舞台催眠首秀

我在催眠学校的时候，除了希望开始作为催眠治疗师的生涯，还对表演舞台催眠秀很感兴趣。我曾经找到很多舞台催眠师的视频，奥蒙德·麦吉尔、帕特·柯林斯和来自加拿大的山姆·瓦因的。当我还是个音乐人的时候，我常常在很多酒吧、活动现场、派对和其他地方演出。我很喜欢参加演出，有机会用音乐接触那么多人。当时我还不知道音乐也是一种催眠。我被告知催眠是一种艺术和科学。催眠的艺术魅力在于，在催眠师的催眠咒语下，人们潜在的天赋被激发，可以表演各种各样的娱乐和有趣的事情。现在我感觉催眠是一门艺术，意味着它是一门催眠人的艺术，是一门进行催眠会话的艺术。在催眠状态下，人们能够充满艺术创造力和想象力。从这个方面上来说，它也是一门令人尊敬的艺术。我想成为一个舞台催眠师的愿望越来越强烈。从催眠学校毕业以后，我开始着手创作舞台催眠秀，同时也开始作为持证催眠师的新事业。

我清清楚楚地记得我的第一场舞台催眠秀，现在我还保留着那场秀的视频。我的第一场舞台催眠秀是在一位绅士的私人生日派对上。那是 1986 年 8 月，在他位于伍德兰岗的家里。因为我还在学习研究怎样成为一个舞台催眠师，我研究了各种各样有趣的例行表演以及使用何种类型的音乐和音效。我在家里练习，假装人们坐在我的长沙发上、椅子上等待被我催眠，就像在真的舞台秀中那样。我一遍一遍地练习，在头脑里想象我真的在做一场催眠秀。我这样做了几个月，直到感觉足够自信，可以去外面尝试，看看我能不

**汤姆·史立福的大学生舞台催眠秀**

能真的做一场成功的舞台秀。

我记得我也很想知道人们在催眠状态下睁着眼睛、做着有趣的事情的时候，是不是能够真的被催眠。表演中要使用音乐和音效，我需要一个音响助理在做催眠秀的时候播放它们。我教会芮妮怎样为催眠秀播放音乐和音效。她不是个擅长社交的人，不太外向，但我觉得为我的表演管理音响，她不需要成为那种类型的人。我教她播放音乐以及怎样听我的提示来开始或结束音乐。我觉得我们为了一场舞台秀练习了好几个月。当时我们用的是随身听，有至少 50 盘盒式磁带用于舞台秀。我会在家里催眠根本不存在的人，就像我们真的在做一场舞台秀一样。但很快，我就要在真人身上尝试我的表演秀了。

最后，我将我的第一场秀订给了艾尔·安格曼一家和他的同事们。安格曼太太雇佣我做这场秀，这是在私人家里举行的一个生日派对，观众相对较少。我觉得大约有 40~50 个人。艾尔的妻子安为她的丈夫组织了这场 70 岁生日和退休派对活动。表演定在周六晚上，在她家里。我会得到 100 美元的酬劳，当时那是一大笔钱。接单之后我开始紧张，吓坏了，不敢做那场秀了。我为什么要预定这场秀？万一失败了，不能催眠任何人怎么办？万一他们嘲笑我，让我看上去像个傻瓜一样怎么办？所有的"万一"开始进入我的大脑。现在我不再期待这场秀了，而是害怕去表演。

到了周六晚上，我把所有设备都装上了车。我带了扩音器、录音机、麦克风和支架，还有一架录像机来录制这场秀。我们上了车，驾车驶向加州伍德兰岗的那所开派对的房子。但我们到达的时候，我出现了严重的舞台恐惧症，想要取消整个演出。我能看到屋里的人，恐惧吞没了我，我不想进入那所房子，一心只想回家。我心想："我做不到，我会出洋相的。我一个人也催眠不了。"我在房前的车里坐着，看着屋里的那些人，想着我不能离开车子。我再次想起可能催眠不了任何人而失败的可能性。我跟芮妮说我不进去了。她开始对我很愤怒，我们陷入了激烈的争吵。她想把我揪出车外，不断地跟我说："下车！出去！到派对上去！"我们为此争执了至少十多分钟。

最后，芮妮坚持说，无论怎样，学习催眠、研究催眠、计划和牺牲成就了今天。她不会因为我很紧张害怕而让我完全把它丢掉，她对我的信心比我对自己的信心都强大。芮妮也担心业务，记得几个月以来，她都被训练成我的音响总监，负责演出布景，安排座椅、音乐、灯光以及快速处理任何在演出中可能会出现的问题。我们俩有个坚定的承诺，不管观众是 20 人，还是1000 人，我们都要尽可能呈现最专业、最有趣的表演。脑子里想着这些，芮妮成功地把我拽出车外，对我说："我们要做这场秀。句号！"她打开车门，我下了车。我感觉就像是一个罗马奴隶要被饥饿的狮子吃掉一样，伴随着罗马人的欢呼，鼓励狮子来咬我、杀死我，他们都在嘲笑我。

恐惧，但又兴奋，我敲响了门。一位女士来开了门，我走进房子。一进去，雇我做表演的女士——安格曼太太就过来招呼我。她把我介绍给一些家庭成员。安格曼太太非常和蔼，来宾也都很友好。我们被引导到客厅布置设备。所有人面对着我们，坐在椅子和沙发上。我们设置好了话筒、音箱和磁带播放机，就等着表演了。我还是很紧张，但是我不想让派对上的人看出我很害怕，所以我表现得就像我已经做过上百次这样的表演一样。当然，我心里清楚地知道这是我第一次正式的舞台催眠秀。

现在到了表演时间了，我以自我介绍开场，讲了催眠是什么。我说：

"先生们，女士们，大家好！欢迎来到有趣而又神秘的催眠世界。我是你们的催眠师汤姆·史立福。在座的各位有谁曾经被催眠过吗？"

没有人举手。我接着说：

"你们当中的每个人都曾经被催眠过。让我给大家举几个你被催眠的例子吧。当你使用自动导航装置开车的时候，你被催眠了，你的潜意识在替你开车；当你看电影的时候，专注在影片上，体验到电影里的情感，你被催眠了；听音乐能够催眠你；味道能够催眠你，我们所有人每天都在被催眠。"

我告诉来宾们我是一个催眠治疗师。我用催眠帮助人们克服人生中的困难，诸如戒烟、减肥、放松减压等等。然后，我拿出了一个柠檬。我在奥蒙德·麦吉尔以前的视频上看到过，他用一个柠檬来展示暗示的力量，称之为暗示感受性测试。有很多年，我会随身带着一只柠檬，一把小刀和一个碗，以便随时演示酸柠檬测试。

我告诉观众："你们都看到我手里拿着一只柠檬，这是一只非常酸、非常多汁的柠檬。我要用一把小刀切开这只柠檬。"然后我用刀切开柠檬，放

**汤姆·史立福的舞台催眠首秀**

下刀，一手拿着柠檬，一手拿着碗，继续说："女士们，先生们，请看着我手里的这只柠檬，一只很酸、很苦、很多汁的柠檬。看着我挤这只柠檬，将柠檬汁滴到碗里，很酸很多汁的柠檬。现在我要吸一口这只又酸又多汁的柠檬。"然后我在麦克风旁边吸了一口柠檬，让观众听到我吸柠檬的声音。我说："这是一个很酸、很多汁的柠檬，很酸，很多汁。"我停下来，对观众说："女士们，先生们，你们当中有谁留意到自己开始流口水了吗？如果感觉到自己在流口水的话，请举手。"有些人举起手来。我接着说："催眠是什么？催眠就是一个想法的无意识显现。"

我摆了两排椅子，大约能坐 12 个人。我讲完催眠之后就邀请志愿者上台接受催眠。不到几分钟，所有的椅子就坐满了。我先让台上的志愿者将注意力集中到一个物品上，然后开始催眠他们。催眠引导花了大约 10 分钟，随着志愿者一个一个进入深深的催眠恍惚状态，我的自信和兴奋立刻提升了，我真的在表演！我在表演一个集体催眠引导！在催眠过程中，我会让那些我感觉到没有进入深度催眠的志愿者下台，回到座位上去。我把所有志愿者都催眠了之后，就开始了最简单的例行表演。

我让所有被试者想象房间变得非常冷。芮妮播放了风声的音效，我看到有些被试者在哆嗦，他们的牙齿在打战；有些人在搓自己的大腿，就像他们真的很冷一样。接着我让每个被催眠的人想象他们正在夏威夷美美地度假。当夏威夷音乐响起的时候，我暗示这些被试者，他们在夏威夷跳草裙舞，他们的手立刻举到空中，随着音乐优雅的舞动、摇摆。所有的被试者都站了起来，包括艾尔·安格曼。他们开始转着圈跳舞，就像他们已经跳了很多年草裙舞一样。一个大大的微笑绽放在我的脸上，现在我完全地专注在表演上了。

跳完草裙舞，我让被试者爱抚一只小鸟，跟它说话，想象他们还在三年级，把他们的小鸟儿带到了学校里跟所有孩子们分享。我也让一些人成为了来自印度的读心术者。一个上了年纪的女人被给予暗示，所有观众都是裸体的。一开始，她看到这幅景象，脸唰地红了，但很快爆发出歇斯底里的笑声，因为她看到了一个朋友背上的纹身。那个朋友是位女士，坐在客厅的沙发上，她曾经去过左拉的派对。房间里立刻充满了笑声，疲惫的脸被照亮了，我的观众们也是如此。每个例行表演变得更加有趣，每个引导变得更加容易。在一个记忆力丧失的实验中，我让一个人彻底忘记了他自己的名字。后来在一个例行表演中，这个人记起了他的名字，但是完全无法拼出来。当天"过生日的大男孩儿"被暗示他的太太（女主人）是世界上最美丽的女人，但是他没能娶到她。他拒绝碰她。当我说他弄错了，她实际上是他的妻子的时候，这个男人扑上去给了她一个从来没有过的最热烈的吻，两个人之间经年累月深沉持久的爱立刻被重新点燃了，在坠入情网之初正是这激动人心的火花将他们联系到了一起。我意识到有机会创造出积极的改变，哪怕是在一个简单的生日派对这样的背景下。理想永远不会因为娱乐而妥协。

现在看着被催眠者对我的暗示给出的反应，我开始玩儿得开心起来。在整个舞台秀中，我让被试者展示出各种各样滑稽有趣的创造力。我让他们跳草裙舞；成为芭蕾舞者；我让一个男人认为自己是一位旧时代的女演员梅·韦斯特，他对所有的来宾说："有空的时候来看我。"众所周知，这是梅·韦斯特最常说的一句话。我在两个人身上做了有趣的例行表演，一位男士、一位女士，我让他们认为自己在一艘"爱之船"上享受美好的假期：并且他们有十年没有见面了。我为他们设计的场景是这样的：在他们的新婚之夜，这个男人出去买香烟，再也没有回来。十年以后，他们分别到了"爱之船"上度过愉快的假期。当他们睁开眼睛的时候，他们会看到对方也在船上。他要给她解释这十年他都去哪儿了，而她对他非常愤怒。

我挑出了两个被试者来做这个例行戏剧表演，给他们下达了指令，然后数到3。当他们睁开眼睛的时候，芮妮打开了《爱之船》的主题曲。那段时间，《爱之船》是部在美国很受欢迎的电视剧，每周播放。富有创造性的催眠场景开始了，当那个被催眠的女士看到这个男人时，她问他："过去的十年你到底死哪儿去了？"那位男士回答："我买烟去了。"她说："但是已经十年了！"男士回答："我喜欢香烟。"她接着说："好吧，我对你非常生气！"就在这时，我给了她一个暗示，说："你很想念他，告诉他你有多思念他。"她看着这个男士，说："我想念你。"他回答道："我很抱歉，花了那么长的时间。"我插了一句:"只有十年而已。"观众哄堂大笑。我把他们重新催眠,结束了这个例行表演。

在这场秀中,看到这些陌生人坐在那里,睁着眼睛,以为自己正在爱抚手上的一只小鸟,这场景简直太令人着迷了。这是真实的意识幻觉、集体幻觉。深度催眠现象,现在我们所说的"梦游"真的是存在的。收场的时候,我给所有参加的人暗示,对生活充满自信、幸福和热情,然后就结束了表演。我感觉以一点儿积极的暗示治疗结束舞台秀在某种方面上对所有参加演出的志愿者都很有裨益,这也会让他们看到我真的是个催眠治疗师,关心他们,希望他们在人生中感到幸福。我不确定这些暗示会直接影响这些人的生活多长时间,但至少,我能给他们一小时纯粹的愉悦和值得珍藏的回忆。

我记得表演结束后,志愿者们跟参加聚会的人们一起聊天,其中一个女士问另外一个人她身上是否有纹身,就在肩膀上。因为被衣服盖着,其他人看不见。被问的女士在表演的时候坐在台下,她很惊讶:"是的,但你是怎么知道的呢?"参加表演的女士回答:"我看到的。因为在台上让我看观众的时候,你们都是裸体的。"我曾经让被试者以为他们看到的观众都没有穿衣服,这是舞台秀的暗示之一。无论怎样,这个被催眠的志愿者一定是真的看见了观众们都是裸体的。我无法解释她如何做到真实地看见这位观众藏在衣服下的纹身。这是一场神奇的表演,每个人都玩儿得很开心,参加表演的艾尔·安格曼先生也享受其中。

表演一结束我们就打包所有物品回家。我很兴奋、很惊讶,同时也很激动,我做了如此炫酷的一场表演!我能够做到让教育和娱乐并行不悖。到家以后,我们都认为我俩干得太棒了!整场秀进展得很顺利。我整晚没睡,想着催眠和我的舞台催眠首秀。这场舞台秀使我坚定地相信:催眠有着深远的意义。回首过去,我很开心我的舞台催眠首秀有如此完美的结果。如果它以惨败收场,我可能就不会继续做舞台秀了。未来我会知道,我们口中所谓的成功或者失败将永远无法阻挡我追求催眠的极致体验。我练习了那么长时间的例行表演非常完美,成为了每场秀的基础。

我的首秀很成功!

## 在经验里成长——催眠安全

在我的第二场秀里，我发现就像很多其他的科学规律一样，催眠的确有它的限制——自由意志永远不受侵犯，即使是在最深的催眠状态下。或者说至少我相信在当时我学到的就是这样。

现在，我要做第二场舞台催眠秀了。这次是在加州好莱坞的一个犹太教堂里。HMI 的创始人约翰·卡帕斯的儿子乔治·卡帕斯是他未来的接班人，我请他来录制这场秀的视频，我们俩一起去了教堂。这是我的第二场秀，我当然还是很紧张，加上学校创始人的儿子要去录制视频，观看我的舞台秀，我就更紧张了。我们到达教堂以后，我和芮妮在舞台上布置被试者的椅子、磁带播放机和音响系统。此时我越来越紧张害怕，我的舞台秀会很成功还是很失败？我不确定。我知道第一场秀很成功，但是第二场呢？

到了表演时间，我开场先讲了催眠的积极面，同时也讲了我们所有人每天都会进入催眠状态，譬如在我们开车、看电影、观看体育赛事、听音乐的时候，我们都会进入催眠。接着我演示了酸柠檬暗示感受性测试，然后邀请志愿者上台。拉比的妻子是上台的志愿者之一。我接着做了催眠引导，看上去有很多人很容易放松他们的身体，进入了催眠状态。我给了一个暗示，一旦我数到 3，每个人就会感到很冷，就好像有人打开了教堂里的空调一样。有人的反应是开始搓腿搓胳膊，其他人只有轻微的反应。我从中发现了一个有趣的事情：每个人对催眠暗示的反应是不同的，有些被试者比其他人更开放。他们是真的都被催眠了吗？还是他们当中有人假装被催眠了？我不确定。我又做了几个暗示，比如让他们弹钢琴；划动双手想象自己是大海里一条游泳的鱼；成为管弦乐队的指挥，指挥乐队表演。乔治·卡帕斯一直在录像，他一直乐不可支。一切进行得都很顺利，直到我尝试一个新的、以前没有做过的暗示为止。我在观看以前的舞台催眠师录像时，看过一个催眠师的例行表演，给一个被试者一颗洋葱，跟他说他要吃的是一个又甜又多汁的苹果。在录像中，被试者会咬一大口洋葱，很享受它，因为他们以为那就是一个甜苹果。实际上，我在一个视频中看到一个人吃完了整颗洋葱！我认为这是个很好的证明，能够说明一个人真的听从了催眠师的咒语，这会让人们相信催眠是真实存在的。现在轮到我来做这个演示，看看我是否能够证明。我还是舞台催眠的新手，做这个演示实在是赶鸭子上架，尤其是在约翰·卡帕斯的儿子乔治面前。我暗示舞台上的一位女士，我会给她一只洋葱吃。但我没有给她洋葱，而是给了她一只苹果。我希望看见的反应是她吃苹果的时候会像在吃一个洋葱一样。我把苹果递给她，告诉她咬一大口生洋葱。当她咬了一大口之后，我让她告诉我们味道像什么？她说尝起来像只苹果。我突然间被芬芳甜美的恐慌所淹没。观众哄堂大笑，就像在嘲笑我一样。似乎乔治·卡帕斯也在嘲笑我。我感觉很窘迫、丢脸，吓坏了，多么希望我没有邀请卡帕斯来给我录像啊！我不知道接下来该怎么办，应该停止演出，逃下舞台吗？还是要告诉观众这个暗示没有用？我该怎么办？我立刻开始自问自答，一个念头进入了我的大脑："继续下一个常规演出就好。不要对已经发生的给予任何回应。"我继续做常规表演，就像没有发生过任何事情一样。我又做了那个热吻的例行表演，就像我在安格曼的派对上做的那样。我想在这次表演时找一对情侣来尝试。所以我选了一个年轻的女士，也就是拉比的妻子来做被试者。我邀请她的先生拉比来到舞台上。他上台的时候我问他是否被催眠了？他回答："没有，我没有被催眠。"

台上这位女士的眼睛闭着，被催眠了。我给她下达了以下指令："你是个很棒的女演员，在电影中饰演一位爱情女神。过一会儿，当我数到3的时候，你会睁开眼睛，看到你的男主角就在你的面前。你会热切地走向他，给他一个热烈的吻，就像你从来没有吻过任何人一样。当你吻他的时候你会意识到，你们的双唇黏到了一起，不管你怎么努力，都无法停止亲吻。你会无休无止地吻下去，因为你们的嘴唇黏到了一起。"我还告诉她，观众里有很多制片人和导演，她会充满了创造力。接下来我从 1 数到 3，并说道："睁开眼睛，看着他。"当我数到 3，她睁开眼睛，情歌奏响，她慢慢地从椅子上站起来，缓缓地走向了站在舞台上的那位男主角，也就是她的丈夫。然后她把胳膊缓缓地绕过他的脖子，开始吻起他来。她正在热烈而又兴奋地吻着他的时候，我碰了一下她的肩膀，跟她说："你正在亲吻的不是你的心上人，而是一个陌生人。"那一刻，她立刻停下来，嫌恶地看着他，一把把他推开了。那个拉比显然被惊到了。我看着他的时候，留意到他似乎真的对此很不舒服，显得对她很愤怒。他难以相信，她会一把把他推开，就像她根本不认识他似的。我觉得这粉碎了他的自我，伤害了他。

　　我一看到这种情况发生并显现出来，就立刻引导她，让她睁着眼睛，给她第二个暗示，"我刚才弄错了，你在亲吻的不是陌生人，而是你的心上人啊！给他一个热烈的吻，他是你的爱人，因为你是如此投入地吻他，你会意

**爱情女神之吻，嘴唇黏在一起例行表演**

汤姆·史立福在 1988 年做的企业舞台催眠秀，催眠引导舞台上的被试者

识到你们的嘴唇黏到一起，无法分开，无论你怎么努力，都无法停止亲吻。"她又带着热烈的爱和激情吻了他。结束这个表演之前我跟她说："现在停下来吧，因为你要去赶飞机录制电影了。告诉他你爱他，你会回来的。"她马上停下来跟他说再见，回到自己的座位上坐好。我一说"睡着！"她立刻回到催眠状态。我感谢了台上的这位男士，并且让观众给他热烈的掌声，送他回到观众席坐下。我继续做其他有趣的演示，在结束催眠秀，把大家唤醒之前，我又给了台上的表演者一些暗示，更加自信，保持幸福，每一天都活出奇迹。我把每个人唤醒，让他们站起来，给大家鞠躬，像表演秀的明星一样。观众给予了热烈的掌声。志愿者们感觉很棒。表演就这样结束了。

　　在我们打包物品的时候，那位年轻女士的丈夫（那个拉比）非常愤怒，对他妻子感到生气。他把她的行为理解成意识上的抗拒，觉得她在大家面前戏弄了他。他难以相信催眠状态下的暗示会比她对自己的爱还强大，也不能

**被催眠的被试者们"爱抚小鸟"**

相信当我告诉她在亲吻一个陌生人时，她完全没有认出他来。他不认为她是被催眠了，而是把她的行为理解成就像她真的不爱他一样。表演结束后他们陷入了激烈的争吵。我走向他，想要告诉他她是被催眠了，那只是一种错觉。他不想接受这个解释，仍然认为他的妻子在教堂里当众戏弄了他。不管我告诉他什么，他仍然觉得是她让自己出丑，侮辱了他，根本就不爱他。我不知道表演结束后他们之间到底发生了什么。他拒绝相信催眠后暗示的力量能够让他自己的妻子视他为路人。我所知道的就是在一种类似深度恍惚的状态下，催眠暗示的力量的确比我曾见过的任何其他事情都强大。我明白为什么那么多人不能相信这是真的，我觉得很多人可能害怕意识到一个人被催眠之后暗示的真正力量。从这次我也开始思考一个事实，催眠如果被错误地使用是很危险的。如果被坏人使用将会伤害别人，操纵别人甚至犯罪。多年以后，我成了催眠领域的学者，专门研究过去医生进行的实验，这些实验是针

**在家庭派对中被催眠的学生们**

对一个人在实验者（催眠师）的影响下到底能走多远的。我现在知道了，事实就是催眠如果被不当使用是很危险的。它必须被尊重。

催眠秀不是件容易做的事，这对催眠师和音响助理来说都是个挑战，播放和停止背景音乐的时间，观察台上的被试者，确保没有人精神崩溃，保证他们不被伤害，防止他们坠落到台下……在一场催眠秀的过程中你得时刻留意很多事情。这就是为什么很多所谓的舞台催眠师会伤害到台上的人。他们的目标是站在台上，看上去他们很特别，很有力量，其中有些人根本就不关心他们在舞台秀中加诸被试者们身上的情绪和躯体风险。

很多年来，我看见、也听到了很多恐怖的故事，都是有关危险的催眠师伤害个案的。如果所谓的催眠师没有接受催眠安全培训的话，这也可能会发生在私人的催眠治疗过程中。历年来，我亲眼看到很多催眠的负面作用，也从自己的人生经验中学会了如何解决这些反常行为。大部分的催眠学校永远不会告诉你这些危险的事情。当跟一个没有接受培训或者不够熟练的催眠师一起工作时，这些危险就可能会在一个人的潜意识里盘旋。就像如果使用不当的话，救命药也可能成为毒药一样。任何使用不当的事物都有可能带来负面的结果。这一点非常重要，所有的催眠师都应该了解。

事实上，很多人会犯很多错误，他们想起来的时候绝对不会为自己所做的事情感到自豪。这么多年来，我演出的会场大大小小，小到举行派对的私宅，大到举办上千人活动的大型企业场地。我为微软、休斯飞机公司、日立、3M、科思科（好市多），以及很多其他的公司、企业做过催眠秀，也做了很多大学表演秀、NBA 篮球中场秀，幸运的是，我的音响师大卫·戴尔一直陪伴着我。他是我的最佳拍档，也是我的好朋友。他曾为山姆·瓦因工作过多年，担任山姆·瓦因的音乐总监，后来成了我的制作协调者、音响助理和摄影师，跟我一起共事了 25 年。实际上，大卫·戴尔现在仍然与我一起进行舞台催眠秀表演。这使我得以不用分心地关注任何一场舞台秀的催眠安全。

## 左拉的小号

　　我有一个不同寻常的经验，当时我应邀为左拉·太舍曼的妻子做一场舞台秀。酒店里坐满了来宾和亲友。左拉·太舍曼是一名优秀的小号手，在 20 世纪 40 年代、50 年代和 60 年代里曾在很多大乐团里演出。他是名多才多艺的音乐家，几乎能用小号演奏各种风格的乐曲。我被聘请为左拉·太舍曼的七十大寿做表演。左拉太太请我的时候，问我能不能把左拉催眠了，让他再次演奏小号。她总是很爱听左拉吹小号，这也让她的丈夫感到吹小号的时候很开心。但是左拉已经有 25 年多没有吹小号了。他被说服，相信自己不能再演奏小号了。情况其实更加复杂，太舍曼夫人说左拉几乎聋了，听力只剩 20%，根本无法听清楚。她有一份每分钟 45 转速的录音带，是左拉在一个足球比赛上演奏小号时录的。左拉是位绅士，会参加南加州大学的特洛伊足球赛，坐在看台上用小号演奏音乐给他们加油助威。显然，左拉赢得了大部分人的认可，他引领特洛伊队走向胜利。

　　太舍曼夫人给我看了一篇左拉在洛杉矶竞技场的报道。左拉手拿小号，吹奏出鼓舞人心的音符，现在全世界几乎所有的体育赛事都在用这些乐曲。太舍曼夫人给了我左拉原来的小号，已经多年没有使用过了。她又给我一盒录音带，名字叫做："向竞技场进军"，是左拉用他的小号演奏，卡塞唱片公司录制的。这个录音以鼓舞士气的曲子开始，有一群人呐喊着："加油！"然后有一段蓝调器乐曲，烘托出左拉和他的小号。有了这盒录音，我能够听到左拉的小号甜美的乐曲。我同意催眠左拉，在他的 70 岁生日上再次演

快速恍惚引导回催眠状态

奏他的小号。那一天是 1988 年 8 月 18 日，地点设在加州伍德兰岗的万豪大酒店。

　　8 月 18 日那个周四的晚上，当进入万豪大酒店的宴会厅时，我们留意到左拉的生日宴会上有大约 80 多人，大部分来宾都是左拉的亲戚。我妻子芮妮遇到了她多年未见的一个亲戚，她们在这个活动里重聚，在开始演出前开心地交谈了几分钟。

　　到了我们的表演时间，我邀请了一些志愿者上台，参加演出，也要求左拉·太舍曼上台，坐在一把椅子上，然后就开始催眠秀表演，对志愿者进行催眠。我开始表演的时候，留意到太舍曼先生年纪很大了，身体很虚弱。由于他站立和移动都有困难，我不会让他过多地参与到表演秀中来，我要在最后暗示他再次演奏小号。我知道他被催眠的时间越长，就会进入越深的催眠状态。为了让左拉再次演奏小号，我必须要让左拉进入非常深的催眠，这样我就可以实施回溯，在他的脑中把左拉带回到 25 年前他录制磁带的时候。我希望左拉真的以为他又年轻了，健康而又充满活力，就像他正在足球赛上演奏他的小号。

我开始了催眠秀，被试者表演得很精彩。那是一场有趣的表演，芭蕾舞者、唱歌、钢琴演奏家、在大海里游泳的鱼、观看搞笑电影、著名的歌手、麦当娜、埃尔维斯（猫王）、迈克尔·杰克逊、雪儿，我吹单簧管的时候他们跳肚皮舞、读心者、扭摆舞者、迪斯科舞者，在观众里看到喜爱的名流……诸如此类直到最后到了高潮部分。现在，每个人都期待的时间到了。表演秀的最后一个部分将决定我实验的成败，我要看一下在催眠状态下，左拉是否能够再次演奏他心爱的小号。

我是不是真的能够把一个人催眠了，让他做一场表演？比如时隔 20 年甚至更久远的时间再次吹奏小号，而他们已经被说服了，相信自己根本做不到。左拉·太舍曼真的能演奏小号吗？还是他会像个初学的孩子一样弄出些吱吱嘎嘎的噪音？我已经做了最后一个集体催眠表演，让大家都回到舞台座位上进入了催眠睡眠状态。左拉·太舍曼已经在台上被催眠了整整一个小时，我暗示他放松地进入更深的催眠，我要带他在时空里回溯，我把他带回到 20 世纪 50 年代，他能够演奏小号的年代；左拉在潜意识心智里回到了他健康、精力充沛、还是个伟大的小号演奏家的时候；回到他演奏自己的录音带“向竞技场进军”的时候；回到他是个很棒的小号演奏家的时代。他被催眠了，坐在亲戚朋友面前，我把左拉演奏了很多年的小号递给他。他已经好多年没有碰它了，那是一把古老生锈的小号。我跟左拉说，演奏自己最爱的加油曲目吧。左拉拿起小号，把小号的吹口放到唇边，深吸了一口气，然后演奏起他最爱的加油曲。甜美的乐曲就像加百利站在天国之门演奏。派对上的所有人都呐喊着：“加油！”左拉太太跌坐在地上痛哭起来，就像她目睹了最伟大的奇迹。我看着芮妮操作着音响设备，她的眼里闪着泪花。左拉太太哭了，观众里的所有亲属都喜极而泣。左拉又连续演奏了四遍加油曲。派对上的每个人都被惊艳了，目睹了一个奇迹。我又让左拉演奏了一遍加油曲，所有人再一次激情四射地咆哮着"加油！"就像有一千个人在美国南加州大学足球赛上喝彩尖叫一样。我转向观众说："潜意识是不设限的，我们只会被我们自己的意识思维和恐惧所束缚。"然后我就结束了这场表演，同时也给了志愿者们一些积极的暗示，拥有自信、幸福，屏蔽压力和紧张，感觉良好以及保持微笑，然后就把他们从催眠中唤醒了。

当左拉清醒过来的时候，他感觉很好，就像是睡了几个小时一样，觉得放松而安宁。太舍曼夫人看着她丈夫坐在那儿，突然之间她把小号塞给左拉，说："左拉，演奏你的小号。"左拉看着她，一脸你"疯了吗"的神情，说："我不能演奏这玩意儿。"然后他把小号放到嘴边，开始吹，小号吱吱嘎嘎的，就像小孩子在玩儿一样。左拉于是说："我不会吹小号。"

左拉的太太看向我，问我是否可以让左拉再度年轻。我告诉她，如果一个人非常清醒地期望让催眠起作用的话，它可以对这个人很有效；但我无法在身体上让一个人重回青春。我也再次跟她讲，我们的潜意识心智是不设限的，倒是我们的自我信念，以及我们意识思维的自我怀疑、恐惧和不安全感会限制我们。这次经验的确改变了我的认知方式。作为人来说，只要我们相信我们能做到，我们就能做到。每个人都会有无限的潜能，只要我们选择相信它。

## 失音的歌手

有一天，有个叫琳达·瑟曼的客户来见我，告诉我几年前有件恐怖的事发生在她身上。听完这个真实的悲剧我被震惊了。用琳达的话说，她小时候是个音乐神童，有着美妙的嗓音，有堪称完美的高音，可以唱古典歌曲、流行歌曲、爵士乐以及几乎其他任何类型的乐曲。琳达在纽约茱莉亚音乐学院学习。接着，她告诉了我她的故事。她已经结婚数年，她的丈夫越来越残忍地虐待她，无论是在身体上还是精神上。他有酗酒的问题，是个酒鬼。他们住在一个公寓楼的三楼。有一天晚上，她丈夫醉得厉害，非常暴力，对她拳打脚踢。她接下来的诉说，让我后背发凉。她说在她 21 岁生日那天，她爸爸把她叫到楼上，扼着她的脖子，试图勒死她。多年以后，她嫁给了这个酒鬼。那天晚上她丈夫跟她打了起来，他想把她从客厅的窗户扔出去，并试图要掐死她。她说他是想杀了她。当时，她不知怎么逃脱出来了，没有被杀害，但她经历了另一个重大的负面创伤：跟她丈夫最后那次动手事件里，他掐着她，让她窒息，她的整个声带都绷紧了，类似于受到了一种机械冲击。在那次突发事件之后，琳达有几周还是几个月无法开口说话，再也无法唱歌，失去了自小天生的美妙嗓音。她说自己一直感到声带很紧。琳达说她失去了一切，她的家、她的钱，她跟丈夫离婚了，现在是彻底地一文不名。她住在自己的车里，车里只有几件衣服，其它的什么都没有。她破产了，被毁了。我跟琳达说我愿意帮助她从这两个毁灭性的创伤中复原。然后我就给琳达·瑟曼做了两次治疗，两次之后她的声带放松，重新掌控自己的声音，又能够唱歌了。她告诉我在被丈夫企图谋杀的时候她在写歌，但现在创造力尽失，再也不能写歌了。实际上我与她第一次见面的时候，她脖子上围着一块围巾。琳达希望能再唱歌，再创作乐曲。我又给她做了三次催眠治疗，总共做了 5 次，然后琳达就消失了。

我不知道琳达·瑟曼发生了什么事情，也不知道那些治疗是不是能够真的帮到她。她经历了两次重大创伤，一个是她的亲生父亲在她 21 岁生日的时候想掐死她；另一个是他虐待成性的丈夫企图扼死她并把她从公寓的窗户扔出去。催眠和我真的能帮助一个有如此痛苦过往的人吗？大约有一年，我都没有琳达的消息。然后有一天，琳达·瑟曼打电话给我，跟我说了她的故事，告诉我她接受催眠治疗之后发生了什么——催眠治疗帮助她重获她的好嗓音和完美的音高，那些治疗也帮助她带出自己的创造力，她又开始写歌了。她说这些结果令她激动得发抖。那一年里，她写了 50 首歌，她又能在公众面前演出、歌唱了。她在纽约的卡内基音乐厅演唱，并且是洛杉矶一家唱片公司的共有人。

琳达从被伤透、住在汽车里，到现在有个漂亮的家，开着昂贵的汽车，与人共有一家唱片公司，写了 50 多首歌，这是我曾亲历过的最惊艳的故事之一，这真实的成功得益于催眠。我对琳达能够在跟我一起工作后重启她的人生，如此快速地完成这么多事情感到激动，而且琳达只做了五次催眠治疗啊！

## 害怕考试的老师

有一天，我女儿妮可儿的小学老师费尔德曼夫人，问我能不能催眠她，帮助她面对考试恐惧。费尔德曼夫人说她必须要参加一个双语考试，也就是说她需要通过考试，证明她会说西班牙语。她是个美国白人，在英语环境里长大。但是妮可儿所在的学校，很多学生只讲西班牙语，因为有很多来自墨西哥的人和家庭搬迁到美国，这些家庭里有很多人只讲西班牙语。他们的孩子们在学英语，但是父母拒绝学英语，在家里也不说英语。幼儿园的很多孩子年龄很小，只会说西班牙语而不是英语。

费尔德曼夫人对于参加考试感到很紧张，因为她觉得她会过不了，也许会因此失业，终结她在小学的教师生涯。甚至是一想到参加测验和考试，费尔德曼夫人就感到胃部不适，仅仅是想到它身体就会生病。费尔德曼夫人正在经历的这种考试焦虑感在身体和情绪两方面上影响着自己。所以她焦虑的情绪创造出一种感觉，胃部不适和病痛一直让她很痛苦。她问我，是否能够来我家接受催眠，移除她的考试焦虑。如果可以的话，费尔德曼夫人就要跟学校请假，但她不想让任何人知道她是来做催眠治疗。似乎很多人都害怕告诉别人他们正在见催眠师，因为他们害怕被自己的同事嘲笑。因为催眠师和催眠对大部分人来说还是疑虑重重，这仍然是世界上最被误解的一门科学。所以我们就预定了一下日期和时间。

费尔德曼夫人到达我家里的催眠室时很紧张，整体来说对催眠都不太确定。我给她解释，催眠是一门科学，世界上很多临床医生和精神科医师都在使用它。它已经被一些伟大的医生应用了几百年。这些医生来自欧洲、法国和英国。这是一门建立在身体放松和专注力集中之上的科学。并解释说我们使用的脑力大约只占我们意识心智的 10%，催眠师用催眠直接给一个人的潜意识心智下达指令，移除负面的情绪，这些情绪可能成为拦路虎，妨碍这个人实现在人生中希望达成的目标。我也告诉她，我们当中的每个人，每天都会进入催眠状态。当你看到有人在睡梦中游荡的时候，那个状态叫做梦游。我们当中很多人实际上一生中会经历很多次本能的行动。意思也就是说有时候我们根本意识不到自己的行为。举例来说，有人回家的时候放下钥匙，一小时以后完全忘记自己把钥匙放哪儿了。这种状态我会认为是一种暂时的梦游状态。很多时候，我们会进入催眠。比如，当我们看电影或看电视节目的时候；当我们听音乐并且感受到音乐传递情绪的时候；自动导航开车到达目的地，惊讶于我们怎么到达的时候；或者是由于忙于思考，穿过一条要走的街道，突然发现自己从这头儿不知怎么直接到了那头儿的时候。

现在，费尔德曼夫人准备好要跟我一起工作，催眠移除她对参加考试的负面情绪和焦虑了。首先，我让她做了几次深呼吸，每一次呼气的时候都想着"放松"这个词。然后让她闭上眼睛，同时让她把手轻柔地放在大腿上，想象她正在放松手上和手指上的肌肉。接着，我决定要进行一个躯体催眠引导技术带她进入催眠状态。我让她把手举到面前，闭着眼睛，想象她的手就在自己面前。然后我给她暗示，让她左手的手指慢慢地、尽量远地张开。她完成躯体练习之后，我又给她暗示，想象她的左手上有一块强大的磁铁，脸上和额头上也有一块强大的磁铁。这两块磁铁磁极相对，慢慢地互相吸引着靠拢，就像两块磁铁通常会吸到一起一样。我告诉她我 1 数到 3，让她的左手慢慢地靠近她的脸，当手碰到脸的时候就放松下来，在脸上彻底地放松。一旦手在脸上放松下来，我引导她让手停留在脸上让她的头低下来，垂到胸前，手仍然停留在脸上。她这样照做之后，我感到是时候让费尔德曼夫人进入催眠状态了。我告诉她当我从 3 数到 0，当我数到 0 的时候，让她的手立刻自动掉落在她的腿上，保持眼睛闭着，进入催眠。我数了 3，2，1，0，费尔德曼夫人的手正好掉落在腿上，眼睛闭着，她的身体变得很放松，进入了催眠状态。

我又用了另外一个渐进放松的方法给她暗示：放松她身体的肌肉，从头顶一直到脚趾。我花了另外 5 到 10 分钟继续做这些渐进放松暗示，直到我感觉她已经可以接纳我跟她一起工作。我做了一些意象，让她想象自己进入了双语考试的考场，感觉到平静而放松，知道她自己已经为此测试学得很好了，能够轻而易举、自然流利地说西班牙语，说西班牙语就像说英语那样自然。我也让费尔德曼夫人想象她对参加此次考试所感受到的任何焦虑，从她的大脑里和身体里融化、消失，就像蜡烛融化在烛光里。现在，她变得更加平静、安详、自信，对参加此次学校系统的口语考试和笔试充满了动力。我让她想象她对此次考试的压力、紧张、担忧和恐惧都消失了，就像昨天已经过去，不见了一样。被我们称为情绪的负面大脑活动已经被删除了，中和了，无法再回来了，即使她想要它回来也回不来了，而且她根本就不想让它们回来。现在，这些都成为了她的过去，就像过去的一个记忆一样。

接着，我给了暗示，每一天都更加自信、充满动力、享受快乐。当她参加双语考试的时候，她会做得很完美、优秀，就像走路、聊天、呼吸一样自然。我让她深吸一口气，感受到一种对参加考试测验和通过考试很期待的感觉。我让她自己一连重复了 10 次暗示：我相信我自己。然后又让她深吸一口气，感觉到非常开心、宁静、安详、自信。接下来又让她自己低声重复了三次：我相信我自己，我相信我自己，我相信我自己。

最后，我数到 5，说："我相信我自己"，费尔德曼夫人从身体放松、专注力高度集中，也就是我们所说的催眠状态中清醒过来。她的脸上带着大大的微笑，看上去非常开心，焕然一新，就像她熟睡了五个小时，从来没有睡得这么香甜一样。但是她并没有睡着，只是身体放松了。我问她感觉如何？费尔德曼夫人说："感觉超赞！"我问她是否期待参加这次双语测验考试？她回答说："是的，我很期待参加测验并通过。"她离开我家时，感觉很爽，自信、动力满满，能量十足。她说："我准备好要通过考试了。"

没人知道费尔德曼夫人曾来过我这儿，也没人知道她请假是为了来做催眠。我女儿妮可儿甚至都不知道她曾来我家接受催眠以便帮助她克服考试焦虑。第二周，费尔德曼夫人参加了双语考试。她给我打电话，告诉我她不仅成功地通过了考试，而且在她的区域里考了第一。听到这个消息我非常激动，太开心了。对催眠能够带来如此惊人的强大效果而感到惊奇。这对催眠和我来讲又是一个成功，这增加了我的动力，使我渴望帮助更多的人，鼓励我继续我的催眠之路，努力成为世界上最高效的科学催眠治疗师之一。

## 被肥胖症和强迫症困扰的女士

我想给你讲讲那段时间我遇到的一些最奇怪的挑战，我使用催眠帮助人们克服自己人生中如影相随的挑战。

有位叫碧翠斯的女士饱受肥胖症的困扰，体重严重超标。她还患有强迫症，无论在地板上看到什么，她都会抓起来塞进嘴里，嚼过的口香糖、掉地上的食物、灰尘、垃圾、纸，在地板上看到的任何东西，都得拿起来塞进嘴里。这是我曾听过的最怪异的强迫症。

碧翠斯 30 多岁，是个成年人。她很小的时候就患有强迫症。我坚信她的强迫症与她的过往有关。当碧翠斯来我这里跟我一起工作时，我让她给我讲讲她的故事。她说她是在墨西哥长大的，由爷爷抚养成人。她小时候，爷爷常常打她，折磨她，把她锁在一个小房间里，就像是地牢或者刑讯室。他也在精神上折磨她，同时还性侵过她。这是一个恐怖的童年，没有哪个孩子应该承受，况且这还是由家庭成员带来的。她爷爷一定是个疯子，一定是疯了才会折磨虐待自己的亲孙女。我至今还是很震惊，在美国、中国，甚至全世界范围内，有那么多人遭受了家庭成员的性侵和虐待。此类虐待应该被更多的提及并阻止，以防更多的儿童被他们的父母、亲属以及其他家庭成员所伤害。世界上有如此多的精神疾病和精神病，我相信也许催眠能够帮助其中的一些人恢复正常，更加可爱。虐待别人的人中有很高比例在过去曾经被虐待过。

我催眠了碧翠斯，在催眠状态下，尝试对她做年龄回溯，看看我能否帮助她克服这些情绪和躯体上的创伤以及她的强迫症行为。碧翠斯回溯到了她6岁的时候，实际上她完全回到了过去，在记忆里重过了一遍童年。她说她6岁了，正在跟爷爷奶奶学着怎么编篮子。她说话的时候也是6岁孩子的口吻，因为她实际上又成了小孩子。她告诉我她正在编篮子，她的爷爷奶奶在对她说特别难听的话，他们说她肥，说她无用，说她很丑，两人都开始打她。我知道在催眠状态下，我必须要碧翠斯为自己说话。我想帮助碧翠斯改写她的过去，改变她的过去，这样她就不再是爷爷奶奶的受害者了。我在编我叫做催眠剧的东西来帮助她改变她的过去。我把碧翠斯催眠了，为她自己讲话，跟她的爷爷奶奶对抗，跟他们说她会编篮子，她会很幸福。他们说的话以及他们施加在她身上的痛楚将不再影响到她，她跟爷爷奶奶说她自由了，很开心能够继续自己的人生，她会过上幸福健康的生活。我让她记住她对爷爷奶奶说过的话，现在，她有了继续自己人生的自由，放下了情绪触发点以及她祖父母的恶语相向；也能够释放掉祖父母虐待她，给她身体造成的痛楚。我告诉她，她的祖父母已经去世，他们再也无法回来伤害她了。

　　我一共给她做了六次催眠。在其中一次催眠中，我引导她改变从地上捡东西放进嘴里吃的习惯。她被催眠以后我跟她说："任何时候你有从地上捡起东西来吃的冲动时，你都会立刻把双手插进裤子口袋里或者垂下来，放在腿的两侧，这样任何冲动都会立刻消失。"我也对她说这些来自过去的冲动会越来越少，直到彻底永远地消失，就像昨天已经过去，再也不会回来一样。碧翠斯的人生的确改变了，几个月之后，她的强迫症彻底断掉，也不再需要填充不被爱、缺乏食物的空虚。两年之内，她的体重减了266磅。现在，她可以有更好的人生质量，跟自己的丈夫和孩子们有更好的关系。她从来没有再从地上捡东西放进嘴里，她被永久治愈了。

## 催眠秀中的舞者和烟鬼

我的目标是把催眠做到极致，成为世界上最好的催眠师。我知道我在催眠领域里做得越多，我越能成为更好的、真正优秀的催眠师。我还有一个目标就是推进催眠科学。随着自己经验越来越多，我开始接受所有呈现在我面前、没有其他催眠师愿意做的挑战。我不会听信其他催眠师告诉我的所谓的：这个不可行。美国最顶尖的催眠师都无法再影响我对自己的信心。哪怕是 HMI 的约翰·卡帕斯、乔治·卡帕斯和理查德·哈特以及其他知名的催眠师也不能。我的目标是超越限制信念以及对催眠和催眠师的看法，创造我自己的方法、自己的技术，在任何我遇到的挑战面前能够证明其是成功的。如果其他催眠师告诉我某件事无法完成，我会证明给自己看：它可以或者将会被实现。只要我相信它可以实现，我就会创造出一种方法或方式去完成这工作。为了证明给大家看催眠是真实的，人们真的能够进入一种很深的催眠状态，我继续做舞台催眠秀，我也因此得以在表演前、表演中、甚至是催眠秀结束后教导大众催眠知识。大部分人不相信催眠是真的，除非他们看见确凿的躯体证据或看见他们认识的某个人被催眠后不记得在催眠秀中做过什么了。

有一次，我为加州好莱坞的卡尔顿唱片公司①做一场催眠秀。其中一个董事的妻子跟我说她的脚很痛，已经很多年了。她说她极度渴望跳舞，但因

---

① 卡尔顿唱片公司：Captical 唱片，1955 年被百代唱片公司收购。

为脚疼得厉害她无法舞蹈。我是到那儿去做舞台秀的，但我心想："我为什么不尽力帮助这位女士，看看我能不能移除她脚上的疼痛呢？"所以我把她带到一边，进行了五分钟的催眠治疗，帮助她移除脚上的疼痛，让她感觉到脚非常舒服，脚上和腿上的肌肉也很舒服。做完这 5 分钟的催眠治疗，这位女士能够跳舞了。整个派对上都在享受舞蹈，她兴奋极了，难以相信从疼痛中解脱出来有多畅快淋漓。那晚为卡尔顿唱片公司做的催眠秀很精彩，同时帮助一位年轻女士跟自己的丈夫跳了一晚上舞而不觉得脚有任何痛苦。她甚至因此想要付费给我，但我婉拒了。看着这位女士的人生在催眠状态下如此快速地改变，这样的回报是多少钱也买不来的。

我还记得在另一场催眠秀里给一位男士也做过一次精彩的治疗。当时他坐在轮椅上，因为癌症而濒临死亡。这个男人一辈子都在抽烟，从未戒烟，即使是医生告诉他如果不戒烟的话就会死于癌症。现在他患了肺癌，但这仍然不足以让他戒掉这毒草。我在一场舞台催眠秀上遇到了他。有趣的是在他的轮椅上有一个烟灰缸！烟灰缸是用螺丝镶在轮椅上的。这个病危的人走向我，跟我说他人生的最后一个愿望是在死前能够戒烟。跟他聊天，看他因为癌症而濒临死亡让我感觉很悲伤。而且他无法戒烟，人生的最后一个愿望是死亡的时候，自己不是个烟鬼。所以我跟他说我会催眠他，帮助他戒烟。我说我会尽全力帮助他，但不能保证结果。如果他真的很想戒烟，催眠会对他非常有效，他应该可以永远扔掉香烟。

我把他催眠了，他进入接受度很高的催眠，就像很多进入催眠的人一样，看上去他仍然能够意识到我对他说的话，对周围的一切都很清楚，但他仍然在一种高接受度的催眠状态里。在几年里，我已经催眠了成千上万的人，也许甚至是数万人之众。他们当中有些人不认为他们被催眠了，因为他们仍然知道我在说什么，或者知道周围有什么，或者仍然保持一定的清醒度。催眠的有趣之处在于，大众对催眠的信念是除非你在某种失控的恍惚状态，或者你记不得发生的任何事情了，那你就没有真的被催眠。催眠根本不是这样子的。进入催眠并不像我们在电视上看到的那样，你不是像科学怪人那样走路，或者像吸血鬼那样移动；催眠师也不是摇动一块怀表，或者只是说看着我的眼睛，有人就跌落到深深的恍惚之中。催眠是一种大脑专注力集中的自然状态，有时候身体非常放松；有的人从催眠中清醒过来的时候会记得所有事情；有的人会忘记某些事情或者催眠状态下被给予的暗示；有很少一部分人被催眠之后清醒过来时，可能会记不起发生的所有事情，就像从一场梦里醒来，记不起刚刚做的梦一样；大部分在私人治疗或舞台催眠中被催眠的人记得给他们的一些暗示或者所有暗示。所以我认为大众对催眠是什么是有误解的。很多人每天都会自然地进入催眠状态，就像我在本书前边跟你讲过的一样。

　　这个因肺癌而病危的男人坐在轮椅上，希望我帮助他戒烟。他看上去似乎很想要戒掉，我也希望能帮助他在死亡之前戒掉它。我把他带到房间的一边，用了几个技术来催眠他，我相信他愿意接受我的暗示，无论他是否被催眠了。我把他带出催眠之后，他告诉我他确信他从来没有进入过，也没有被催眠。他这么说是因为他记得我说过的每句话，我对此完全可以接受。我知道很多被催眠的人不认为他们被催眠了，因为他们没有失去全部的意识。当我们自动驾驶汽车的时候，或者开着车做白日梦的时候，我们仍然很清醒，但有时候意识不到自己在开车，即使左转了也意识不到自己正在左转。如果有人从街边跑出来，我们会下意识地停下来。因为当你开车的时候，你发展出了一个"条件反射行为"，意思是说有时候我们能够对某物立刻做出反应，但却没有意识到自己正在对它做出反应。有时候我们的意识心智失去了对某件事情的关注和聚焦，人们会出神。现在，成千上万的人把手机放在家里，然后记不起来到底自己把它放到哪儿了。我们每天都会进出催眠状态，此时我们对自己的思维和行动失去了某种程度的觉知。当那个坐着轮椅的男人从催眠状态中出来以后，他立刻告诉我："我不认为自己被催眠了。"

　　我做了舞台催眠秀，当我做完之后正在打包设备准备离开的时候，我再次注意到了坐在轮椅里的那个男人。这次当我看见他的轮椅的时候，我留意到烟灰缸不见了，他用来盛烟灰的烟灰缸不见了。他摇动他的轮椅靠近我，告诉我，这是他的原话："我觉得不喜欢抽烟了。没有任何理由再抽了。所以我把烟灰缸拧下来扔掉了。"这个病危的男士告诉我他不想再抽一支烟，所以就把烟灰缸拧下来扔掉了。他人生的最后一个愿望实现了，他会以不抽烟者的身份死去，这是他个人的一个重大胜利。那天晚上在舞台秀上实现的，不管是我用催眠暗示帮助他，还是当天晚上他只是做了个永远戒烟的决定，事实就是他那天晚上戒烟了，扔掉了他的香烟和烟灰缸。在那个奇迹般的夜晚，这个坐在轮椅里的病危的男士满足了自己最后一个愿望，给了自己一个祝福和礼物——以不抽烟者的身份离世，这也可能会延长他的寿命。

多种引导方法可以用于催眠治疗，也可以用于制造娱乐。有些人能够在闭着眼睛或者睁着眼睛的时候进入催眠状态，可以躺在床上的时候被催眠，在舒适的椅子里被催眠，在参加高强度的体育比赛时也会被催眠。所以一个人可以是清醒的，可能是不清醒的，或者是半清醒的，但仍然在催眠状态中。

我学会了一点："我知道得越多，就越知道我不知道的更多。"

## 洛约拉高中足球队的催眠秀

我既是一名催眠治疗师，也是一名舞台催眠师，有机会跟很多体育队的运动员一起在催眠领域里工作，包括足球运动员、篮球运动员、冰上曲棍球运动员、网球运动员、体操运动员、英式足球运动员以及很多其他体育项目的运动员。我最爱的回忆是我每年都会在赛季比赛开始之前催眠洛约拉高中的足球队。

我记得有一天，有位女士给我打电话，她儿子是洛约拉高中足球队的运动员。她问我是否能够去洛约拉高中表演一场舞台秀，给足球运动员们打打广告，也享受舞台催眠秀的乐趣，让自己更富创造力。这位女士告诉我，这些球员已经练习了数月，准备好迎接他们的足球季了。每年他们都有一个家庭聚会，跟他们的父母和教练以及球队成员们一起吃晚餐，给不同的球队成员颁奖。教练发表演讲，激励他们，用积极的思维和信念去迎接即将到来的足球季。我们于是制定好了舞台催眠秀的安排和我要去加州洛杉矶洛约拉的时间。

1990年，我为洛约拉高中做了第一场舞台催眠秀。有趣的是，洛约拉高中是一所公教（天主教）中学。我们到达洛约拉高中，进入礼堂，布置舞台。当时足球队还在外边场地上进行艰苦的训练。这场即将到来的舞台秀是献给他们的，这样他们可以在娱乐中放松，获得精神上的支持和鼓励。

训练结束之后，所有的球员换下球衣，进入礼堂。我记得当时至少有50名球员。盛大的夜场演出开始了。活动准备了百乐晚餐（参加活动的人自带

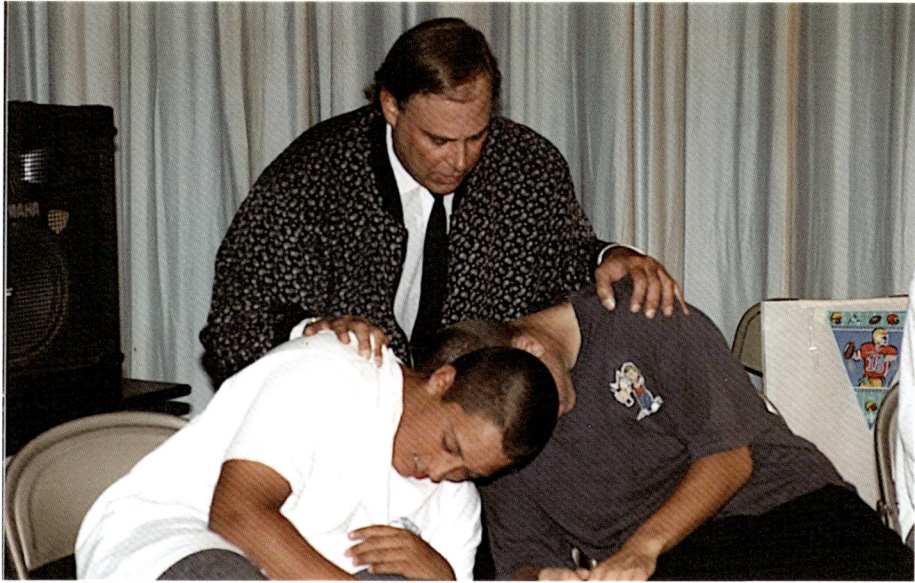

汤姆·史立福在洛约拉高中给足球队做催眠秀，帮助赢得比赛

一道菜），所以学生们有很多美味可以享用。接下来是颁奖环节，有些球员因为自己的成就而获得了各种各样的奖项。教练格兰迪发表了讲话，强调了足球比赛中需要奉献、纪律，拥有正确积极的态度。讲完之后，格兰迪教练拿出一页纸，读了一段我的个人简介，讲了我在催眠方面的成就，介绍我跟学生和家长们打招呼。我做了自我介绍，说我是汤姆·史立福，一名临床催眠治疗师。我不喜欢说自己是一个舞台催眠师，因为那意味着我只是一个艺人，只是做表演秀的某个人。但我并不是仅仅做舞台催眠秀的某个人，我是一个持证的临床催眠师。

　　向大家解释了催眠是什么之后，我给出了一些事例，说明我们当中的每个人每天都在进入催眠之中，我称其为环境催眠。当初我接到邀约为这支球队做催眠秀的时候，我就决定在表演秀之前，把球队的所有球员同时催眠，给他们积极的暗示，全神贯注，进入最佳竞技状态，赛出他们所能达到的最佳水平。我调整了所有学生的状态，使他们都很相信自己，同时为他们移除了任何一点儿自我怀疑和恐惧。

我用一个手贴脸躯体引导技术催眠他们，接着又用了一个渐进放松的方法。这个方法是一种通过暗示进行的肌肉放松技术。球员们被催眠以后，我花了大约 20 分钟的时间调整他们的状态；然后让所有的运动员在心里想象他们正在提取任何以及所有的恐惧和自我怀疑，并且把它们从心里、从大脑里、从他们的情绪里和他们的人生中删除。这个流程也就是我的专利——ERT（情绪重置疗法）。这是一种非常特别的技术和流程，我一直在应用它，已经有 25 年之久。现在，我也在全球教授 ERT。这种强大的催眠治疗流程带来的结果使催眠师获得了极大的成功。我就这样移除了足球运动员们的限制性信念和他们的恐惧，以及内心的不安全感和自我怀疑。当这些负面情绪彻底地从他们的内在和外在被移除的时候，我立刻让他们在自己的头脑中下载了暗示和信念体系，这些都建立在以下信念之上：我踢球的时候会专注于比赛；我踢球的时候会进入自己的最佳竞技状态；随着我参加一场又一场比赛，我踢球越来越协调一致，越来越精准；我相信自己，相信自己的能力，在每次比赛中都能 150% 赢得比赛。我还给出了拥有完美的全神贯注的暗示，这暗示仅对任何发生在足球比赛上的事情起作用，我们也称其为条件反射。活在当下，而不是活在结果中，踢出你能发挥出的最好的成绩。结束流程大概用了 20 分钟，然后我邀请一些球员作为志愿者上台来参加表演，让他们成为了催眠秀的明星。

在那之前我已经开始催眠所有球员，从中选择那些我感到真的很希望被催眠的，并让其他没有被催眠的球员回到观众席坐下来。我在台上大约留了 20 个球员，做了一次催眠练习之后，我告诉他们现在我要真的催眠他们了，我们会创造出一场非常有趣好玩的舞台催眠秀。我也告诉他们，舞台秀结束后我会给他们一些暗示，使他们每次踢球的时候都拥有精力，更加充沛，更加狂热。我认为这样告诉他们的话，他们会更有动力地成为舞台秀的一员。

第一轮引导之后，至少 15 个人躺到了地板上，进入了一种深度的恍惚睡眠。记住，他们并不是睡着了，只是在躯体上深度放松下来，外表上看来他们是在睡觉，但是在内心世界里，他们完全专注于接受我给出的每个指令。有一个男孩儿被给予了成为"T 先生"的指令，我让他做一场励志演讲，说明孩子们为什么应该上学并洁身自好。"T 先生"是一个电视明星，饰演了一个不屈不挠的破案警探。他是一个又高又壮的黑人，总是挂着各种各样的黄金珠宝，脖子上、手臂上、全身上下都是。大部分在电视上看过"T 先生"的人都知道他最喜欢说的一句话就是："我很遗憾，傻瓜！""T 先生"告诉学生们要待在学校里，远离毒品，做正确的事。

当我数到 3 的时候，那个球员睁开眼睛，从椅子上起身，走到舞台中央，抓过麦克风，开始讲话，跟"T 先生"一模一样。实际上他整个身心都成为了"T 先生"，像他那样讲话，像他那样移动，在那一刻的催眠状态下，这个球员就是"T 先生"。他难以置信地说服了观众中的每个人。一开口就说："我真的很不高兴。"观众哄堂大笑，他为此有些困惑和窘迫。他真诚地相信自己就是"T 先生"，并且自己有个重要的信息需要传递。他不断地说："这不是玩笑，谁也别拿我当傻瓜。你们做错了，你们吸毒，加入黑帮，你们应该待在学校里，应该获得教育，你必须成为一个人。"这个球员非常严肃，一丝微笑都没有。

后来，我又给了这个男孩一个暗示，这次他是一个全球知名的芭蕾舞演员。他（还有其他几个足球队员）翩翩起舞，展现出令人吃惊的优雅和力量。这个年轻人身上有这两种高度创造性的能力，而他自己毫不知情！

我还做了一堆其他的有趣表演，比如让这些球员头顶小鸟，跳扭扭舞和迪斯科，在观众中看见他们最喜爱的明星，让他们中的一个人成为来自印度的读心者奥马尔，让他们成为草裙舞者、在大海里游泳的鱼、手提钻操作工、后街男孩、超级男孩等。我甚至做了一个演示，在催眠状态下让他们想象成了自己最爱的专业足球运动员、美国国家橄榄球联盟的球员。他们当中的每个人都把自己想成了自己最爱的全国橄榄球联盟的专业足球运动员，并走到台前的麦克风那里做了自我介绍，同时说了些关于足球的事情。表演秀非常成功。

在表演秀即将结束，把他们带出催眠之前，我给了他们一些暗示：我有很多奇迹般的能量，在踢足球的时候充满了热情，有良好的团队合作精神，每次踢足球的时候都能够始终如一，精准地踢出最好的水平。然后我把他们带出催眠，结束了催眠秀。那场秀像全垒打一样，非常成功。足球队员、教练、所有的家长，每个人都很喜欢这场表演，每个人都乐在其中。

那个赛季对洛约拉高中的足球队来说非常惊艳，他们赢得了所在州的州冠军。他们是赢家，相信自己，那个赛季他们踢足球踢得特别成功。那之后的每一年，格兰迪教练还有那些家长们都邀请我回去给他们继续做舞台催眠秀，帮助他们调整所有足球队员的斗志。格兰迪教练甚至代表学校给我写了一封信，说他确信我在催眠状态下给这些足球队员的暗示，帮助他们确信自己能赢。

我觉得我至少为洛约拉高中足球队做了十到十二次催眠秀。记得在一场催眠秀中，有个家长走到我跟前说："现在我的小儿子在足球队里，几年以前你来做催眠秀的时候，是我的长子在足球队里。"在另外一次足球队催眠表演秀结束后，一个老师告诉我，我在表演秀中催眠的一个男孩，是整个学校里最害羞的一个。老师说他几乎从来不跟任何人讲话，因为他感觉到非常的不安全、完整真实的个性被他人生中的影响所压抑，被恐惧、压力和紧张所阻隔。在舞台秀中被催眠以后，发现他隐藏的天赋令人惊艳是件非常美好的事情。

更妙的是，在我催眠了洛约拉高中足球队一年以后，他们25年以来第一次在全国锦标赛中获胜。这证明了你内在的信念能为你带来的结果。一旦他们相信自己能赢，就不会接受任何失败。当教练问他们，是什么驱动他们的时候，他们全体一致地归功于催眠。对自我怀疑的释放以及他们内心能够获胜的信念，在所有队员间的强化使暗示持续不断成功地运作。

## 失恋的同事

在我的早期催眠生涯中，我也在一家唱片公司兼任市场总监。那家唱片公司叫蛹唱片公司。我除了是他们的市场总监，还担任他们的内部催眠师，帮助公司里形形色色的人们克服人生中情绪和身体上的限制。

当时我有一个同事，住在加州洛杉矶，名字叫做简，在电台推广部工作。电台推广的工作就是让那些电台推销员去各个电台，说服节目总监播放一张自己所在唱片公司的艺术家录制的唱片。譬如，如果比利·爱多尔新出了一张唱片，唱片公司的唱片推销员就会去各个电台，播放比利·爱多尔录制的歌曲，极力劝说节目总监让 DJ 播放那张唱片。

简跟她住在纽约的男友闹掰了。她因为关系无法继续而非常愤怒抓狂；同时，她也因为那个家伙跟她分手而感到非常悲伤。像很多人一样，如果和一个人的关系破裂，它会影响到你的情绪、你的人生、你的职业、你的健康和你的幸福。除非你能够放下，继续你的人生。简过得很艰难，无法继续前行，因此她变得无法胜任自己的工作。

有一天，简问我是否能够帮助她，释放掉她的愤怒、悲伤、孤独以及那个与她分手的男人带给她的所有负面感受。她因此到我家里做了一次催眠治疗。我把她催眠了。我们做了些工作，让她释放掉对前男友的所有感觉，不管是好的还是坏的，积极的还是消极的；也对她如何继续生活做了些工作——在那段关系中学到了一些宝贵的经验，这些经验将会帮助她在未来与其他人拥有更好的关系。我让她意识到，她所期望的跟那个年轻人的关系不

**蛹唱片公司合影**

是她该承受的，甚至也不是她想要的，所以现在她可以放手了。

做了大约三次治疗之后，简能够接纳过去，重回正轨了。她感受很积极，正向思考，继续她的工作，推广唱片。她彻底地释放了逝去的恋情带给她的所有情绪、想法和悔恨。这实际上发生在 20 世纪 80 年代末，大约是 1988 年。简现在已经幸福地结婚生子有 25 年了。她嫁给了她的意中人，他称她为灵魂伴侣。如果我们不曾从她过去的关系中移除那些愤怒、悲伤和憎恨，她也许永远无法继续，也无从找到她本来就值得拥有的这段完美的好姻缘。

## 催眠秀的突发事件

在写这本书的时候，我记起来很多发生在自己身上的美妙的事情，这些都发生在我做催眠，把催眠带到极限之外的过程中；同时我也忆起所有那些奇怪的事情，甚至是负面的事件。我想讲讲这些事情，它们也许不是完全正向的、有趣的或者对他人有帮助的。因为我确信，这会给作为读者的你一个有关催眠的完整视野。作为一个当代催眠师，我拥有超过 35 年的催眠实战经验。我经历过一件奇怪的事情，发生在我为一家叫做汉弗莱的酸奶公司做舞台催眠秀的时候。

当时我在一个酒店的圣诞派对上。酒店是 20 世纪 50 年代的风格，位于加州梵奈的梵奈大街上。那时候我还留着长发，也可以说满头青丝，蓄着美髯。说实话，当年我外形很帅，当然，我现在还是很帅，不过那时我还在催眠生涯的早期，朝气蓬勃。我现在还有这场秀的视频。这场表演就像是一场典型的企业节日趴，在这个活动里我会邀请志愿者时不时地上台。我以自己惯常的方式开始了舞台秀，解释了催眠是什么，告诉大家我是个催眠治疗师，在这个领域里催眠师常常帮助人们戒烟、减肥、提升自信、激发他们人生中的成功，等等。我也解释了我们中的每个人每天都在进进出出催眠：做白日梦的时候、开车的时候、看电影的时候、观看体育比赛的时候，诸如此类。一大堆志愿者上台等待被催眠。

在我催眠了志愿者之后，我做了一大堆推波助澜的暗示，一堆傻傻的有趣的表演，每个人都玩得很开心。然后我就给出了一个暗示，让所有被催眠的人睁开眼睛，看到观众都没穿衣服，全部是裸体的，他们将会盯着一个裸体的观众。这是一个古老的例行表演，大约已经被使用了 50 多年甚至更久的时间。这个例行表演的下一步是当他们看到观众是裸体的之后，过一会儿，我会说："你知道吗？实际上观众不是裸体的。台上的志愿者是裸体的，你忘记穿衣服了。现在台上的你是裸体的。"那一刻，志愿者会停止大笑以及对观众指指点点，他们会以为自己是裸体的，立刻用手遮挡自己的身体，或者是藏到椅子后面。这被称作是一个标准的舞台催眠保留节目。

我告诉志愿者，我数到 3 的时候，睁开眼睛，看着台下的观众，所有的观众都是裸体的，他们忘记穿衣服了。你会盯着一个裸体的观众。接着，我说："好，1，2，3，睁开眼睛，观众是裸体的。"就在同时，我的音响助理播放了一些有趣的音乐，类似于喜剧的音乐。

过了一会儿，我跟被试者们说："台上的志愿者们，你们知道吗？台下的观众不是裸体的。你才是裸体的，一丝不挂。"台上参加舞台秀的志愿者立刻藏到了他们的椅子后边。但是其中一个名叫本的志愿者从椅子上跳起来，撒腿跑出了酒店，消失在梵奈大街上。有那么一两秒钟，我不知该如何是好，只好让我的音响助理出去带他回来。她跑出酒店，沿着大街追了过去，看不见了。

接下来该怎么做呢？我想了一会儿，把舞台上的人们重新带入催眠状态，然后走出酒店，看看到底发生了什么。我沿着大街望去，看见我的助理站在一个金属垃圾桶边上，不断地挥舞着她的双手，喊着说一切都很正常。接着我看见她双手举在空中，手指分开，就像她正在挡着那个年轻人那样。他们俩正在一起往回走。他蜷缩着，仿佛躲在她的双手后面。后来她终于把他带回了酒店，我立刻移除了那个暗示，把他带回了催眠之中。用一些舞蹈表演和其他活动结束了表演秀。

后来我问我的助理她沿着大街追本的时候发生什么了？这是她告诉我的原话："我跑出酒店，看到他躲在大街尽头的一个垃圾桶后。我跑向他，叫他回到派对上。他说他回不去，因为他没穿衣服，只穿了一双网球鞋。我跟他说他穿着衣服。他再次否认，说：'我没穿。'我灵光一闪，说我穿着一件外套（实际上我根本没穿），我可以举着外套挡住你，这样就没有人能看见你了。你也能回到派对上了。他说好吧。然后我就伸出双手，举在空中，跟他说藏在我的夹克后边跟我走，我们就这样走回酒店。本那么做了，我才得以把他带回来，你立刻移除了那个暗示。"

　　本经历了我所说的负面幻觉，这一定影响了他。因为在他的过往当中可能有某种形式的性虐待。后来，我回放了一遍那场秀的录像，我留意到本满脸通红，兴趣盎然。但是我没有留意到他捂着脸从他的指缝间张望。我继续常规表演，暗示实际上观众不是裸体的，但是志愿者是裸体的。一种恐慌的表情漫过了本的脸。他跑出了酒店，去了梵奈大街。他被说服了，以为自己一丝不挂，只穿着鞋子。他对这个暗示有个反常的行为，这触发了大脑的逃跑机制，他立刻跑掉了。即使是在一场舞台催眠秀上，也会发生一些危险的事情。我们需要理解更多有关埋藏的记忆、埋藏的创伤。一种反常行为可能意味着一种负面的情绪被激活。

## 电台节目秀

我在过去的很多年里，做了大量的电视催眠秀和电台广播催眠栏目。实际上，有些电台催眠栏目给我带来了电视表演秀，甚至为我打开了一扇大门，使我得以去做美国篮球职业联赛 NBA 和全美大学生篮球赛的中场秀。

我想说一下我是怎么开始第一场电台广播秀的。这是一个值得一听的故事。在 20 世纪 80 年代，我为蛹唱片公司工作，同时也做着私人治疗的实践型催眠治疗师。有一天，我遇到了一位叫汤姆·莫兰的销售员。汤姆在 KROQ 电台工作。他到我们办公室，想把电台广告卖给我们唱片公司。汤姆看上去是个非常友善的小伙子。我们决定一起去用午餐，讨论电台广告的机会。午餐的时候催眠的话题冒了出来。作为一个热爱催眠治疗技术的人，我似乎迟早要提起催眠这个话题。汤姆似乎对催眠非常感兴趣。几周以后，他打电话给我，问我是不是可以给他做个单独的催眠治疗。我跟他约了时间。此时，我还在家里的一个办公室里做催眠。汤姆来了，我们讨论了他面临的问题。

汤姆对于自己是谁感到迷茫。因为他的早期童年编程出了问题。他还是个小孩子的时候，父母的晚餐很丰盛，包括牛排、鱼和其他各种各样的食物。汤姆会看到他的父母吃牛排和龙虾，他和自己的哥哥却只能喝汤，吃麦片、汉堡和热狗。他们从不允许孩子们跟父母吃一样的食物。两个孩子感觉到被剥夺、悲哀而且愤怒。父母的这种对待方式延伸到了汤姆的人生中，从穿旧的衣服到他穿破的鞋子。这在他的童年时期制造了一种困惑：我到底是谁？

　　因为这种来自父母的不一致的行为，汤姆也有一种不健康的体重问题。他患上了饮食紊乱症，从幼年开始就体重超标。汤姆·莫兰说他长大以后，能够自己搬出去住的时候，就开始胡吃海喝，吃遍所有以前从来不被允许吃的食物。他不再感到自己被剥夺了，也不再被惩罚吃那些他所说的"廉价食物"了。童年的经历在这个男孩儿心里制造了食物强迫症。他的人生中有一个缺口，唯一能够填补这种缺憾的就是吃丰盛的食物，比如肥腻的牛排，涂了很多酸奶油和牛油的烤土豆，用恰当的佐料和黄油焖制的蔬菜，抹了黄油的大面包……所有他小时候被禁止吃的食物现在都可以吃了，而且没有人会再限制他吃这些东西。这变成了一种对自己的奖励，填充了他对自己父母所感受到的怨恨、失望和愤怒。

　　我相信这是一种反抗的形式。很多小时候不被允许吃某种食物的孩子，

**汤姆·史立福的电台广播秀**

有时候长大了以后就会叛逆，过量进食那种食物，来填补人生中对食物需求挫败的那种缺憾。这位男士联系我，想知道我是否能够催眠他，让他不必觉得自己需要吃这些油腻、卡路里很高的食物。我们预约了时间。此时我已经开发出更多的催眠引导方法，包括肢体动作，使客户和催眠师能够互动。我把这个人催眠了，在催眠状态下给他暗示，让他释放对父母的愤怒和失望，他们尽了最大的努力去做自己认为对的事情。

我继续跟他做了几次治疗，让他在潜意识里看到，他现在可以在其他方面爱自己，尊重自己，比如体育锻炼、吃健康的食物、喜欢不加佐料或黄油的蔬菜的味道。我让他的潜意识认识到吃这些油腻的牛排、面包和黄油伤害不了他已经去世的父母，实际上却会伤害他自己。我告诉他的潜意识，是时候放开过去由食物匮乏带来的创伤了，应该用一种积极健康的饮食方式来照顾好自己，建立新的饮食习惯。在催眠状态下，我让他举起他的左手，代表着他对过去事情的纠缠以及过去的情绪。我跟他说："当我说释放的时候，释放掉所有过去的情绪以及直到现在你仍然牢牢抓在手里的东西。这些东西导致了你不健康的、情绪化的饮食习惯。你的人生已经不需要它了。""当我说'释放'的时候，给自己一个允许，允许自己获得自由，感到你不需要吃那些食物了，这些都结束了，都过去了。"接下来我对他说："现在，释放！让你的手掉到你的大腿上，允许你意识的自我和潜意识的自我将这些习惯永远地从你的人生中释放掉。""马上释放！"汤姆的手立刻掉落在腿上，就像一个绵软无力的橡皮筋一样。

接着，我对汤姆和他的潜意识心智说："现在，在你的脑海里看到自己正在吃健康的食物，这些食物给你带来矿物质、维生素和能量。将你的另一只手高高地举到空中，让你的手指直指天花板。代表着你，汤姆，现在在人生中每一天都会拥有的、新的健康饮食习惯。"我看着汤姆的另一只手一路举向空中。当我一边给他和他的潜意识心智这些暗示，一边看着这些肢体动作的时候，感到实在是很神奇。我继续跟他说："当我说'接受你新的、健康的饮食习惯'的时候，你的手会掉落到你的大腿上，它一掉落到你的腿上，你和你的潜意识心智将立刻接受你的新的、健康的饮食习惯，以及你的新的欲望和动机，去吃更健康的食物，每天都更喜欢体育锻炼，并且你允许你的身体释放掉多余的重量和脂肪，直到他们都永远消失。"然后我说："现在，接受你新的、健康的饮食习惯。手立刻掉落在你的腿上！"汤姆的手马上掉落到他的大腿上，他甚至进入了接受度更深的催眠状态。我又对他和他的潜意识说："现在，你已经给了自己一个允许，允许自己吃更健康的食物，这些食物味道很可口。你也给自己允许，热爱运动，走路，去健身房练跑步机，喝新鲜的水，水的味道很好很清爽，允许自己优先吃更少更小份的健康食品，做更多的体育锻炼，释放掉身上多余的重量，直到它永远消失。在一个全身立镜里看见自己，看到自己的身体现在就是你想要的样子，点头确认。"汤姆·莫兰点头确认了。

我接着说："吸入一种感觉，对永远甩掉那些赘肉而感到开心、健康和自信。现在让一个微笑绽放在你的脸上，一个健康的微笑，一个自信的微笑，一个全身心都非常幸福的微笑，汤姆。现在，让微笑绽放开来，汤姆，你无法忍住这个微笑。"汤姆·莫兰还在催眠状态中就微笑起来。我继续说："每次你微笑的时候，都会强化你永远释放掉赘肉的决心。当我数到5的时候，睁开眼睛，带着大大的微笑和实现你人生目标的自信从催眠中走出来。1，2，3，4，5！睁开眼睛，完全清醒，实现你人生新的、健康的目标。"他睁开眼睛，从催眠中走出来，感觉很棒，很开心，准备好要开始自己生命中这条崭新的、积极的健康之路了。

汤姆·莫兰的催眠治疗进行得很顺利。我催眠了他三次，每一次，我做的方式都有一点儿不同，但是植入了相同类型的暗示。大约六个月以后，汤姆·莫兰打电话给我，告诉我他的体重正在降低，强迫饮食的习惯不见了。

两年之后，我在广播电台又看到了汤姆·莫兰。当时我去电台做一些催眠演示，汤姆·莫兰看起来状态很好，所有多余的体重都减掉了。汤姆说催眠治疗帮助他更健康地掌控自己的人生。他很感谢我帮助他实现了自己的愿望。这是后话。

汤姆所在的广播公司KROQ位于加州伯班克，后来成了我合作最久的一个广播电台。从1990年上节目开始，一直做了大约有10年之久，每年都至少会上节目两到三次。当时凯文和比恩晨间节目是南加州最受欢迎的节目之一，听众范围广泛。

我帮助汤姆克服了他的饮食紊乱之后的第一个月，有一天汤姆打电话给我，说他希望我参加一档晨间电台广播秀，也就是凯文和比恩秀（The Kevin & Bean show）。他跟晨间栏目的同事们说了我怎么帮助他减肥的事，并且说一个催眠师也许会成为他们晨间栏目一个有趣的亮点。那档晨间广播秀的制作人给我电话，跟我约了具体哪天几点去广播电台。我的第一次电台广播秀就这样开始了。

1990年6月6日，广播秀当天早上，我记得我正在去录音棚的路上，就要上场了，听到凯文和比恩在谈论催眠。他们说他们觉得催眠是杜撰的、假的，就像魔术一样。他们要证明我是个骗子。听到这些的时候我很担心，这档广受欢迎的广播栏目拥有千千万万的听众，我不知道他们要在广播里对我说什么。我到达电台，进入他们的录音棚加入广播。他们问我有关催眠的问题，我也在广播中做了一个现场催眠演示。那是一场很棒的广播催眠秀。我获得了凯文和比恩的信任。他们在后来的十年里多次邀请我回到节目里做广播秀。很多他们的听众来找我做催眠。我甚至催眠了比恩的太太，她患有抑郁症。我催眠并帮助新闻记者克服他的飞行恐惧症。成为广播电台的内部催眠治疗师令我很兴奋。

后来，我在KROQ电台的凯文和比恩秀做了更多更好玩的催眠秀。在节目上我催眠了广播名人比格·泰德。泰德在催眠状态下是一个很棒的被试者，很容易被催眠。我会在比格·泰德身上做很多奇怪的演示。在一台早间广播节目中，我让比格·泰德爱上了吉米，那个体育健将。吉米指的是吉米·金梅尔。他现在是一个大型电视晚间节目主持人。在早间节目中，吉米总是会谈论体育。篮球、足球和其他职业体育比赛是吉米·金梅尔的头等大事。因此，有天早上凯文和比恩想让比格·泰德在催眠状态下与吉米坠入爱河，并向吉米求婚。催眠秀相当滑稽，比格·泰德真的爱上了吉米·金梅尔，我那天早上还做了一堆其他可笑的事情。凯文和比恩总是会播出我的电话号码和电子邮箱，以备某个听众想要找我做催眠。在那些电台秀之后，我总是会收到很多客户打电话来要求做催眠。

1994 年 6 月 7 日，我出现在 KYSR 明星电台的直播节目上。搭档是吉米和梅丽莎·夏普。我去节目的路上，夏普跟我承认她们认为我无法催眠任何人。我用了一点儿催眠性引导，在催眠暗示下，助理约书亚体验了一把被外星人绑架致孕的感受。他也被给了催眠后暗示，每次开始广播的时候，都先声明他对交通和新闻人托莉的热爱。托莉在催眠后成了麦当娜，在直播中歌唱，她还说她马上要出新专辑，等等。1994 年 7 月 27 日，在明星电台的另一场秀中，助理约书亚体验了一次前世回溯，回到了 19 世纪初的英国。在催眠状态下，他回到的这个前世记忆中，他是个乞丐，在英国的大街上讨生活。他的口音非常纯正，听上去真的很像 19 世纪初期的英国绅士。在这次令人着迷的回溯中，甚至他的肢体表现在催眠状态下也发生了变化。后来，约书亚还回溯到了更久远的过去，到了 13 世纪的中国。在那里，他经历了自己的死亡。他说他感到难以置信的疼痛和短促的呼吸。害怕真的发生心脏衰竭，我不得不把他带出这种恍惚状态。后来立刻有成百上千的电话打了进来。

1995 年 8 月 18 日，我出现在 WENS 电台的安和斯科特栏目中。电台位于印第安纳州的印第安纳波利斯。在那次节目中，我催眠了电台的工友们。有些催眠演示包括一些真实的早期年龄回溯。我把一位广告人员带回了童年，在农场里骑自行车。在广播中，她进入催眠，感受到早年的记忆，并在回忆里重活了一遍。另外的一些演示包括把一个人催眠后让他想象自己被外星人劫持。当她告诉听众和主持人劫持事件的时候，详细说明了自己是如何被带走的，事无巨细地描述了被绑架的经过。你能够看到她说话的时候脸上严肃的表情。她被吓坏了，甚至画了一幅外星人的肖像画。她被完全说服，相信有一天晚上自己在电台被绑架了。她详细跟我们说完绑架事件以后，我把她唤醒，带出了催眠，然后问她对外星人劫持有什么看法？她说她完全不相信有外星人，并且认为相信有外星人的人需要接受某种类型的帮助。她完全不知道就在几分钟之前，她还在描述她的外星人劫持事件。这真的让你思考我们的潜意识心智是无法区分事实和幻想的，是我们的意识心智而不是潜意识心智在做逻辑和推理并且使用这些逻辑推理。

当潜意识完全打开，意识的阻抗完全消失，没有了意识的干扰和阻抗，它会接纳所有的暗示。即使一个建议不是事实，它也会作为事实来接受。有些危险的催眠师和某些人非常擅长用暗示来植入虚假的记忆。对有些人来说，重复这些暗示甚至会把虚假的事整合成事实。

这么多年来，我出现在很多不同的电台中，包括 1988 年和 1989 年的 KFOX 电台戴安娜·伦德秀；1993 年 10 月和 1995 年位于加州奥克斯纳德的 KCAQ 电台伍迪晨间节目；1993 年 10 月 30 日 KPWRPower106 的里克·拉托纳晨间节目；1995 年 11 月 7 日 KPWR 的贝克兄弟晨间节目。在贝克兄弟节目中，我把两兄弟中的一个催眠了，让他以为他是世界上最厉害的拳击手迈克·泰森。这个晨间节目的主持人说话就像迈克·泰森一样，并且在电台录音棚里比画起拳击。我也曾上过华盛顿区的 WJFK 电台的唐和迈克电台节目。有一天我还上过亚利桑那州凤凰城的一个乡村电台，乡村女歌手玛蒂娜·麦克布莱德跟我一起上了那档节目。当然，我还上了好多其他节目，包括 Power106 电台的大男孩儿的邻居栏目，KLOS 电台的马克和布莱恩电台节目，等等。

即使有这么多电台、电视和其他的公众露脸机会，我还是相信我极大的满足感的源泉来自于在我的催眠治疗实践中看到个案的成功。我发誓要继续我的使命，用尽所有的方法，应用这绝妙的催眠技术，创造一个更健康、更幸福的社会。

## 前世回溯

我在美国和中国台湾地区做了成百上千的催眠回溯治疗，包括前世回溯和早期年龄回溯。1994 年 4 月，我在ＫＲＯＱ电台做凯文和比恩栏目的时候，有天早晨把他们都催眠了，回到某个前世记忆里。他们的晨间栏目制作人莱特宁也参加了节目。这位绅士不相信有前世。我也不确定他是否相信催

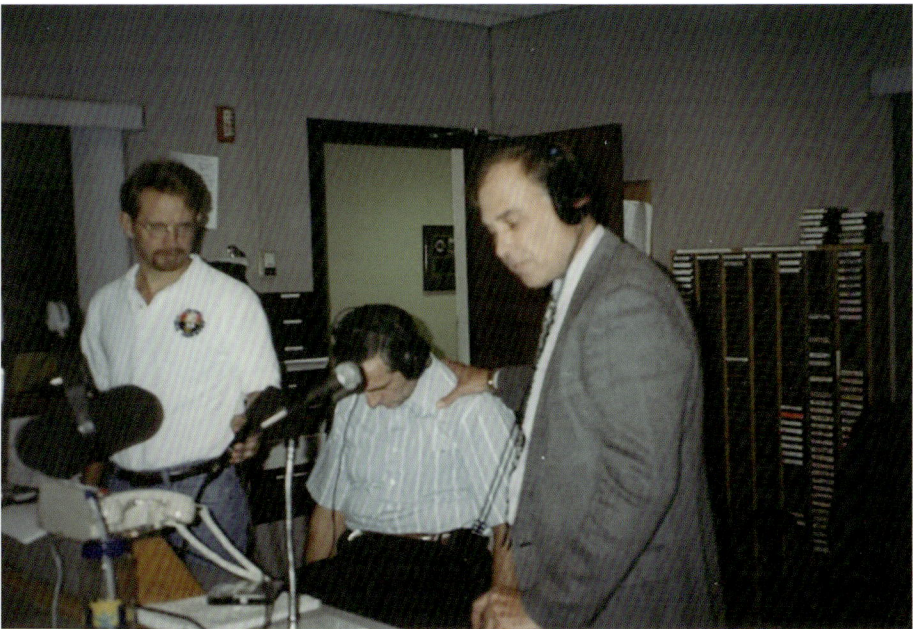

汤姆·史立福在电台节目中做催眠回溯直播

眠是真实的，但我只管催眠了他们，带他们回到前世。他回到了 16 世纪的某个前世里。

当莱特宁回到前世记忆里时，他在西班牙，是一名士兵，为西班牙国王效力。莱特宁给我们描述了身边一些人的着装，跟我们说了这些人的名字。他还巨细靡遗地谈及很多不同的地区以及在这些地方正在发生的事件，说自己目睹了自己的兄弟们被国王的一个侍卫用剑刺死了。他还说看到自己的死期也不远了，并解说了自己是如何死去的。在这次前世回溯中，他变得非常情绪化。

当他从催眠中走出来的时候，他说这个体验完全真实。他的确回到了 16 世纪的西班牙，清楚地记得每件事情。广播秀结束后我收到了来自南加州各地的来电，希望来做一次前世回溯。毋庸置疑，这从大众当中吸引了一些信众。

不夸张地说，轮回总是一个充满争议的话题。有人相信我们人生中的每

汤姆·史立福在电台节目中做催眠直播

件事都与我们前世的事件以及个人进化有关，包括亲密关系、好恶、家人、习惯、恐惧以及今生的挑战。大部分人承认有过"似曾相识"的体验，与素未谋面的某个人、某个地方或者某种体验有一种熟悉的感觉。很多宗教建立在轮回之上。基督教所讲的就是耶稣复活，他们也相信人死之后会在天堂里重生。轮回实在是谜中之谜。

我在此想要讲讲与催眠术有关的前世回溯。前世回溯是催眠治疗师使用的一门技术，用来探究并试图解释这种现象的。原理是：所有的信息（过去的，现在的，甚至有些延展到未来之中）都是永久地储存在我们的潜意识心智里。人们发明了很多方法用来解锁并挖掘海量的信息，现代催眠只是其中之一。在催眠领域里，对记录在案的成千上万的前世回溯有一些可能性解释。

前世记忆可能是纯粹的想象，一种拼凑起来的创意故事，也可能是一种隐喻故事，代表一个人的情绪或者身体面临的挑战，来访者有时可以意识清

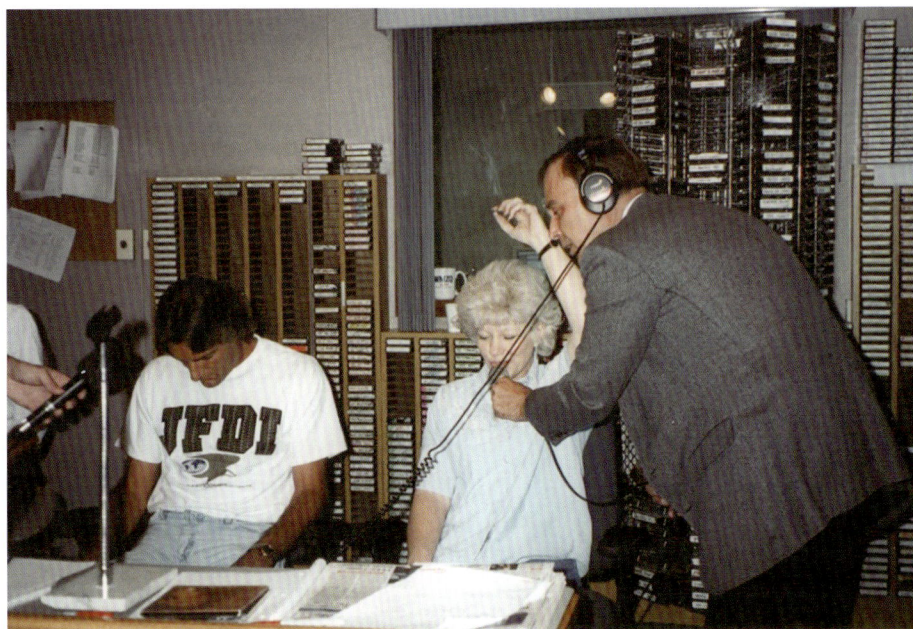

汤姆·史立福在电台节目中做催眠回溯直播

楚地表达。现在我相信，在催眠状态下，催眠师自己也可能成为前世记忆的制造者。我认为很多前世回溯治疗实际上是暗示回溯治疗。让我解释一下为什么我有这样的感受。当一个人来找催眠师做前世回溯的时候，不言而喻的暗示已经被来访者自己深植于心。他／她相信自己曾经有某个前世。催眠师或催眠治疗师告诉来访者他可以带他／她回到某个前世中去，这已经是由催眠师给来访者的一个暗示：来访者有过前世。对来访者来说，催眠师能做前世回溯也是一个暗示。催眠师与来访者约好见面的时间，来访者按照约定进入催眠师办公室，催眠师跟来访者说他／她有可能从前世回溯中有所领悟，这又是一个暗示，确认来访者会从前世回溯中有所领悟。意味着对来访者再次强调这个暗示：他们会被带回前世去体验。这些都是引导性直接或间接暗示。

你看到了暗示强大的力量已经深植于来访者心中或者他们的潜意识心智了吗？我要重申一遍，不要误解我现在跟你说的内容，我并不是说我们有或者没有前世，我只是告诉你引导性暗示与前世回溯的关系。

言归正传，现在，催眠师准备好要催眠来访者了。他会这样对来访者说："我现在就要催眠你，带你回到你的某个前世里。"这是个直接暗示，可以给一个超易受暗示的来访者。一句话隐含了很多微妙的点。首先，催眠师将会成为来访者回溯之旅上的引导者；其次，这也是一个暗示：来访者有不止一个前世。再进一步说，我们也可以认为催眠师已经给了一个暗示，来访者"将要"被催眠师催眠。你看到暗示的力量如何运作了吗？

我们继续推进，催眠师（催眠治疗师／催眠教练）现在开始催眠这个来访者，暗示他回到他的某个前世里。这是个直接引导性暗示，告诉来访者回到前世，意味着植入一个信息：他们有前世。这个直接引导性暗示能激发一种关于前世故事的想象，也可能是一个真实的前世，或者从潜意识里冒出来的某些东西，有时候甚至是从意识的心智中冒出来的事物。接下来，催眠师让来访者描述他们在前世中看到了什么。这又是另一个引导性暗示，暗示这个被催眠的人正在"看见"某些事物。这个引导性暗示会促使来访者要么真的看见自己周围的事物，要么使用他们富有创意的意识或者潜意识想象力去创造一幅景象或者一个神话故事，在那里他们看到自己置身其中。

　　然后，催眠治疗师要来访者告诉自己，他在前世是位男人还是女人，或者是个男孩还是女孩。这又是给来访者的一个引导性暗示，要他从催眠师植入的暗示中去做选择。催眠师间接地告诉来访者，他要么是个男人，要么是个女人；要么是个男孩儿，要么是个女孩儿。因此，富有创意的头脑从催眠师给出的四个选项里挑出一个，说："我是个男人。"催眠师也可以通过问引导性问题给出另外一个暗示，比如说："告诉我在这个前世里你穿着什么样的衣服和鞋子？"这又是一个引导性暗示，暗示这个人在前世是穿着衣服的。因为催眠师说他穿着衣服，来访者于是描述起他所穿的衣服。在前世回溯中，这样的问题可以不停地问下去。

　　我的信念是，催眠师所做的几乎所有的前世回溯都是基于引导性暗示创造的前世体验。我相信，潜意识的生物电脑记录了过去的记忆，它同时也是纯粹自发的想象力的创造者。

　　在某些回溯中，完整地忆起姓名、准确的日期和时间，对所在地和事件完整地描述，这些都是司空见惯的事，并且用多种引导方法去验证的时候，这些信息似乎从来都不会发生变化。有些来访者不仅仅是他们前世的目击者，他们甚至能够体验到前世中一系列的情绪并且感同身受。

　　回溯分为几种。年龄回溯是催眠师带一个人回到他今生中的某个记忆或事件里，帮助他克服一个过去的负面事件带来的影响。完全回溯是一个人体验到一种完整的回溯，回到过去，在过去的记忆里重新生活。部分回溯是一个人看见或者感受到一个前世或者早期年龄记忆。这些从潜意识心智里浮现出来，但是记忆的印象也许不是那么清晰生动。他们也许在自己头脑中的显像屏上浏览自己的年龄回溯，就像在电影院里观看电影一样；也或者他们会有意识地思考这个记忆，记起一些零碎的东西；也可能记得某些事情，但其他的记忆可能缺失了或者只是忘记了。他们也有碎片化记忆，鉴于此他们只会记得或者看到自己早期年龄记忆或者前世记忆里的那些零碎的东西。回溯治疗可以成为催眠中一种非常有用的工具，帮助人们克服过去那些负面消极的事件给人们今生带来的影响。

1988 年 6 月，一个催眠师同行要求我给他做一个前世回溯。他给了我一个问题列表，希望我问一问他前世里的那个人。当时我还在催眠培训中心工作，我们约好了到我办公室的时间。在我们开始催眠之前，他特意跟我说过他之前做过一次前世回溯。在某个前世里，他是军人，在空军服役，是一名飞行员。我把他催眠了，带他回到前世。把他带回到在美国空军服役，是名飞行员的时候，我问了他给我的列表上的所有问题，其中一个问题是："打开你的钱包，找到你的身份证，把你的身份证号码读给我听。"他读了一串数字，我记了下来。我还让他告诉我他开的飞机型号是什么，他说是喷气战斗机。我又问他飞机上是否有任何代码？他读了写在飞机上的所有数字，我在一张纸上做了记录。我问他在哪儿出生的？他说他出生于一个叫马里斯维尔的小镇，并在那里长大，他还告诉我马里斯维尔的住址，以及他家人的姓名和样貌。我又拿列表上的其他问题问他，让他前世的灵魂去到他死亡的时刻，他说他的战斗机被纳粹的飞机击中，支离破碎，他葬身火海。

他回答完所有问题以后，我开始慢慢地引导他回到今生。就在我慢慢带他回来的时候，突然间留意到他的身体开始抽搐，我问他，你正在经历什么？现在发生什么事了？他告诉我，他是一个大约 6 岁的男孩，他说了男孩的名字；说自己正从家里的楼梯上摔下来，他的妈妈在尖叫，跑下楼梯来看他怎么了。我问他：你怎么了？他告诉我说，他从楼梯上摔下来，死了。这位绅士并没有告诉我他还有另一个前世，可能是从美国空军那个前世去世之后，他又成了那个小男孩儿。我继续工作，把他带回当下，并且暗示他会记得发生的一切，走出催眠之后他会谈谈这些经历。

这位绅士走出催眠之后果真谈起了他在前世中经历的每件事情。令人称奇的是他拥有来自 20 世纪 50 年代的记忆！当时他还是个小男孩儿，从家里的楼梯上掉下来摔死了。他说他要去调查这个空军飞行员，看看他是不是真的存在过。

大约 8 个月以后，这个年轻人跟我联系，告诉我他已经调查了从他的前世记忆中浮现出来的这些信息，真的找到了那位空军飞行员的信息！飞行员真的住在一个叫马里斯维尔的小镇上。他还发现，我们在催眠状态下看到的那架战机上的代码真的存在，而且它在战争中被击毁了，飞行员的姓名就是他在催眠状态下告诉我的那个姓名，他因此战死了。他还说在这之前，他从来没有调查这人的身份。

这真是一次令人惊异的前世回溯，这个被催眠的来访者醒来去调查前世里的人是否真的存在过，这显然不是纯粹的想象，因为这个事件真实地发生了。这位空军飞行员真实存在，他在过去生活、死亡。那么轮回是真实的吗？这位年轻的催眠师真的是在二战时跟自己的战机一起被击落坠毁了吗？是他调整了自己的频道进入了他人的人生而不是他自己真实的人生，就像是电台频道调整那样吗？我们以前是否存在过？我们当中某些人真的有前世吗？我认为，随着超自然心理学领域的不断推进探究，有一天，量子力学也许能够科学地解开轮回之谜。

我还做了很多其他的催眠回溯治疗，这在以后的书中会逐一回顾。限于篇幅，在此不做赘述。

## 创造不可能——全球唯一的 NBA 赛场秀

我继续我的工作，创造更加有效的催眠引导和治疗，同时也做着私人催眠实践，帮助越来越多的人解决他们的问题。我还在全国各地做更多的电台节目，做现场催眠直播，也普及催眠知识，让大众了解催眠的积极用途。1996 年 10 月，我在温氏广播电台早间栏目"安和斯科特秀"上做了三天的催眠广播。电台位于印第安纳州印第安纳波利斯。这次节目超棒，和往常一样，所有听众都感到被迷住了，茅塞顿开。广播结束后，一位绅士打电话到广播电台找我。他来自印第安纳步行者篮球队，叫巴里·奥多诺万。巴里是印第安纳州步行者篮球队的运营总监。他说他很爱听催眠节目，也爱谈论催眠。他认为我的催眠超级棒，想知道我是否有兴趣到步行者队 NBA 篮球比赛中进行催眠中场秀。他说我会成为全球首位在全美篮球联赛中做催眠秀的催眠师。巴里给我两场可选日期：1996 年 12 月 13 日和 1997 年 4 月 1 日。这两个日期在美国很重要，因为前者被称为"黑色星期五"，后者因"愚人节"而闻名。我跟巴里·奥多诺万说我会考虑一下再给他回话。

我又要去突破催眠的极限了。我是否能够再创建一个新的模板，破解五至七分钟中场催眠秀的密码？巴里·奥多诺万想要六分钟的中场催眠秀。而催眠秀通常长达 1 ~2 个小时，而且做一次引导本身就要花费 20 分钟甚至更久。我是否愿意让自己承受那些压力和可能的失败？曾经的我害怕尝试新事物，害怕失败，总是说"绝对不行"。但在我内心深处有个小小的声音，说："去吧。我应该去做，以前从来没有人做过，也许我可以做到。"我自问自答："可能发生的最糟糕的事会是什么呢？我也许会搞砸，失败。"失败对许多人来说是不可承受之重，但现在对我来说轻如鸿毛。我以前已经在一些事情上失败过，比如跨语际催眠。但后来还是成功了。"如果失败是机遇之母，那么机遇之父就是从失败到成功的提升。"无论如何，在生活中去尝试的行为已经是一种真正的成功了，走出你的舒适区本身不就是一种成功吗？是的。我心想。那样我将没有遗憾。如果我说："不，这不可行。"以后我可能会后悔。生活中没有后悔药。悔憾是一种很难摆脱的深重的怨恨。我决定在 12 月 13 日进行表演。如果我做好了，破解了 NBA 半场催眠秀的密码，也许巴里·奥多诺万会很高兴，4 月份能再次请我做另一场中场催眠秀。我花了许多时间，想出做中场催眠表演的方案。我可能要在中场秀开始的几秒钟内瞬间催眠从观众中抽出的球迷志愿者。

　　我不想与任何其他催眠师一起探讨我试图要做的事情。就自己而言，当有人要求我在催眠领域里有所创造的时候，我跟催眠领域里那些被认为是大腕的催眠师请教相关的任何问题，他们所有人都会跟我说相同的话：这做不到。

**汤姆·史立福的 NBA 中场催眠秀**

汤姆·史立福的 NBA 中场催眠秀

汤姆·史立福的 NBA 中场催眠秀

几周以后，我创造出自己的催眠中场秀方案，就等着在 13 号星期五那天 NBA 印第安纳步行者队比赛时去验证它了。我带着音响助理提前几个小时到达表演场地，布置音响设备，测试音响效果。比赛运营经理有一些志愿者，他们是步行者运营团队的一部分。这些人希望被催眠。此外，我还邀请了我曾在广播电台催眠过的一些人来参加半场秀。就在几天之前，温氏电台刚刚邀请我去电台做了更多有趣的表演。现在，NBA 比赛就要开始了。我越来越紧张，因为我从未做过这样的表演，看台上有大约 3 万人在看着我。我把中场秀致辞给了比赛运营工作人员，他在比赛开始前要宣读。

比赛开始了，很快就到了中场时间。中场休息时，我让志愿者来到场地中央，面向观众坐在椅子上。我非常快速地催眠了他们，开始了中场表演秀。这些保留节目进展顺利，然后我做了明星模仿秀。我让其中的一位女士以为自己是正在演唱《宛如处女》的麦当娜，让一位年轻人以为自己是正在演唱《避开》的麦克尔·杰克逊。让志愿者们成了在大海里游泳的鱼、钢琴家、管弦乐队的指挥、芭蕾舞者、迪斯科舞者……整个中场休息时间我做了大概有 10 个保留节目。人们像被黏在椅子上一样，全场观众都被催眠秀深深地吸引了。他们热爱这场秀，巴里·奥多诺万也一样。我想得没错，这个节目进行得很顺利，NBA 运营经理的确邀请我在 4 月 1 号再来做一场中场秀。我是 NBA 和全美大学生篮球赛中场秀的催眠师，到现在已经超过 15 年了，我还在为 NBA 和大学生男子篮球比赛／女子篮球比赛做半场催眠秀。

## 现实柯南——助力台湾当局破解贪腐命案

1994 年 10 月，我和我的台湾代理人徐明收到来自台湾当局的邀请，调查发生在 1993 年 12 月 9 日或者是 10 日发生的一起凶杀案。案子涉及台湾地区一位上校的失踪和谋杀，还牵扯到进口军舰并承运。这宗军舰采购竞标者包括法国、韩国和德国。上校于 12 月 10 日被发现浮尸于海上，不过失踪日期似乎是 12 月 9 日。最后一个与上校一起的人是郭力恒，英文名艾利克

汤姆·史立福与台湾代理人徐明

斯。警方想知道我是否会与他们一起破案，因为他们没有任何线索，案件毫无进展。被警方认定为嫌疑犯的上校否认自己谋杀，三年以后，仍然拒不认罪。警方说他们会与我讨论，这位上校愿意被催眠。考虑到其中的风险，我婉拒了这个案子。

接近 1996 年年底的时候，徐明邀请我来台湾，对一些人进行催眠。这些人身上有徐明所说的"弱点"。他说目前能告诉我的就这么多。在内心深处我想到了那位被谋杀的上将，他 47 岁，他的死至今还是悬案。催眠疗法能帮助上校揭示真相吗？他是清白无辜的吗？若果真如此，这会为警方带来此案的新视角吗？这种催眠问答有助于破解这个谜案吗？我想是的。我决定到台湾去。

我于 1997 年 1 月 12 日星期天动身去台湾，于 1997 年 1 月 13 号星期一下午大约 9 点抵达台北机场，尝试帮忙破解这桩"世纪谋杀案"。徐明和我的中文翻译黄大一一起来接机。黄博士和我一起工作了两年多，在电视、广播、现场表演、讲座和研讨会上进行催眠演示。他是位考古博士，收藏化石。来接机的还有一位陪同的绅士，他是台湾地区的检察官或者是副官。我们驱车前往位于台北市区的某处军营，入住在一家部队酒店。这家酒店只接待军人或政府职员。我的房间在大厅尽头的最后一间，非常冷，没有供暖。床上有条毛毯，壁橱里还有条备用的，床硬得像石头。在台湾，大部分床似乎都是硬木板上铺一张薄薄的床垫，跟美国的床截然不同。我们都稍事休息就去吃晚饭了。

晚饭设在酒店的一间私人包房里。我们见了另外几位绅士，桌上一共大约有 7 个人。这些人每一个都代表着当局高层的某个安全部门，每个人都是高官或特工。我感觉似乎自己被引荐给了美国的五角大楼、美国联邦调查局（F.B.I.）、中情局（C.I.A.）以及军方的所有高官。在台湾地区的历史上，这些成员第一次为了破解一个命案联合起来。他们尝试了各种方法来破案，包括使用药品，但却一无所获。所有人都期待着也许我能用催眠帮助他们。这些人从来没有目睹催眠的威力，实际上他们从来没有真的看到任何处于催眠状态的人。催眠技术在此之前从来没有被应用于犯罪学或者法医学。他们非常兴奋，对催眠充满了好奇。席间他们问了很多问题，都是有关催眠及其在日常生活中应用方面的。他们也告诉我，我要催眠的那位上校艾利克斯因为在军舰采购过程中侵占国家财产而被判无期徒刑，正在监狱服刑。政府和警局相信他是尹清枫案的凶手，可能还有其他的同伙。政府高官们希望让我带出 1993 年 12 月 8 日、9 日和 10 日事发时的真相。

当天的晚餐是中国传统菜，有小章鱼、虾、汤、蔬菜，各种肉类，我们统统吃光了。每个人都会用盛满酒的小玻璃杯跟别人干杯，有时候会喝鹿茸酒或者 X.O 威士忌。喝酒抽烟似乎在台湾很流行，这一定是他们释放压力和焦虑的方式。吃完晚饭，大家一起在卡拉 OK 机上唱歌。唱卡拉 OK 在台湾非常流行，有些军官的嗓音很棒，我们都玩得很开心。

我的整个使命都对媒体和大众保密。除了我的两位联络人和政府以外，没有人知道我到了台湾，帮助查找犯罪的谜底。毫不夸张地说，我很紧张。过去，我总是用催眠帮助人们克服人生中的问题；用催眠来做舞台演示，激发创造性；但从来没有将催眠用于此类用途，这会决定一个人的生死啊！我怀疑自己来台湾的这个决定是不是正确。我的生命此刻是否也处于危险之中？这次谋杀是有组织的犯罪还是台湾黑手党干的？各种各样的想法开始在我脑海里奔腾。他们还告诉我监狱里服刑的那个人非常愤怒抓狂，他也许会拒绝让我催眠他。那个人非常聪明，在美国的一所著名大学里受过教育，英文讲得很溜，我可以直接用英文催眠他。当天晚上我们尽情玩乐，但天一亮就要开始工作了。一整晚我都辗转反侧，直到第二天早晨起床，喝了几杯茶以后，我们就出发去监狱见那位嫌疑犯。

到达监狱门口，我们遇到了荷枪实弹的卫兵，他们负责守卫这里。我们同行的特工向卫兵出示了他的证件，卫兵向我们敬礼放行。我们进入一个有各式各样的摄像和录音设备的房间，房间里的桌子上有一大堆东西，还有很多椅子和视频监控器，可以看到隔壁房间里发生的一切。隔壁房间就是我们要催眠那个嫌犯的地方。我们走进去，看看怎样做让里边感觉更舒服一点儿。房间里只有几把椅子和桌子，除此之外一无所有，让人感觉空空的，很清冷。我告诉他们，我认为这个房间需要改造一下，让它像一间催眠治疗室。因此，国防部的人把房间改造了一下，人们进来的时候感觉更舒服一些。他们说他们会在墙上贴一些好看的画，比如垂钓图，还会放一瓶插花，在桌面上放一个书架一样的柜子，一个接地的加热器模型，我可以把我带音响的小磁盘播放器放在书架边上。接着，我拿出我的本子和笔开始写下我想用来引导这个被催眠者的技术。现在，这个审讯室看上去友好了许多，不再像间囚室。我要催眠这个人，他被指控杀了自己的朋友尹清枫上校。

就在一切布置圆满，我们吃完午饭回来准备开始催眠时，我无意间看到监控室的大桌子上有一张报纸，上面有我在"超级星期天"栏目催眠 COCO 李玟的照片，当时我把她催眠了，在做钢板表演。我感到很烦躁不安，不知怎么回事儿，有内鬼对媒体泄密了！我被惊到了，为我的生命安全感到担忧。所有的新闻报社都在找徐明、黄大一和我。我们从公众视野里彻底消失了，被政府保护起来。我也知道，如果真有大佬、黑手党或其他人涉及尹清枫案，他们也会恐惧被曝光而想除掉我。已经有数位政府和军方官员被检举并被判刑了，他们正在监狱里服刑，原因都是涉及此案以及在此过程中侵吞

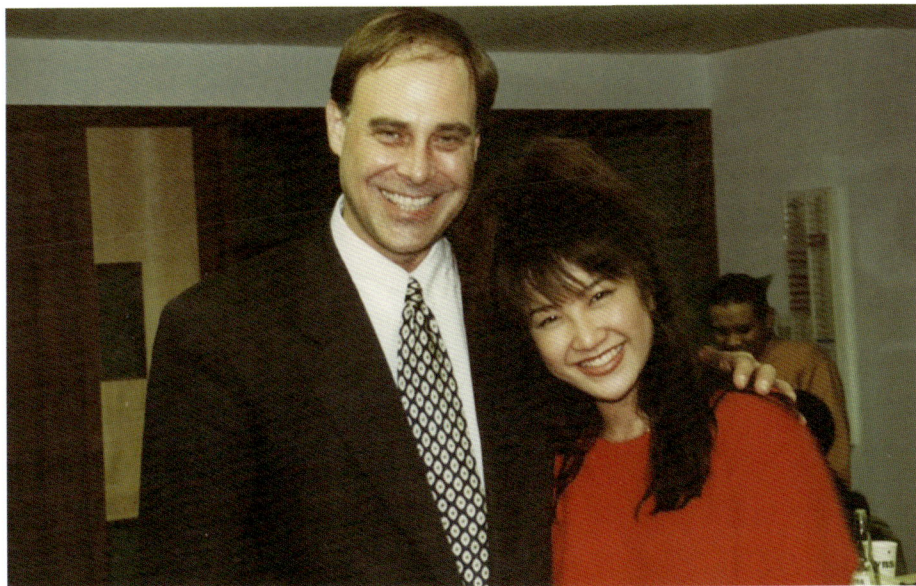

汤姆·史立福与 COCO 李玟在超级星期天节目

政府资金。

台湾 1997 年 1 月 15 日的报纸上的新闻是这样写的:

"军方调查组邀请美国催眠师助力调查海军上校尹清枫被谋杀悬案,在台湾对郭力恒上校实施催眠侦讯。调查对此案是否有帮助激起了密切的关注。尹清枫于 1993 年 12 月 9 日 8:30 被人发现浮尸于海上。一开始尹上校被认定是自杀,但是很快就演变成了一桩谋杀案。背后的动机据信与从法国采购军舰有关。贪腐案升级,前总司令以及 15 位退休的海军上将被处罚,激起了媒体的关注。现在由军方和警局共同调查此案。犯罪调查局的现任总督是团队成员之一,他负责破解尹清枫一案以及台湾桃源县长一案。郭上校现在被判无期徒刑,正在服刑。他坚决否认与尹案有关,但负责此案的小组认为他有参与嫌疑。案发三年多之后,美国催眠师被邀请来对郭使用催眠侦讯,帮助他回忆起此案的细节。催眠侦讯在美国已经被视为主流调查方法,现在将首次在台湾被用于刑事侦查。由于催眠在本土留下的印象类似于表演秀,所以本次调查是否能够使郭敞开心扉,找回记忆,具有划时代的意义。在被另外一个美国催眠师催眠之后,有些著名的男女演员在这种魔力的控制下撕掉了自己的衣服。催眠在此更多地被视为娱乐而非现实。但当警方得知一名飞行员在一次事故中丧失了记忆,却在使用催眠治疗之后得以恢复后,催眠引起了他们的极大兴趣。在中央警官学院从事刑事侦讯调查的一位女警官,曾经发表一篇文章说,根据实验室的实验,不管是催眠还是任何药物,都不能强迫某人改变他内在记忆的真实性,催眠师只能在过程中开发被催眠者的内在潜力。"

媒体有些误解,他们说催眠师会用强大的魔法控制那些被催眠的无助的人。记者说美国的一些警察当局 27 年前已经培训自己的警察使用催眠性审讯技术。实际上,1972 年,洛杉矶的警察局才第一次公开使用催眠技术。迄今为止,很多联邦刑事和司法官员、美国某些州和地区的心理治疗师接受了专业的催眠培训。虽然如此,催眠证据的有效性仍然没有被完全采信。在美国,很多州仍然否决催眠作为证据的有效性。

整体来说,法庭会认为那些被催眠的人会急于让人满意,或者会被过度暗示，或者更会撒谎，讲话没边没沿。催眠师也可能会放大那些错误的记忆，妨碍法庭审讯。但赞成者指出，近年来，催眠过程已经做到非常的专业化、标准化。法院更倾向于同意这样的观点：催眠是另一种收集人的记忆的技术。根据那位女记者所说的，外国的法院允许警察使用催眠作为调查工具而不是司法证据。郭上校，尹案的关键人物，拼命反抗测谎。但是根据调查，郭可能没有卷入暗杀尹的计划。但大家确信他应该知道内幕。调查组希望通过催眠侦讯，能够解决一些问题，因为一份非常重要的录音带被军方的某个涉案人员消音了，调查陷入僵局。

1997 年 1 月 15 日，大约下午 1 点钟，我们进入调查室。房间已经重新布置过，很小，但是看上去很舒服。我和黄博士走进去，把纸笔备好，等待要被催眠的人进来。在门左边放着两张椅子，是给警卫准备的，万一犯人想逃跑或者伤害我们，他们可以做好保护。

门外一阵嘈杂的脚步声，门打开了，两个狱警押着一个人走进来。这个人穿着深蓝色的制服，我猜那是军人的囚服。他被蒙着眼睛，遮片有点儿像人们晚上睡觉时带的眼罩，不过比那个大多了，把他的眼睛遮得严严实实。犯人手腕上戴着手铐，牢牢地铐在一起。他们押着他进来，我感觉到非常紧张，甚至有点儿害怕。别忘了，我得到的信息说此人是非常愤怒，挑衅且聪明的。一个人已经从美国汤普森船业购买军舰的过程中贪污八百万美元，因此被判处无期徒刑，一无所有，没什么豁不出去的。他被带到椅子上坐下，我正在他对面，我们之间隔着一张小写字台。黄博士挨着我坐在右边。郭先生的英文名是艾利克斯。他们给他除去眼罩，艾利克斯环视四周，跟我打了个招呼，说："嗨！"听声音英文很纯正。他的脸上挂着微笑，并不是我所想象的那么穷凶极恶。黄博士递给他一根烟，艾利克斯很高兴地接过去。黄博士总是在抽烟。有人告诉我们犯人也喜欢抽烟。他很想把烟点上，但因为手铐把双手锁得很牢，他点不着。艾利克斯跟警官说他不会伤害我们的，会管好自己。他们把手铐打开了。我们做了自我介绍，跟艾利克斯说的是化名，我们不想让他知道我们的真名。跟他说我们是治疗师，到这里来查看他的情绪状况和身体健康状况。艾利克斯曾在美国留学，英文讲得非常地道。

　　我计划先把他催眠，尝试带他回到早期童年的记忆。然后把他带回某个前世或者某几个前世里。我要让他在催眠状态下表达情绪，比如哭泣或大笑，希望能够引导他潜意识的大脑去往他曾经有过或经历过的任何时间、任何地点。我知道，根据调查组的消息，这个人易怒而且聪明，被假定为一个很会说谎的人，也可能是个很难被催眠的被试者，更不用说要把他带入足够的深度，无意识地去回溯了。这是个很棒的挑战和机会，可以培训并鼓舞政界要员。如果我能够证明催眠不仅仅是个魔幻之旅或者又唱又跳，如果我能够证明，催眠能够让人回忆起自己已经遗忘的信息，也或者如果我能够激发潜意识的大脑去记起一个事件发生的真相，整个真相以及每个细节的信息，那我就能向台湾当局证明催眠是个有效的工具，能够带出失去的记忆，为犯罪学提供细节，也能解决未处理的那些被封存的痛苦的记忆。

　　艾利克斯开始跟我说他的情况。他说自己代表台湾当局从不同的国家采购军舰。他和被谋杀的上校是非常亲密的朋友，他永远都不会杀害尹上校。尹上校被害前对某件事非常烦躁愤怒。他与一位涂太太有联络，应该是要去某个酒店会见涂太太。当天他也约了艾利克斯去某地见面，但却根本没有露面。然后艾利克斯跟我承认说他从这宗交易里盗走了八百多万美元，他说那钱不属于他，他必须为此付出代价。他再三强调他跟朋友的谋杀案毫无关系。艾利克斯说为了逼他开口，他很多次被施以酷刑，有一种酷刑是往他的两个鼻孔里喷水，实在是太疼了。他的父母很受伤，颜面尽失。他要为自己赎罪，也让他的父母能够挽回面子。他想洗刷自己家族的声誉。

　　艾利克斯讲了 1993 年 12 月 8 日、9 日和 10 日的很多细节，提到有盘录音带，记录了被害的上校跟他人的谈话。这个本来可以破解此案，但是有人把它消音了，不见了。我们跟他至少谈了 2 到 3 个小时，艾利克斯说如果这能帮到他的话，他乐意被催眠。他还说几年前他就想被催眠了。他提到了澳大利亚催眠师马丁·圣·詹姆斯的名字，认为他很有趣。目前为止，我赢得了艾利克斯的信任，他愿意被催眠。我跟他说你首先是个人，其次才是个军人。我会帮助你处理对当下所处环境的情绪。

　　我用一些不同的技术催眠了艾利克斯，包括念动反应、温和的超载以及各种各样的震撼引导。艾利克斯进入了一种接受性非常好的催眠状态。我通过让他做各种各样的潜意识表演来给他催眠暗示。手臂卡在空中，放声大笑，以及其他的一些测试，测试他躯体和情绪的暗示感受性。接着我就做了"回溯"。艾利克斯到了两个不同的前世中，脑海里的一个前世非常痛苦。他是某个阶层的埃及奴隶，正在建造金字塔。艾利克斯经受了一些痛苦，哭得厉害。他表达了一些非常悲伤的情绪。在另一个前世里，他是国王的一个侍卫，非常开心，一直在笑。这一切都是通过我的翻译黄大一用中文进行的。我接着让艾利克斯去到 1993 年 12 月 9 日，告诉我当天发生的每件事。我跟他说他会回到那天重新来生活，就在那里，感觉到、听到、触碰到、闻到、尝到、体验到。我让他告诉我们每件事的真相，在他心底的整件事情的真相。

艾利克斯开始讲话，从头讲了当天发生的所有事件。他在打电话，我们真的看到他在讲话，有时会很心烦，就像他真的在那儿一样。他用中文跟我们沟通，所有的官员都目睹并把整个过程都录下来了。这个流程真的启动并奏效了，政府和军方成立的临时小组都看呆了。艾利克斯在记忆里重活了一遍，到了某个节点上，带着如此深的伤痛，他哭得很厉害，鼻涕顺着鼻腔垂下来，一连几个小时好像一直那样垂着。我觉得此时艾利克斯大约是重新生活在他发现自己的朋友被害的时候。在催眠状态下，他崩溃了，像个孩子一样哭泣，讲话的时候回溯到了 1993 年。

此时，我给小组成员们发出信号，让他们悄悄进入房间。在催眠之前，我曾问过艾利克斯一些问题，他告诉我他是个佛教徒。我把进来的这些人介绍给艾利克斯的时候说他们都是佛陀。我知道艾利克斯尊敬佛祖，所以我希望这能够让他有勇气说出真相。郭力恒（艾利克斯）的眼睛此时仍然闭着。那些秘密特工进入了房间。一共有 6 位，一位警署局长、一位政府技术部门高官、一位反情报局官员、一位军方的律师还有国防部的其他高层。然后他们就开始向艾利克斯发问，都是些非引导性问题。

在我们做这个催眠调查侦讯之前，我教给所有的政府小组成员跟我一起合作，如何问非引导性的问题以获得最精准的记忆而不会污染它或者刺激出虚假的证言，这对我们所做的事来说相当重要。我希望审问是由调查组来进行的，我的责任是保持这个回溯的状态到一定的时长。与催眠师咨询过之后，调查组准备了一些问题要测试郭上校：

a. 在 1993 年 9 月 18 日，郭出发去法国之前，尹告诉郭"光华 2 号"（船名）出了问题。尹说要调查它。9 月 18 日，郭回来后他俩又密谈了数次。光华 2 号到底出了什么问题？他们在那些谈话里都说了什么？

b. 尹被害当天，本来是匆匆忙忙去会见涂太太的，却碰到堵车。但在郭打电话给尹后，是什么样的原因导致尹不去见涂太太而是去了来来豆浆店？

c. 在 12 月 10 日 14：30，获知尹的死讯时，郭惊慌失措，情绪非常激动，坐立不安，哀伤的哭泣，不断地喃喃自语"他们为什么要杀他？"他所说的"他们"指的是谁？为什么郭会那么惊慌失措，坐立不安？

d. 谁拿照片和策划的录音带给尹设了圈套（郭认识那个人）？

e. 与郭一起在来来豆浆店的另一个人是谁？

艾利克斯说的是中文，给出了调查组所不知道的一些信息。他说了人名和日期。有一刻他在哆嗦，感觉冻得要死，他说那天早上非常冷。后来军官们查看了记录说，那天是台湾那年最冷的一天了。看着艾利克斯记起并在这个事件里重活了一遍，黄博士站在那里，似乎惊呆了，也许在他内心深处，他并不是真的相信我可以做到。艾利克斯继续在催眠状态下给特工提供更多的信息，他被催眠了很久，有好几个钟头。

特工一开始问问题的时候非常直接强硬，尤其是其中的一位警察长官，我相信就是他在一开始的时候对艾利克斯严刑逼供的。就像我前边说的那样，我给他们培训过之后，他们的问题表达方式更友善，像朋友一样，学会了用母式方法去沟通，结果更好也更简单。要获得特定名字地点和其他相关的信息就要使用直接提问了。

**台湾当局为汤姆·史立福（左一）颁发催眠侦讯金奖**

　　整个催眠过程很顺利，所有官员都对结果很满意。徐明从来没有做催眠，因为他是代理，他与那些调查组成员一起坐在秘密监控室里，解说我们在调查室里做的工作。我把最艰难的工作做了，黄博士也做了翻译。徐明表现得就像我们团队的领导一样。

　　在把艾利克斯带出催眠以前，我给他一些积极的暗示：感觉到平和被白色的光包围着，有佛祖护佑着他，晚上可以睡得很安稳。艾利克斯醒来感觉很棒，非常的平和、开心而放松。别忘了，他在监狱里被虐待辱骂，有很多恐惧，身体上也很疼痛。我希望帮助他克服这些身心创伤。当我把他带出催眠时，他完全不记得催眠状态下发生了什么。

　　第二天，我又一次给艾利克斯做了催眠，并让调查组成员继续提问。我还对另外的嫌疑人做过催眠。详细的细节我会在以后的书里再做详述。但催眠侦讯无疑开启了一扇大门，让我进入了另一片值得探索的领域。我为自己感到自豪。

## 多重人格的女孩

　　这件往事发生时，我正在台湾跟制作公司在电视台录制前世回溯系列。我们为台湾很多明星做前世回溯。测试在其中的一间制作室里进行。房间里有四个人，我，我的翻译黄大一，制作公司的一个录像师和一个录音师。我们会把所有的录像存档。

　　在给一个明星回溯的过程中，录音师也同时进入了一种很深的恍惚之中。她看上去似乎在一种舒服的"睡眠"之中。我决定让她享受这种休息，而我继续跟被试者工作。她被催眠了，除了没有把我们工作的音频录下来之外，我并没觉得哪里不对。过了一会儿，我回头看了她一眼，留意到她的身体开始转圈。这对我来说太怪异了。但是别忘了，我在 HMI 学催眠的时候，被告知在催眠状态下没有任何危险。他们不教催眠安全。我在不断地探索催眠的极限，大部分催眠师对此知之甚少。

　　我接着给这位台湾明星做回溯，又不放心地看了一眼录音师，现在她的身体像龙卷风一样摇动，像个陀螺一样旋转。我被吓坏了。到底发生了什么？突然之间，她醒过来，让大家大吃一惊的是，她醒来的时候变换了人格，成了一个小孩子。先是站起来像个小姑娘那样唱歌跳舞，像蝴蝶一样转圈，手和手臂上下起伏就像在飞舞。这样做了几分钟之后，她开始失控地尖叫呐喊，抓起房间里的东西摔到地上。潘多拉的盒子被打开，就像几年之后我的医生在告知与我健康相关的事情时所说的："真相大白。"我必须做点儿什么来制止这种情绪的爆发。

我抓住这位女孩儿，用一个震撼引导把她带回了催眠。我在台湾做了很多躯体震撼引导来快速催眠人们。所以我把她瞬间带回催眠状态，给她暗示：当我数到 5 的时候，你会完全清醒，回归自我。她醒了过来，我让她离开那个房间，到外面的椅子上坐一会儿。她走了出去。我以为现在一切都没问题了。

1 分钟以后，我的代理人徐明跑进来说，那个女孩儿在等候区摔到了地板上，又回到了童年时代。等候区有一大堆台湾记者，他们目睹了一切。我感觉这件事把所有在场的人都吓死了。我走出房间，看到她在等候区又哭又叫。我们带她去了另一个房间，我再次瞬间把她催眠了，尝试把这些事情埋藏回去，带她回到正常的自己。我把她带出催眠，她看上去很正常，但只维持了大约 30 秒钟。她再次自动地进入了一种深沉的恍惚状态，并且立刻醒来，成了小姑娘，像蝴蝶一样在房间里四处飞舞。我又一次催眠了她，此时我已经汗流浃背，汗水从我的脸颊像瀑布一样滚落下来，仿佛谁在我的头顶上打开了一个水龙头。我的心脏不停地狂跳，我都害怕自己会心脏病突发。这次我催眠她以后对她说，她要是不从催眠中醒来，继续做自己的话，整套电视节目会被取消，她要为此负责。如果她真的唤醒了自己的多重人格状态，她会毁了一切。我继续说，当我数到 3 到时候，你会回来，继续做你自己。然后我把她唤醒了，但是，她还是滑进了那个狂野的恍惚状态。到此时，我已经无力继续了，崩溃、恐惧、害怕、筋疲力尽。我跟房间里的人说，我帮不了她，建议把她送去医院。我们尝试了我曾经用过的每个暗示的方法，全都无效，最后决定带她去医院打镇静剂。

在去医院的路上，她切换到了另一种人格，头脑清晰，非常理智，用标准的英语跟我对话。这位女士是不说英语的。也许她被某种东西控制了？我不知道。我的代理人让我藏起来，在前座上半躺下来，这样就没人能看到我了。他不愿意让出版社看见我或者给我拍照。这位女士继续变换人格，认不出她的好朋友黄杰夫了，他是这个节目的制作人。后来，我们终于到了医院。我待在车上，其他人带着这位女士进了医院。我蜷缩在前座上，觉得自己把一切都搞砸了，我在台湾的工作全完了。

后来发生的一切就像意大利电影导演法莱尼的大片一样。这位女士从医院里跑出来，在救护车跟前像蝴蝶一样又唱又跳，像之前那样舞动着双手，扇动着翅膀，像小姑娘一样唱着一首奇怪的歌。过了一会儿，大约 25 个医护人员穿着白大褂从医院里出来，他们慢慢地包围了这位女士，在她身边围成了一个圆圈。圆圈越来越小，他们逼近她身边，抓住她。她开始尖叫，医生们把她带回医院，打了镇静剂。

我彻底崩溃，不断想着到底发生了什么。她打了镇静剂之后，第二天感觉很好。我相信她承受了某种可怕的童年创伤，而这些都在一瞬间爆发了。由于我当时在跟另外的被试者工作，无法在她失控之前观察到她的反应。加上我从来没有被告知这些事情会发生，这实际上是一种精神病性的摇摆。

第二天，所有的报纸都在谈论发生在这家制作公司雇员身上的事儿。轮回和前世回溯的节目取消了，所有相关的产品都立刻停了。我认为实际上是这台节目被台湾当局禁掉了，就像一个重大创伤的梦魇发生了，天下大乱。我从未听过此类事件，培训我的催眠学校让我很失望。我学的是最基本的催眠，从来没有讨论过催眠过程中的危险信号，也就是说，我在未知的领域里跟催眠一起摸索着前行。

## 第二篇

# 点石成金

## ——汤姆·史立福科学催眠震撼引导技术

点

石

成

金

# 第一章　脑波技术（EEG）

直击催眠培训

何为科学催眠

研究脑波频率的改变如何能够有效地最大化专注的状态、集中注意力以及放松。这些对治疗方法来说非常理想，比如情绪重置疗法（ERT）。催眠治疗是这门学科里非常重要的部分。我坚信，为了在科学领域里推进催眠科学和ERT，视觉化印证催眠和ERT状态非常关键。有多少次我们听到有人说催眠不真实，或者我不认为自己被帮助了，因为我能听到你说的每个字。

即使是催眠治疗师自己，有时也不确定这个人是否被帮到了，或者他们的来访者真正被帮到的程度有多少。过去，有些测试被用来证明催眠深度或放松程度。这些测试包括捏痛一个人的手臂；让一个来访者紧闭双眼，告诉他们眼皮黏住了，无法睁开（眼皮粘连测试）；手臂僵直测试；锁手测试等许多其他的方法。作为催眠治疗师和ERT治疗师，我们需要留意的迹象包括：

- 快速眼动
- 躯体放松
- 呼吸变化
- 脑波频率变化
- 脑波频率的振幅变化

这些迹象也预示着某种躯体的变化和脑波活动的变化，或者也可能是神经性频率改变，这与特定的脑波状态相关，包括贝塔（Beta）、阿尔法（Alpha）、塞塔（Theta）和德尔塔（Delta）。

在清醒的脑波活动状态，我们称作贝塔（Beta）。我们的意识脑波模式频率深度从大约 14 赫兹到 30 赫兹（赫兹是波动频率单位，等于每秒钟震动的次数，可以由脑波仪设备监控到）。在这个意识脑波活动阶段，我们的意识心智，或者说认知的大脑，也可以说我们的大脑清醒的状态非常活跃警觉。这种意识状态通常发生在白天。

第二级脑波频率活动阶段，叫阿尔法（Alpha）。阿尔法是一种轻度的ERT 状态，轻度的催眠或者是一种躯体放松和安宁。我们的脑波频率、模式或者周期降低下来，在大约 7 赫兹到 13 赫兹脑波频率活动。轻微的放松可以被认为是一种阿尔法状态。

下一级 ERT，或者是催眠深度阶段叫塞塔（Theta）。在塞塔状态，我们

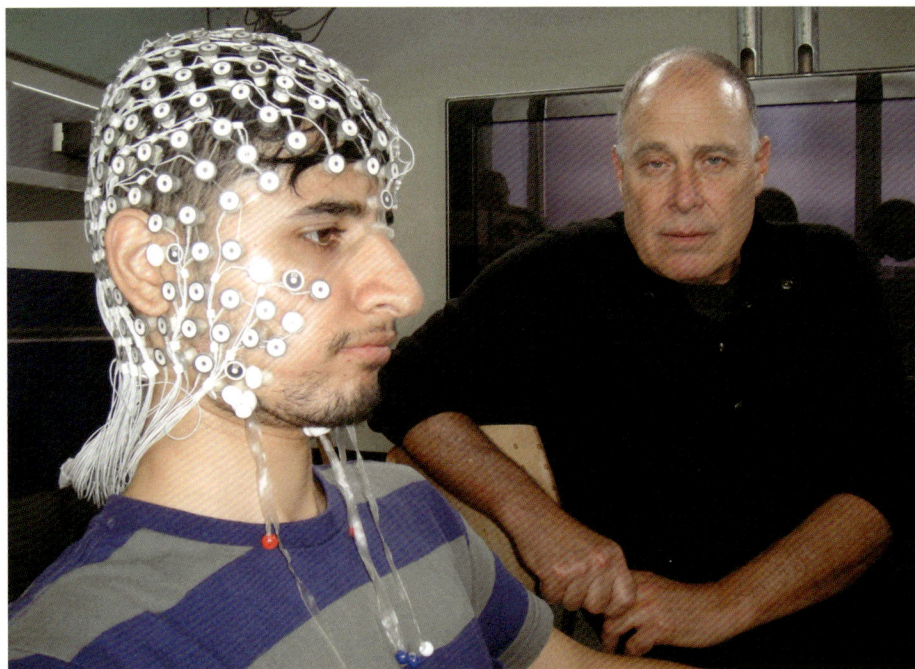

探索频道"绝对好奇"系列节目与汤姆·史立福一起研究脑波

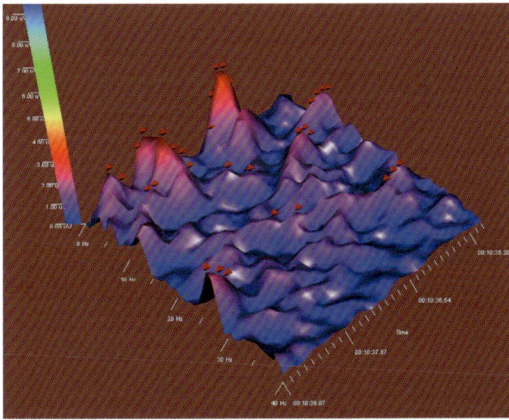

脑电波示例

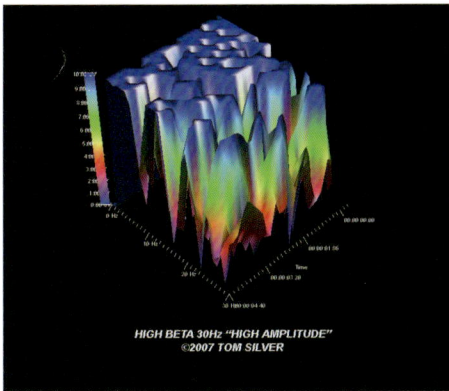

Beta 脑波图

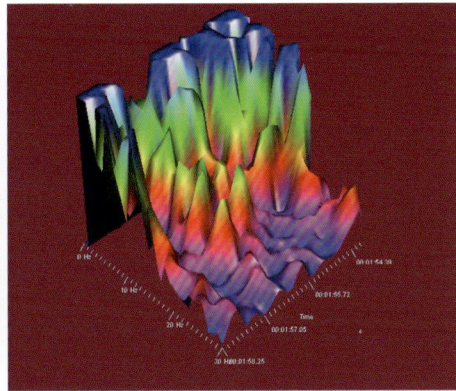

Alpha 脑波图

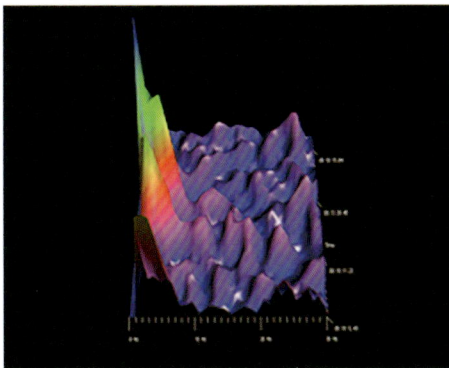

Theta 脑波图

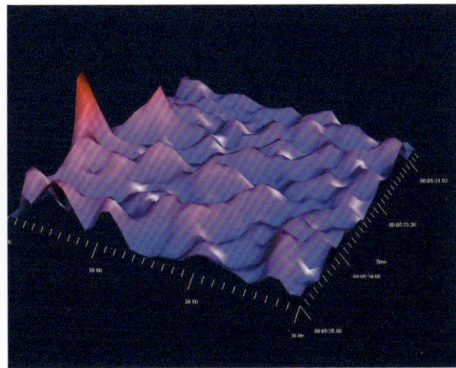

Delta 脑波图

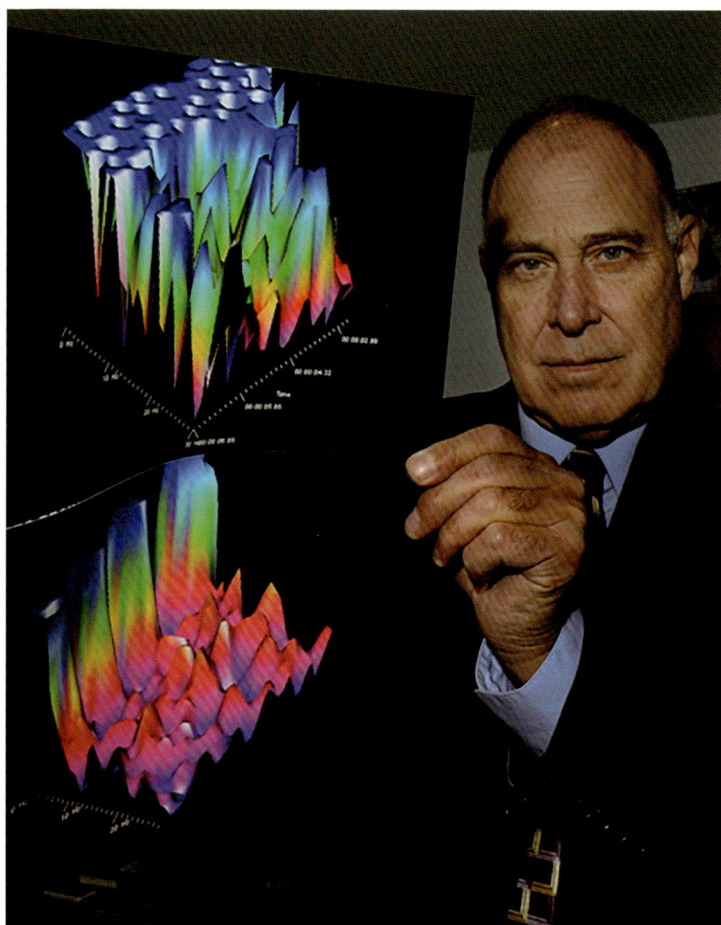

EEG 脑波仪催眠治疗和 ERT

的意识脑波频率活动降低了更多，可以用一个脑波扫描装置记录到 4 赫兹到 6 赫兹每秒。当一个人在夜晚进入香甜的自然睡眠时，他们可能就在塞塔状态里，进进出出德尔塔（Delta）状态。

ERT 和催眠最深的状态叫做德尔塔（Delta），或者是催眠治疗师们所说的梦游症。在德尔塔状态，我们的意识脑波活动降低到大约只有 0.1 赫兹到 4 赫兹。一个人的脑波越低，意识心智变得越无意识，他的潜意识心智变得接受度越高。

　　情绪重置疗法，就像催眠治疗一样，在降低脑波频率方面显得更加有效。当你降低来访者的脑波，就更容易到达他的潜意识生物电脑，或者我们也可以叫它生物硬盘。这给 ERT 治疗师和催眠治疗一个很棒的优势，去降低来访者的意识阻抗，提高潜意识的暗示感受性接受度状态。

　　在这些各种各样的脑波状态中，我们的大脑也能产生某种脑化学物质，帮助疗愈我们的心智和身体。这里边包括：血清素、褪黑激素、多巴胺、内啡肽以及更多。当一个人在 ERT 和催眠状态下放松下来的时候，大脑里的这些脑化学物质被激发并自然地产生。这是为什么那么多人在从 ERT 或者一个催眠治疗过程中清醒过来的时候，会感觉如此的焕然一新，精力充沛。

　　这些大脑化学物质能够在大脑和身体中创造出一种化学平衡，同时也能帮助治疗某些躯体疼痛。这些疼痛可能来自于负面的潜意识情绪。这被称为身体症状，是一种情绪化焦虑的躯体化表现。这些情绪是负面情绪。所有的情绪都位于我们潜意识的生物电脑之中。

　　EEG 是未来的方向，现在我可以教给你 EEG 以及怎样在你的私人治疗过程中使用 EEG 神经反馈。能够将这个新的医学科学工具带到科学催眠治疗和 ERT 团体之中，我为将自己的精力和洞察力放在这个领域感到骄傲。在我教给你 EEG 科学之前，让我们研究一下一些最常见的问题，这些是催眠师们问过我的，都是关于在一场私人 ERT 或者催眠治疗过程中使用脑波仪诊断装置的。

　　在催眠侦讯中，为了激活记忆，脑波仪是最强大的科学工具。我们可以用它来监控意识和潜意识脑波频率的变化。在引导可能的深度催眠状态过程中，这些频率会发生变化，要获得这些信息，这种绘图设备非常关键，它能够告诉我们来自于目击者或者被指控对象的信息和记忆是否来自于意识记忆，这可能是想象出来或者捏造出来的；或者是来自于潜意识记忆，如果真的是在德尔塔（Delta）状态或者深度 ERT 状态下有效产生的，就可能是我们自身都有的那种最精准的记忆描述。

### 1. EEG 设备是什么

是一台 EEG，也被叫做脑电图仪。它是一种科学的医学和精神监控设备。人进入 ERT 和放松状态的时候会发生脑波频率变化，而 EEG 能够监控这些变化。

### 2. 医生和心理学家应用脑电图监控仪做什么

医生用它监控癫痫患者以及大脑内部的神经系统疾病。各流派心理学家现在也将它用于监控注意力缺失症、双相障碍、专心和专注、高血压、焦虑、睡眠问题、抑郁、头疼、偏头疼、慢性痛、强迫症、情绪波动、中风、创伤性脑伤、自闭症以及其他很多影响身心健康的病症。

### 3. EEG 监控仪还能用来做什么

有些脑电图仪也能够监控肌肉紧张以及我们自主神经系统的生理性变化；还能监控脑波频率的振幅，也就是所谓的每种脑波频率状态的动力水平。想象一下，这些脑波频率有强度或者数量水平，能够处于一种高动力状态或者低动力状态，就像你把电视拨到某个频道，调整了音量的高低那样。

### 4. 怎样用脑电图仪判断一个人是否在 ERT 状态里

当你给来访者带上脑电图仪，进行科学临床情绪重置治疗时，你将监控到脑波频率从贝塔（Beta）波到德尔塔（Delta）波的各种层次。大部分催眠师都知道科学情绪重置治疗有浅度、中度和深度分级。我们也知道催眠状态与脑波状态直接相关。当使用脑电图仪神经反馈技术的时候，你能够科学地看到你的来访者进入阿尔法（Alpha）、塞塔（Theta）和德尔塔（Delta）的状态。这三种状态可以被认为是 ERT 的状态或者深度。

### 5. 在读取脑电图的时候，应该关注什么

在做 ERT 治疗，读取脑电图的时候，你要关注的是贝塔（Beta）脑波活动的降低，塞塔（Theta）和德尔塔（Delta）波活动的增强，这能有效地证明来访者进入了催眠状态。

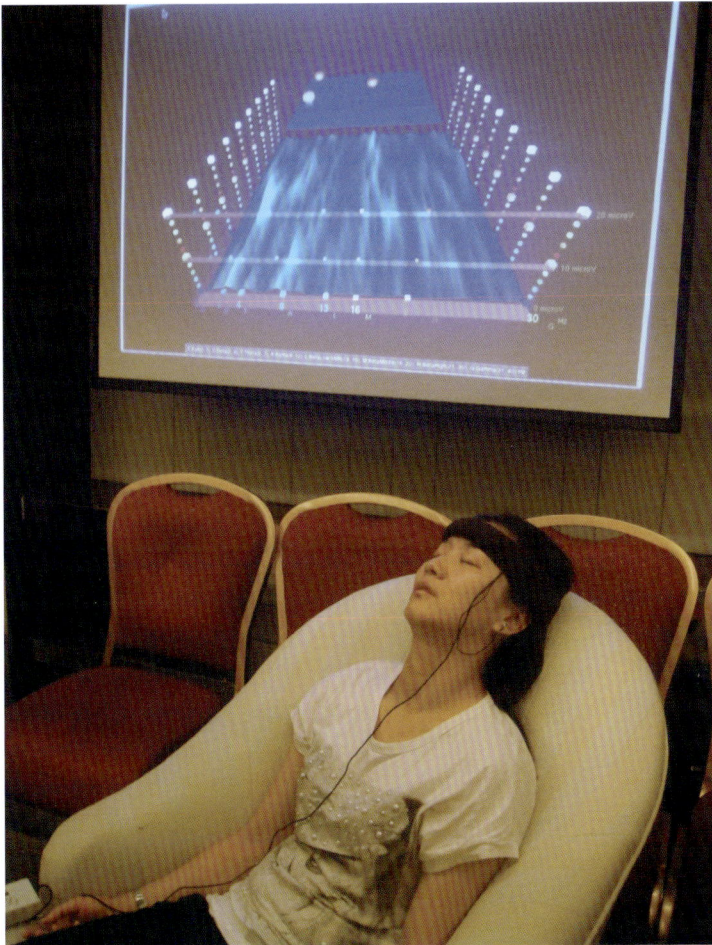

汤姆·史立福在课堂上演示脑电图仪

#### 6. 如何记录脑波信息以便后续回顾

当今市场上的很多脑电波仪能够记录并保存来访者的脑波数据，并直接存放在你的硬盘里。这样，你能够储存每个 EEG 治疗过程，在将来用作观察；还可以让你的来访者观看各种各样的脑波活动的不同呈现。

### 7. 使用脑电图仪能帮助个人催眠治疗吗

通过使用一台脑电图仪神经反馈装置，你可以提高自己的可信度。你在实践中用一种科学工具，也能证明你所做的工作在科学上的真实性。

### 8. 有没有我可以参加的实战 EEG 催眠辅导课程

目前很少有专门的课程培训 EEG 催眠师和情绪重置疗法催眠师，但是，汤姆·史立福 ERT 催眠学院一直在全球开课，培训 EEG 催眠治疗师和情绪重置疗法治疗师。参加完此 ERT 实践培训的催眠师在来访者成功比率方面都有提高，慕名而来的来访者数量也越来越多。这将 ERT 带入了一个新的、令人激动的科学领域。

## EEG催眠史立福量表

**EEG催眠学院**
**"史立福量表"**
**催眠治疗脑波量表**
**供催眠治疗师参考**

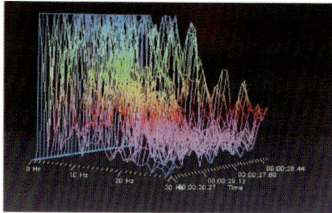

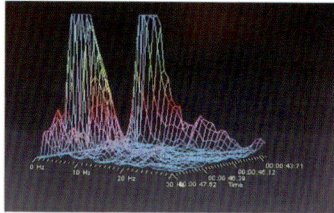

| | | | |
|---|---|---|---|
| 放松 | Theta到Alpha | 振幅低 | 4Hz-12Hz |
| 减压 | Theta到Alpha | 振幅低 | 4Hz-12Hz |
| 专注 | Theta到Alpha | 振幅低 | 4Hz-12Hz |
| 记忆力 | Theta到Alpha | 振幅低 | 4Hz-10Hz |
| 运动提升 | Theta到Alpha | 振幅高 | 4Hz-10Hz |
| 信心治疗 | Theta到Alpha | 振幅高 | 4Hz-10Hz |
| 动力治疗 | Theta到低Alpha | 振幅高 | 4Hz-10Hz |
| 成功治疗 | Delta到低Alpha | 振幅低 | 4Hz-10Hz |
| 减肥治疗 | Delta到低Alpha | 振幅低 | 2Hz-10Hz |
| 戒烟 | Delta到低Alpha | 振幅低 | 2Hz-5Hz |
| 年龄回溯治疗 | 最低Delta状态 | 零振幅 | 1Hz-4Hz |
| 控制和移除疼痛 | 最低Delta状态 | 零振幅 | 1Hz-4Hz |
| 移除害怕和恐惧 | 最低Delta状态 | 零振幅 | 1Hz-4Hz |

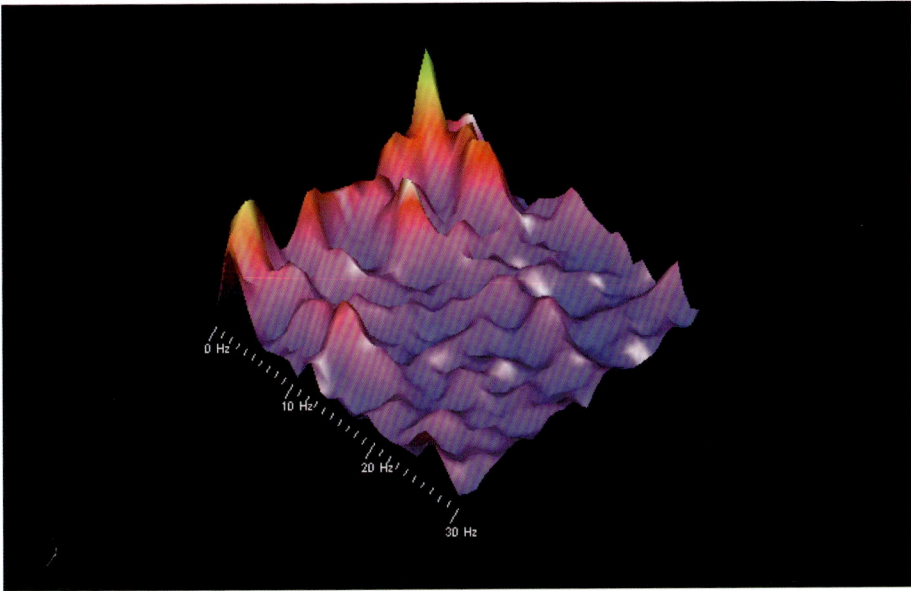

低 Alpha 和 Theta 脑波

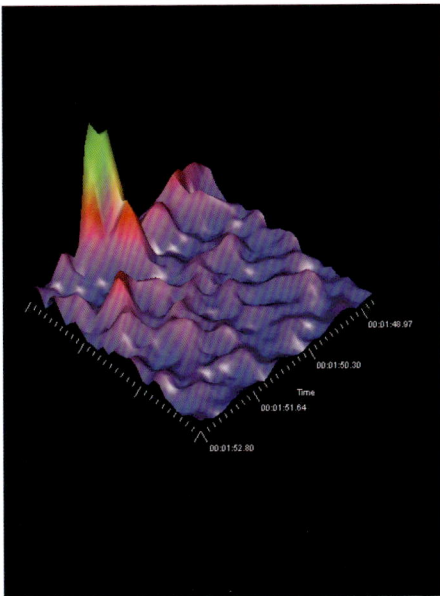

低 Delta 高振幅峰谷

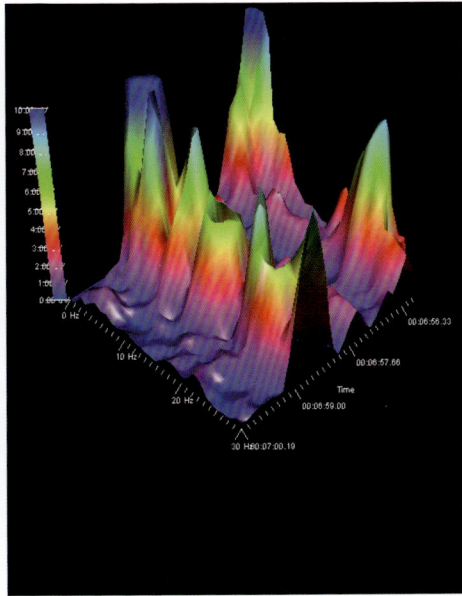

高 Beta 波

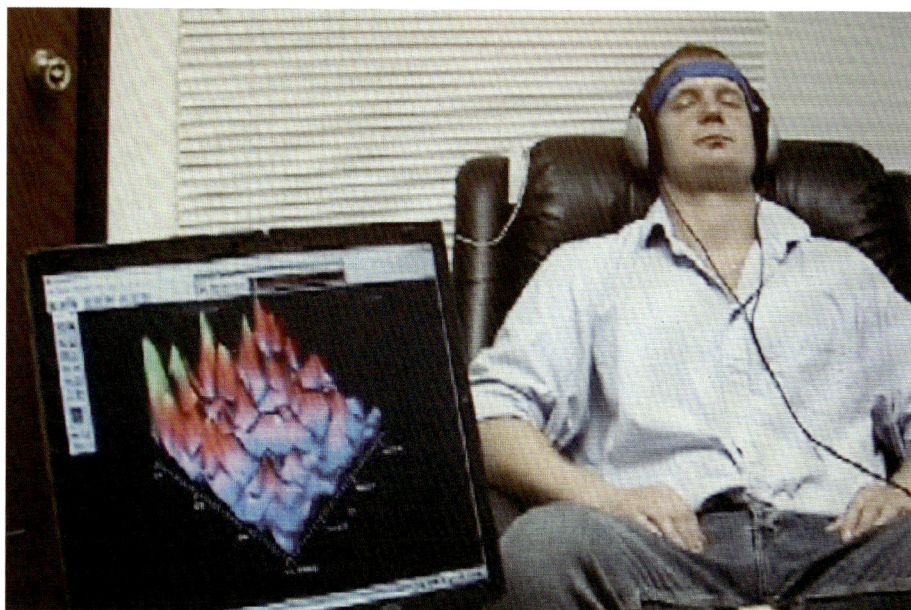

完全清醒 高 Beta 高振幅

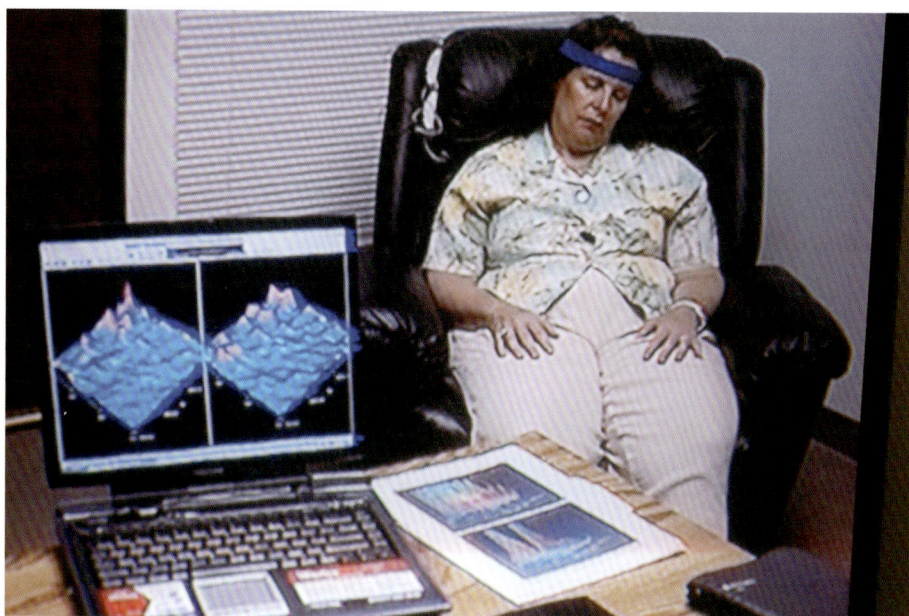

低 Theta 高振幅
增加动力和成功的理想状态

低 Delta 无振幅
移除害怕和恐惧的理想状态

# 第二章 催眠的四个深度 & 催眠方法

### 一度

这种状态，人在没有任何导入恍惚（催眠性睡眠）的意图、完全清醒的状态下被影响着，他知道自己在做什么，但无法阻抗操作者的暗示。

### 二度

在此状态，诱导产生一种轻度睡眠、倦意，或者沉思。来访者会接受来自催眠师的暗示，这可能会导致心理失常或者是身体的异样感觉。

### 三度

在此状态，我们发现了梦游症。此时，来访者可能会发生木僵或感觉缺失，也会出现幻觉。在此阶段，催眠后现象可能会发生（恍惚状态结束以后发生催眠性事件）。从此状态中唤醒之后，会对恍惚状态中发生的事情失忆。

### 四度

在此深度催眠状态下，心智的精神力量似乎更高级，能够产生透视和心灵感应。这是心智的超感觉领域（ESP），似乎只有很小部分人能够展示这些特殊的能力。如果一个来访者在此方面有天赋，也可以跟他们一起专注于灵性方面的催眠工作。

即使来访者在很深的催眠状态下，你也会发现他们对给出的暗示会做出独特的不同反应。有些在深度的恍惚中变得嗜睡，而其他人的反应却是活力十足。你会发现有些人说他们愿意被催眠，但却会对被影响有无意识的阻抗。有些人甚至在简单的测试中也拒绝受影响。但第二天对这样的来访者做第二次尝试的时候，通常催眠会很容易发生。在你的初次催眠实践中，永远不要放弃，坚持不懈，随着结果不断的呈现，你自己都会感到惊艳。

## 不同的催眠方法

用相同的方法催眠不了所有人。有些人会对专制的方法（父式催眠）做出最好的响应，其他人会对柔和的方法（母式催眠）有回应。成为专业催眠师是一门艺术，需要在与特定的来访者一起工作时，学习哪种催眠方法能够最好地影响他。这是一门只有通过经验才能获得的艺术。就最优的工作方法选择来说，它几乎是一种直觉。以下是几种最流行的催眠方法。

1. 通过语言暗示（口头上的技术）；

2. 通过心理暗示（麦斯麦技术）；

3. 通过凝视一个明亮的物体（布雷德技术）；

4. 通过混淆；

5. 通过与来访者的身体接触；

6. 通过与来访者的非身体接触；

7. 通过单调乏味的流程；

8. 通过突如其来的巨大噪音；

9. 通过轻音乐的催眠效果（催眠曲技术）；

10. 通过使用机械装置，比如一个旋转的螺旋或者手电筒；

11. 通过麦斯麦术和暗示技术的结合；

12. 通过自我暗示（自我催眠）。

催眠学员集体体验非身体接触的锁手法

# 第三章　科学催眠要诀

## 视觉化—确认—投射

三步法将帮助你成为更加胜任的催眠治疗师，并能开发出自己真正实战的技术。它能够提升你的心理和富于想象力的思维能力，从而成功创造出令人惊叹的高接受度催眠深度。如果你希望成为催眠别人的专家，你必须相信你能催眠，必须用你的心智去创造你想要的结果，而不是害怕或者自我怀疑。后者会阻碍你在催眠方面获得成功。

这个三步法公式可以应用在你人生的很多不同方面。但是对催眠师来说，最基本的是在你的来访者身上制造深度高接受度催眠状态，提高催眠成功的比例。

仅仅是按照视觉化、确认、投射的三个步骤去做，你就会发现这大大提升了你和你的来访者之间的工作。你内在的自信和你作为催眠治疗师的能力会突飞猛涨。下面就是这个简单的办法。

## 视觉化

在你的大脑中形成一幅心理图像：想象你的来访者被催眠后具体的反应是怎样的，看见它发生。运用你的想象力，想象当你催眠来访者的时候，看

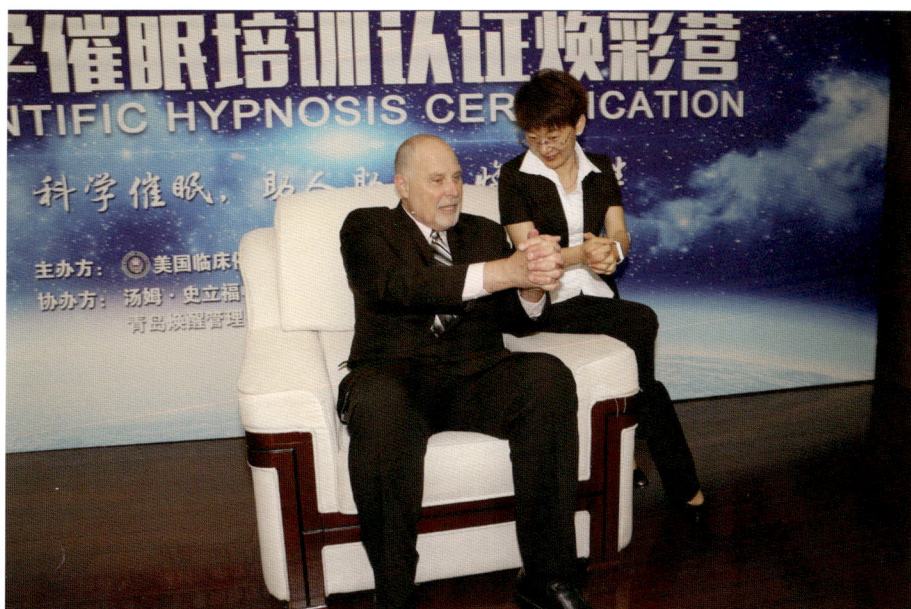

汤姆·史立福演示催眠要诀

上去会是什么样子，感觉又会是如何。在你的心里看到你的来访者看上去松散、柔软、放松，看见他们下巴放松，眼皮放松；看见他们的双手平静安详地放在大腿上。在你的脑中想象，来访者一接受你的引导就瞬间进入躯体放松的低脑波状态，进入深度的催眠。

在你的头脑里看见它发生，甚至在你跟客户确认接下来要发生什么以及你要怎样催眠他/她之前就看到。运用想象力创造你的视觉化。假装这个结果会发生，正如你看见的那样上演，百分之百看见它发生，毫不害怕或者怀疑，就只是"它本来就这样"。

## 确认

用积极的态度去描述暗示。这些暗示会引起来访者的主观心智完全按照你的视觉化去完成。在催眠你的来访者之前，告诉他/她接下来在他身上会发生什么，也要默默地告诉自己，在催眠来访者的时候，你期望来访者做什么。给自己默默地确认，甚至在心里连接它的视觉图像。下边是个例子，你可以对你的来访者说：

> 过一会儿，我会要你闭上眼睛，将你的左手举到你的面前，保持眼睛闭着，离你的脸大约 30 厘米的距离。当我数到 3 的时候，闭上眼睛，将左手举到你的面前，离你的脸大约 30 厘米的距离。眼睛仍然闭着，保持眼睛闭着，直到我叫你睁开为止。当你的手碰到你的脸的时候，你的注意力达到了顶峰。我会碰一下你的肩膀，说"放下！"你的手会立刻掉落在你的大腿上，你会进入深深的催眠。

汤姆·史立福在课间示范投射

## 投射

以你的"心灵之眼"看见你想象出来的催眠反应，在将其投射给来访者的潜意识心智时加以确认，自动地引发你要实现的催眠效果。在你和你的来访者之间创建一种人性化的能量和链接，在引导的这个阶段，在你自己的大脑中创建一种真实的感觉：你正帮助你的来访者轻松有效地进入深度的催眠。

运用您投射的能力来增加你向来访者传递的能量，令他们除了让自己进入深度催眠之外别无选择。将投射想象成一种心智能量、思维能量和思维规划的全神贯注。就像你说的和你在自己的心里看到的一样，将它投射到来访者身上，引导他进入高接受度的深度催眠。甚至可以想象你自己也进入了浅度的催眠状态，注意力高度集中，就像一束激光。

在大脑里规划出你的来访者被深深催眠的视觉图像，在心里默默地给自己确认，在催眠他们的时候，他们进入了深度的催眠。你只需要相信它发生，接下来，让它自然而然地发生就好。

将投射视为专注力的高度集中和扩大的想法，所有的想法都是能量。积极的想法增加我们的能量，消极的想法削弱我们的能量，注意力分散也会削弱我们的能量，进而影响我们的能力。不要分心，不要让哪怕是一丁点儿的怀疑爬进你的头脑。

# 第四章　科学催眠治疗流程分解

## 背景和自我介绍

当你的来访者进入你的办公室坐下来，跟你谈他们希望被催眠之后实现的目标时，你最好先自我介绍一下，让来访者了解你的一些背景信息。比如：你是怎样对催眠感兴趣的？如果你已经做了很多年的催眠治疗工作，也最好让来访者知道。你要向来访者传递这样的信息：你是一名专家，应用科学的催眠治疗帮助人们克服他们的困难。来访者越了解你，越会相信你有能力催眠他们，从而帮到他们。

## 向你的来访者解释催眠是什么，不是什么

接下来要做的就是讲解一下我所说的人生脚本编程。你可以向来访者解释一下，我们怎样从童年早期被编程，我们的潜意识又是如何被灌输了消极的情绪和习惯。

从出生到大约三四岁，每件进入我们大脑的事情都会直接进入我们的潜意识。我们以信息单元或比特为单位来记录情绪信息。爱、信任、安全、恐惧、误导、疼痛、困惑，等等。这些情绪中积极和消极的感受可以伴随我们一生，除非我们改变它们。

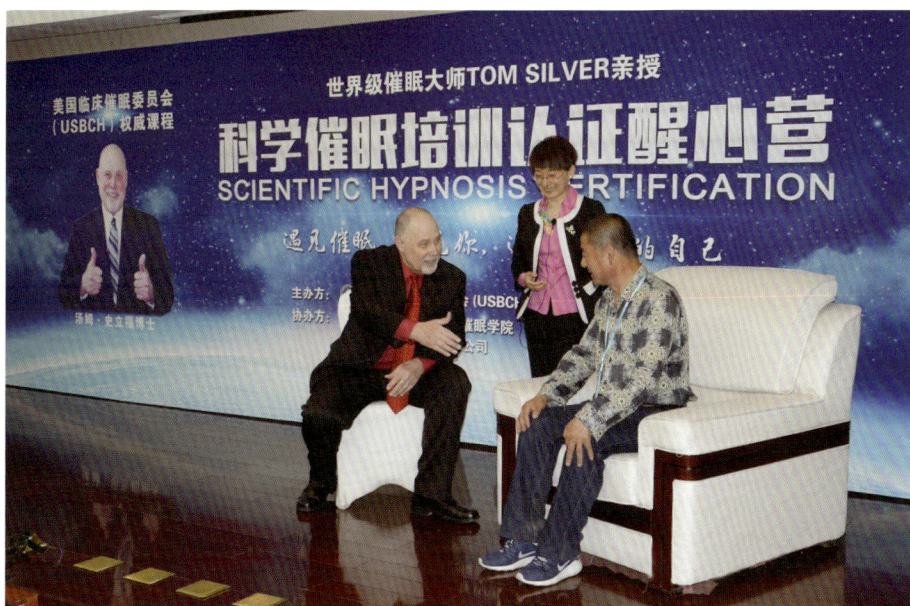

汤姆·史立福示范催眠前谈话

## 建立有关催眠威力的信念体系

催眠是个很棒的方法，能够改变你的消极习惯、行为模式和负面情绪，因为这些都在你的潜意识里。催眠可以帮助你将潜意识心智重新编程，让它全然地为你工作。

所有的催眠都是专注力的最大化。在这种高度集中的专注力状态下，暗示的力量比意识状态下强 9 倍。

让你的来访者知道，15 分钟的低脑波状态的催眠相当于 5 个小时，甚至更长时间的自然睡眠。告诉他们催眠和睡眠是两件不同的事情。给你的来访者足够多的有关催眠的信息，这样他们能够相信你，信赖你在催眠方面的知识。

催眠在西方世界里已经被应用了两百多年，欧洲的一些顶尖医师也是"催眠师"，或者叫做"麦斯麦术师"。也就是说，你可以用催眠来帮助人们，减肥、戒烟、减压、消除紧张，同时也能提高他们的专注力和注意力，带来很多其他的美好积极的改变。

**汤姆·史立福现场做案例示范**

## 谈论环境催眠

问你的客户或者来访者，他/她以前是否被催眠过？如果他们回答"是的"，意味着他们已经习惯了这种经验。如果他们回答"没有"，告诉他们我们每个人都曾经经历过催眠。

当你开车的时候，你被催眠了，你的潜意识在替你开车，你的意识却在做着白日梦或者仅仅是开小差去了。你驾驶的时候有没有过这样的经验，开着开着就到了，然后很奇怪自己怎么到达目的地的？你被催眠了！每一天，我们所有人都会被催眠很多次。

你还可以告诉你的来访者电影和体育赛事是怎样催眠他们的。

## 弄清你的来访者的目标

在你开始催眠治疗之前，你需要精确地知道你的客户来访的目的以及他希望通过催眠得到些什么。如果作为一个催眠治疗师，你能够从客户的意识或者潜意识层面（通过催眠）弄清楚他通过催眠到底想要什么，你会发现你的催眠治疗成功比率会有巨幅的提升。你要成为一个好的倾听者，在你的催眠治疗认知过程中做好笔记。

我总是让我的客户在来我的办公室做催眠治疗之前发邮件给我，或者事先将他们想通过催眠得到的东西列在一张纸上，来做治疗的时候把它带过来。

我跟他们说："如果催眠是一种类似奇迹的疗愈，你的目标是什么？用你自己的话把它写在纸上。"我要求客户写在纸上，因为我认为书写来得更直接，更多的来源于潜意识的情绪。

## 注意使用积极词汇动力学艺术

将你的客户使用的所有消极词语的动力改为积极的词语，并且感觉到你的客户在人生中真的需要这些。举例来说：当你的客户说他们希望不再懒惰，你要问你的客户，懒惰的反义词是什么。你的客户要想出用于你后期治疗的积极动力的词语，你在治疗中也应该使用它。如果你的客户说他们希望不再如此悲伤或者不再如此愤怒，你也一样要弄清楚其反面的积极词语是什么，他们会对这些积极词语有何感受。记得给他们想要的而不是你认为他们需要的。词汇动力是如此重要，大部分催眠师在跟客户一起工作时忽视了它们的重要性。在催眠治疗过程中，如果你强化消极的词语和信息，那你将有极大的可能性会强化相同的负面行为。

举个典型的例子，催眠治疗师在催眠中对他们的客户说："从今天开始，你不再懒惰，并且你停止吃甜食，不再讨厌去健身房。"对你的客户说这种话是完全错误的、不正确的。因为潜意识会毫不费力地学会这些"更有力量的词语"，比如"长期懒惰""吃甜食""讨厌去健身房"。词语是行动的触发点，也是阻抗的触发点。如果客户因为你的言辞表达而助长了这些消极的词语和消极的习惯，从而采取了错误的行动，治疗工作是不会取得成功的。如果你教会客户使用积极的词汇动力，并且如果你下意识地强化了这些积极的词语和积极的行动触发点，你的客户会有更好的机会去实现他们的目标，这也是他们来找你的目的。

## 帮助客户将复杂的挑战分解成精确的、首要的积极目标

我所说的分解复杂的挑战，意思是说简化他们的挑战，将它变简单而非过于复杂。客户可能会给你讲很长的故事，来陈述他们哪里出现问题了。他们童年时发生了什么，这个药物或者那个药物如何影响他们了，以及前一任医生如何帮不了他了，等等。这可能使他们的情况听起来过于复杂，以至于没有什么东西或者什么人能够帮到他们。你要决定如何分解这些复杂的挑战，找到那些客户想要实现的简单的点。对你和他们自己来说，听起来是他们的故事和人生经历令人受不了。他们给自己挖了一个深深的绝望的洞，也许他们永远也无法爬出来。你只要给他们搭建一条简单直接的、通往成功的路就好。他们会在实现目标的路上取得更多的成功。我曾经收到一页又一页的信息，写满了客户的人生履历和故事，谈及他们为什么不幸福，或者染上毒瘾，或者悲伤，又或者是恐惧。事实是，这些故事的结局就是他们当下所经验的结果。如果你的整个人生是建立在恐惧事件的基础上，而它起始于童年，贯穿成年，积极的目标可能只是说出他们一直在渴望感到安全、被保护和自信。如果这是他们当下的目标，你只需要关注此时此地在他们的人生中有什么能够给自己这样的机会，去感受到安全、被保护和自信。我接下来可能会跟他们说："现在，在你的人生中，你能做点儿什么让自己感到安全？"或者："安全感对你来说意味着什么？"

> 请跟我一起完成这个句子：
> 当我＿＿＿＿＿＿的时候我感到自信，
> "自信"这个词对我来说意味着＿＿＿＿＿＿。

你也可以跟你的客户说，如果你能够想象出感到安全、被保护或者自信是一种什么样的感受，你会想到什么？

## 为你的来访者写一份心理处方

心理处方是我看完了他们写下来的催眠"愿望清单"，一边跟来访者谈话一边为他们量身定制的方法以及建议。如果你以一种更医学化和科学化的方式去思考自己所做的工作，你会意识到你的心理处方就是你正在创建的催眠—暗示方法，然后在催眠状态下给到你的客户。也许你会背过一些特定的催眠用语和暗示，并将它们运用于特定的治疗，但是这种私人订制的形式真的更加有效——通过镜映来访者自己的愿望，应用自发的暗示性响应。

你能够完全自如地与你的客户自然地一起工作，可能会花一些时间，但熟能生巧。弄清楚他们想要什么，他们是怎么说的，在催眠状态下用你的和他们的用语反馈给他们就好了。随着催眠知识的增加，你会内化成自己的智慧，创造出自然流畅的心理处方、治疗暗示和视觉意向技术。

接下来你需要问客户一些关键的问题以便确定他们的听话度如何，是否是天生的梦游者。

## 确定天生梦游者（深度催眠倾向）和客户暗示感受性的关键问题

我有一些关键的问题，会在催眠我的客户之前询问他们。这可能会告诉我他们是否是天生的梦游者（一个能够自动进入深度催眠的人），以及他们是否是躯体型暗示感受性的人；同时我也能够判断出他们是否是混合情绪型的人。

问题 1：

**你一生中是否曾经在睡梦中真的行走过？**

如果答案为"是"，这会告诉我这个客户是个天生的梦游者。他 / 她可能会在我第一次催眠他 / 她时就进入很深的催眠状态。当一个人梦游的时候，他们的意识睡着了，但是潜意识是完全活跃的，他们实际上能够在房子里走动，也许甚至看上去他们正在跟某人交谈，或者打开冰箱拿东西吃。当他们在早晨醒来的时候，他们甚至不会记得自己梦游的时候做过什么。

这是一种自然的深度催眠状态形式，此时意识对正在发生的事情在认知层面上（逻辑和推理）是浑然不觉的。意识在休息，但潜意识是警觉而活跃的。成千上万的人在他们的一生中曾经梦游过。因为这是一种自然催眠的形式，这些人对催眠的接受度倾向更高，在被催眠治疗师催眠的时候，第一次就会主动进入深度催眠状态。

问题 2：

如果让你想象自己正在咬一个又酸又苦又多汁的柠檬，或者吸了一口又酸又苦又多汁的柠檬，一只又酸又苦又多汁的柠檬，你会留意到自己的嘴里开始流口水了吗？

如果客户说"是"，你就知道了他们是躯体型接受度的人，他们对躯体型暗示有反应。这也说明他们是非常视觉化的人，视觉意象暗示可能是最适用于这类人的技术。例如：

你会发现每次你吃一片水果或一些很好吃的新鲜蔬菜时，自己感觉多么棒，多么健康。你也做了一个明智的选择，再也不把有毒的烟草吸入自己的肺里，因为你希望自己的肺能够从香烟里那些有毒烟草和有毒化学物质中解脱。——香烟只是纯粹的毒药，你不吸毒。

问题 3：

作为一个孩子，你会更容易被父母对你的表情影响，或者被他们所说的负面词语影响，还是被他们跟你说话时的音调所影响？

如果客户说他们更容易被父母说话的音调而不是他们说的话所影响，这会告诉我他 / 她是个非常情绪性暗示接受度的人，积极的情绪性暗示对他 / 她可能是最好的触发点，对他 / 她最有效。例如：

现在，每一天你都感觉更幸福，因为你做了一个决定，感到自己的人生很美好，每次你微笑的时候，你会感觉越来越幸福，并且你不允许任何他人的语言或者行为影响到你自己强烈的自信心。

## 与来访者达成一致，开始催眠

每次治疗开始的时候都要先跟你的客户达成一致，签订协议或者合约。如果你希望获得来访者完全百分百的承诺，允许你催眠他／她，此合同是非常重要的。

获得来访者意识和潜意识被催眠的认可，能够增加他／她对催眠的感受性。这会创造出催眠师和来访者之间最重要的默契，提高你催眠导入的成功概率以及治疗一开始你所给出暗示的接受度。

每次催眠引导开始时都这样说：

> 我现在要通过催眠来帮助你。我保证会照顾好你，你很安全，并且你希望我来催眠你。我要你立刻不假思索地完成任何我要你做的事，我将催眠你，帮助你（来访者的具体问题——戒烟、减肥等），并且克服这个在人生中阻碍你健康和幸福的障碍。
>
> 你是否明白并且同意我现在催眠你？

汤姆·史立福课堂示范震撼引导

来访者必须说"是"，并且点头确认，或者仅仅是点头表示同意。

然后对来访者说：

> 我们现在彼此有份协议 / 合约。我现在要催眠你（来访者的具体问题——戒烟、减肥等），帮助你克服人生中的障碍，你会立刻不假思索地完成任何我要你做的事。
>
> 我现在要催眠你，可以吗？

第二次获得来访者的口头确认"是"或者点头示意。

催眠师和来访者之间的这份催眠性协议 / 合约将帮助你降低来访者的所有阻抗！

每次治疗开始之前都要这样做。

---

你永远不会失败！只要你的来访者信守合同 / 合约，愿意被催眠，只要你知道如何催眠他们，并且使用

## ——视觉化、确认和投射。

## 记得唤醒，每次都需要。永远记得催眠安全。

# 第五章  躯体快速引导技术和
# 瞬间催眠躯体震撼引导技术

本章将教给你一些躯体引导技术，用以制造德尔塔（Delta）脑波深度的催眠。

## 什么是躯体快速引导技术和躯体震撼引导技术

躯体快速引导可以在几分钟甚至几秒钟内发生。震撼引导是简单的、出其不意的瞬间引导，通常涉及一些躯体活动。

能够瞬间催眠来访者代表着催眠师已经成为给出暗示指令的高手了。使用这些方法时必须完全自信。整个过程都建立在投射和专注的基础上。

刚开始的时候使用较慢的方法来导入催眠是可以的，比如使用"渐进放松法"。当你对自己的催眠能力积累了足够的信心，你会发现这些快速方法带来的成功更加出彩。这些躯体引导方法实际上会帮助你提升自己内在的自信心，作为一名催眠治疗师，拥有这样的能力和自由，能使用很多不同的技术。

## 作为催眠治疗师，这些引导方法对我有什么帮助

这些引导会帮助你：

- 产生更深的德尔塔（Delta）脑波的催眠深度，使催眠治疗更成功。
- 使来访者的潜意识接受性更高，响应更积极，意识的阻抗更少。
- 更快更有效地产生深度催眠，将你的治疗时间缩减一半。
- 帮助客户不仅在生理上而且在心理上都参与到引导和催眠治疗过程中。这是身心催眠。
- 让客户更加确信催眠师是真的催眠了他们，并且产生了更深的放松。

汤姆·史立福带领学员练习躯体震撼引导技术

### 男人与女人相比，谁对这些引导方式响应度更高

都一样。这些技术有无肢体接触都可以完成，可以轻微地触碰，也可以较重地触碰。"被催眠的意愿"才是最重要的因素。

### 这些引导是否更适用于知识分子

这些引导对每个人都很有效。与简单的放松技术相比，知识分子对这些引导的接受性更好，因为这种出其不意的躯体引导和快速引导可以穿透任何理智阻抗。

### 是否可以在不触碰来访者的情况下就完成躯体引导

是的——躯体引导可以通过直接触碰来访者来实现，也可以不使用任何形式的肢体接触，仅仅通过语言暗示而实现。躯体引导实际上是这样一种引导，需要催眠师的暗示和来访者的肢体运动的配合。

躯体引导涉及潜意识的念动肌肉活动，伴随着催眠师的暗示（有，也可

**汤姆·史立福对培训学员进行催眠**

能没有实际的肢体触压），从而产生了自主神经系统的感觉超载，允许来访者逃进催眠状态，从快速的脑波频率降低下来，也就是从高贝塔（Beta）脑波甚至是更高的伽马（Gamma）脑波降到塞塔（Theta）脑波和德尔塔（Delta）脑波。

## 完成这种引导需要多长时间

这些引导只需要花几分钟的时间，甚至是在一瞬间完成。与此相反，大部分的传统催眠治疗放松引导可能要花费 30 分钟才能实现。

### 手贴脸躯体引导技术

直击催眠培训

#### 首先与你的来访者达成协议 / 合约

每次催眠治疗之前都先与你的来访者签订合约。在开始任何引导之前，不要低估了这一步的重要性。

手贴脸引导

汤姆·史立福手贴脸课堂示范

### 手贴脸引导脚本

背过这个脚本，让来访者坐在椅子里，催眠师凭记忆复述以下引导脚本：

坐在躺椅上（或者坐在椅子上），头放松地靠在椅背上，现在，将双手平放在你的大腿上，一条腿一只，腿不要交叉，双脚放松地平放在地板上。

过一会儿，我会要你将你的左手举到你的面前，离你的脸大约30厘米的距离（注：原文为一英尺，大约30厘米）（示范给你的来访者看，把你的手举到面前，掌心朝向你的脸，大约30厘米远的位置）。我要以你的手为专注力的载体来催眠你（这叫作念动反应）。我们现在就要开始了，首先要提高你聚焦和专注的能力。催眠就是放大的专注力。

现在，你的双手仍然在你的大腿上，我要你把注意力放在你的呼吸上，专注于每一次吸气和每一次呼气。当你留意到呼吸加深了的时候，就深吸一口气，点头说"是"。

现在，停一下，说：

现在，专注于你的呼吸，当你留意到你的呼吸改变，并且深吸了一口气的时候，点头说"是"。

当客户点头说"是"的时候，说：

很好，你做得很完美。

现在，我要你做三次缓慢的深呼吸，每一次呼气的时候，心里只想着放松你的大脑和身体，并且感到你的眼皮开始放松。在第三次呼气的时候，轻轻地合上眼皮，让它放松。让你的眼皮变得越来越重，越来越放松，第三次呼气的时候闭上它们。

暂停，直到来访者闭上眼睛。

现在，保持眼睛闭着，你能够放松、想象，并运用你的想象力。保持眼睛闭着，直到我让你睁开为止。我要你现在就挖掘你孩童般富有创造性的想象力——当我数到 3 的时候，我要你将左手举到你的面前，离你的脸大约 30 厘米远，手掌朝向你的脸。

在开始催眠你之前，我首先要提高你聚焦和专注的能力。当我数到"3"的时候，你就将你的左手举到你的面前，眼睛仍然闭着。1……2……现在……3，现在将你的手举到你的面前，眼睛仍然闭着，你的手离你的脸大约 30 厘米远。好——你做得非常完美……现在，就让那只手停留在那儿，眼睛闭着，只要放松你放在右腿上的另一只手就好，让它松散、柔软，完全地放松。

现在，你的左手在你的面前，我要你想象、看见，甚至假装能够感受到我在你的左手指缝间放了一些小木楔、小木片儿。然后，简简单单，立刻不加思考地让你左手的这些手指开始拉、扯，彼此间分开得越来越远——仅仅是想象它，并且让它发生，就像是你指缝间的那些小木楔迫使你的手指远远地分开。

1——分开的越来越远……2——想象并且假装你的手指现在分开得更远了。

现在，3——你左手的手指分开得越来越远，同时你的右手和手臂放松地垂在你的腿上。……现在，想象我在你的左手掌心里放了一块强劲的磁铁，你的脸上和额头上也有一块强劲的磁铁。你知道的，当两块磁铁两极相对时，会互相吸引，吸到一起。现在，立刻不假思索地让你的左手和手臂开始靠近你的脸，越来越近，越来越近，靠近你的脸。

当你的手碰到你的脸的时候，让它停留在那儿，在脸上放松下来。你的专注力和注意力会达到巅峰，允许我催眠你。举起，抬高，推着，拉扯着——离你的脸越来越近，就好像磁铁的吸引力现在强大了 10 倍、20 倍，越来越近，举起，抬高，越来越近。

当你的手碰到你的脸的时候，你的暗示感受性达到最高值，你的手会在脸上放松下来。磁铁的引力更强大了。现在，想象一根大橡皮筋套在你的头上，绕过你的左手手腕，橡皮筋变得越来越小，你的头、手和手臂被不断地挤压着，拉向你的脸，越来越近，越来越近。

重复，直到来访者的手触碰到脸，并且在脸上或者额头上放松下来为止。

当你的手碰到脸的时候，你的专注力和暗示感受性会达到巅峰，允许我立刻催眠你。当你的手碰到脸的时候，你会让它停留在那儿，并且在脸上放松下来，直到我让你的手掉落到你的大腿上为止。

当来访者的手碰到脸的时候，你就说：

现在，你的专注力达到了巅峰，允许我催眠你。随着我慢慢地从3倒数到0，我要你允许自己的头靠在躺椅上，放松你脖子的肌肉（或

汤姆·史立福带学员集体体验手贴脸躯体引导技术

者让你的头垂下来，放松你脖子的肌肉，放松）。

3——头变得越来越重，向后靠去（垂下来，放松你脖子的肌肉），脖子的肌肉放松，手仍然停留在脸上，粘在脸上。2——更沉重，更放松，下巴的肌肉放松，头部放松，脖子的肌肉放松，手仍然放松地停留在脸上。

1——你脖子的肌肉完全地放松，头垂下来，越来越深，你的手仍然放松地停留在脸上。0——头完全地放松，你的手仍然放松地停留在脸上。

当我触碰你的肩膀并说"放松"这个词的时候，我要你立刻不假思索地让你贴在脸上的手马上放松下来，掉落在你的大腿上，就像一个布娃娃一样，像一个松散、柔软的布娃娃。当你的手掉落在你的大腿上时，你会瞬间被深深地催眠，你的身体会马上放松下来，深深地放松。

学员对练

重复，确保来访者理解并完全接受接下来要发生的事情。

> 当我触碰你的肩膀时，你的手会立刻掉落到你的大腿上，你脖子的肌肉会放松，你的头会马上垂下来，放松，你会进入深深的催眠放松状态，瞬间被深深地催眠。

现在，你应该碰一下来访者的肩膀，向下压，并且说"放松！"在说"放松"的同时用力按压一下来访者的肩膀。如果这个来访者对你的引导接受性很好，他的手会立刻掉落到他的腿上，头会垂下来，脖子的肌肉放松，立刻被深深地催眠。

> 现在，手掉下来！放松！5—4—3—2—1—深深地被催眠——每一块肌肉，每一条神经，每一根纤维，每一个组织，都完完全全地放松下来，……深深地放松……松散，柔软——现在，每一次呼气都在送你进入越来越深、越来越放松的催眠状态。

## 重点

当你说"放松"时，后面不要留停顿的空间，你必须继续讲话，鼓励来访者更深的放松。

当你说"放松"时，后面立刻接上这些话：

> 5—4—3—2—1—深深地被催眠——每一块肌肉，每一条神经，每一根纤维，每一个组织，都完完全全地放松下来，……深深地放松……松散，柔软，像布娃娃一样——现在，每一次呼气都在送你进入越来越深、越来越平和的催眠状态。

## 注意

● 练习上面的句子，让这些话像一条小溪漫过年代久远而又光滑的鹅卵石，从你的嘴里汨汨地冒出来。不断地练习，直到这些话能自然而然地流出。否则你会发现"放松"这个词会打断你自己的注意力，同时也会影响到你的来访者，让你瞬间断片儿，甚至忘记了接下来你要说什么。

- 如果你说完"放松"不接着说上面的话，你会发现你的来访者会开始从他的催眠状态中苏醒，处于一种类似于"故障安全"的心理自我保护功能。在一些催眠师之间，有一系列观点认为，在激活"逃进催眠的机制"之后，长时间的沉默，只要超过几秒钟，他们的意识／潜意识就会开始从催眠状态中苏醒过来。除非催眠师继续引导，用温和的语句鼓励他们，把他们带到足够深的、舒适的深度催眠状态。

- 你可能感觉在说完"放松"之后接上你自己创造的用语更舒服，但在英语中很难找到比"5"更好的口头语，可以说完"放松"立刻就脱口而出。但是数完之后你就可以跟上其他的内容，例如：当来访者的头低下来，他／她进入了催眠状态，你可能用一

汤姆・史立福课堂现场

只手的指尖触碰他／她的额头，或者也可以用另一只手的指尖触碰脖子后面，并且说：

放松！5—4—3—2—1—现在，深深地被催眠——每一块肌肉，每一条神经，每一根纤维，每一个组织，都完完全全地放松下来（触碰额头和脖子）——我的触碰，我的声音会送你进入更深的放松……更深的安宁……松弛而柔软——每一次呼气都在送你进入越来越深的完全放松状态中。

## 总是在催眠你的来访者之后接上一个加深技术

现在你的来访者被催眠了，接下来你要做的就是加深催眠深度。在此篇里你会找到各种各样的加深技术供你使用，每一项都非常有效。

### 1. 手臂掉落加深技术

现在你的来访者被催眠了，接下来你要做的就是加深催眠的深度，这样对你的来访者说：

现在放松你眼皮的肌肉，让这种放松的感觉一路向下，蔓延到你的脚趾尖。过一会儿，我会抬起你的右手和手臂，我不要你帮助我，让它像个布娃娃一样松散柔软就好。当我松开你的手，它会直接掉落在你的大腿上，你的手一碰到你的大腿，你就会进入更深十倍的催眠状态，完全的放松。不要帮我抬起你的手，让它继续保持松散柔软。

触碰手腕并且说：

放松这只手上的肌肉，不要帮助我抬起——很好。

拿起来访者的手腕，将手和手臂抬高到大约 30 厘米的高度。

完全地放松。当我放开你的手，它会掉落到你的大腿上，你会进入更深十倍的深度催眠。（放开手臂，当手碰到大腿的时候，说"放松"或者"释放"）

释放！更深十倍的催眠，同时你的整个身体都完全地放松，从头顶到脚趾完全地放松。（重复这个过程一次或者几次，直到你感到来访者完全地放松，被深深地催眠了。）

### 2. 下巴放松加深技术

每次我在做催眠治疗或者在电视节目秀上的时候，我总是让来访者放松下巴的肌肉。有些催眠师也许会忽略这一点，他们不放松来访者下巴的肌肉。下巴往往是人的身体第一个开始紧张的部位之一，也是身体最后一个放松的部位之一。

我现在会从 5 倒数到 0，当我数到 0 的时候，我要你放松下巴的肌肉，让嘴巴微微张开，想象并且仿佛感觉到有一块砝码用绳子拴着，挂在你的下巴上。这块小砝码拉扯着你的下巴打开，完全地放

使用加深技术进行集体催眠

松。5——感觉到你的下巴和嘴巴张开了，放松下来……4——仿佛有两块砝码用绳子拴着挂在你的下巴上，下巴和嘴巴继续打开，随着每一次呼吸越来越放松……3——在心里对自己说："我允许自己放松我的下巴，张开嘴巴。我的下巴和嘴巴更加放松了。嘴巴张开得越来越大……"现在，2——你深深地放松，被催眠了。1——你的下巴彻底地放松下来，完全地打开，你进入了深深的催眠状态。

## 手轻手重躯体引导技术

你现在准备好开始做手轻手重躯体引导了，跟着下边的脚本和所有的指令做。别忘了运用你自己的视觉化、确认和投射的力量。

**直击催眠培训**

**手轻手重引导**

一开始，你要来访者坐在椅子上或者躺椅上，让他们双脚平放在地板，双手平放在大腿上。

### 跟来访者签订合约 / 协议

确保你在开始每个引导之前都获得了来访者同意被催眠的协议。

### 手轻手重引导脚本

重复以下脚本模板：

坐在躺椅上，头往后靠，将双手平放在你的大腿上。

或者如果是坐在椅子上，就说：

坐在椅子上，将双手平放在你的大腿上，一条腿一只，腿不要交叉，双脚放松地平放在地板上。我们现在要开始了。首先要提高你的聚焦和专注的能力。催眠是放大的专注力。

现在你的手放松地放在大腿上，我要你将注意力集中到你的呼吸上，专注于每一次吸气，每一次呼气。当你留意到自己的呼吸加深，并且深吸了一口气的时候，点头说"是"。

现在停顿一下，说："现在专注于你的呼吸并点头确认。"

当来访者点头说："是"的时候，说："很好，你做得很完美。"

现在，我要你做三次缓慢的深呼吸，每一次呼气的时候，心里只想着放松你的大脑和身体，并且感到你的眼皮开始放松。在第三次呼气的时候，轻轻地合上眼皮，让它放松。让你的眼皮变得越来越重，越来越放松，第三次呼气的时候闭上它们。

暂停，直到来访者闭上眼睛……

现在，保持眼睛闭着，你能够放松，并运用你的想象力。保持眼睛闭着，直到我让你睁开为止。我要你现在就挖掘你孩童般富有创造性的想象力。当我数到3的时候，我要你将手臂向前平伸出来，手指指向前方。1，2，3——双手向前平伸出来，手臂伸直，手指指向前方。让掌心朝向天空，手指指向前方。你做得非常好。

当我数到3的时候，想象，甚至假装看见我在你的左手掌心里

汤姆·史立福演示手轻手重技术

放了一个钢球一样很重的物体，钢球重25磅（约11千克），我要你的这只手立刻不加思考地、慢慢地垂落，掉到大腿上。当它一碰到你的大腿，手和胳膊立刻在大腿上放松下来。1——2——3——左手变得越来越重，感觉那个重25磅的钢球就在掌心里。

向下压，向下拉，仿佛现在你的掌心里有两个钢球，重50磅（约22千克），随着这只手越来越重，允许你的右手和手臂感觉到很轻，仿佛你的右手和手臂现在升到空中，越来越高，越来越轻，就像有一只氢气球系在你右手的手腕上，拉着你的手和手臂越来越高，越来越轻，往上升起，越来越高，像羽毛一样轻盈。

左手和手臂朝你的腿掉落下来，同时你的右手和手臂一路上升，直到你的手指指向天空。左手越来越沉，越来越往下，直到碰到你的腿，在腿上放松下来。——随着你的呼吸越来越深，每一次呼气的时候，想着全身心的放松。你的右手和手臂一路往上，举到空中，就像有成打的氢气球系在你右手的手腕和手臂上，越来越高，越来

汤姆·史立福讲解手轻手重技术细节

越轻，像羽毛一样轻盈。你的左手和手臂现在掉落到你的腿上，你的右手和手臂现在一路往上，举到空中，直到手指指向天空。现在，升高5倍，轻盈5倍……6倍……7倍……像羽毛一样轻盈，8倍……9倍……如果你需要的话，一直到10倍。

重复这些暗示，直到来访者的右手高高地举到空中，左手在大腿上完全放松。

现在你可以做一个不接触或者接触身体的引导。

## 无肢体接触手轻手重引导脚本

当我从3数到0并且说'掉'的时候，你举起的手会立刻放松下来，掉落在你的大腿上，松弛柔软，就像一个布娃娃一样。当我数到0并说'掉'的时候，你的手会立刻掉落在你的大腿上，你会立刻进入一种美妙的深度催眠的放松状态。

3，2，1，0——手掉落下来——掉！

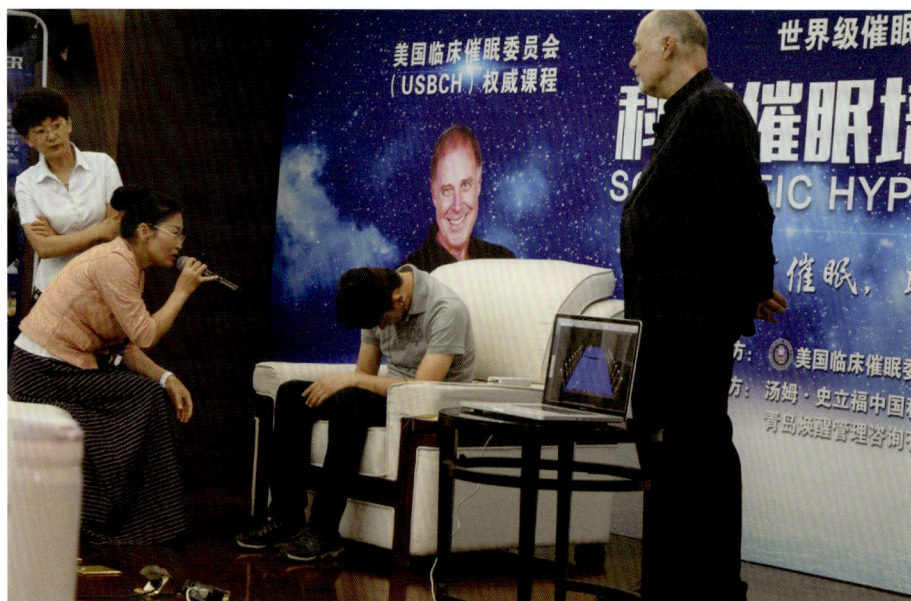

学员上台带脑波仪操练技术

### 有肢体接触手轻手重引导脚本

当来访者的左手在他的大腿上放松下来，他们的右手和手臂高高地举在空中时，对来访者说：

> 当我触碰你的肩膀，对你说："放松！"你的手会立刻掉落在你的腿上，头垂下来，立刻放松脖子的肌肉，并且马上进入一种深深的催眠放松状态。

> 当我触碰你的肩膀，对你说："放松！"你会立刻身体放松，整个身体都变得松散、柔软、放松。每一次呼气都会送你进入更深的放松状态。当我触碰你的肩膀，让你的手立刻掉落在你的大腿上——想象它，让它发生。

现在走到来访者身边，按压来访者的肩膀，同时说：

> 现在，手和手臂掉落下来——放松！（在你下达指令"放松"的同时按压来访者的肩膀）

触碰来访者的头，并说：

> 放松你脖子的肌肉，让你下巴的肌肉现在也放松下来，进入更深的放松状态。

### 催眠加深技术

现在你的来访者被催眠了。现在，你应该加深催眠的深度，可以选用手臂掉落加深技术、下巴放松加深技术或者触碰头顶加深技术。触碰头顶加深技术，能够把来访者催眠之后创造一种非常深的催眠深度：

> 过一会儿，我会触碰你的头顶，当我触碰你头顶的时候，我要你闭着眼睛，想象你的眼睛向上，看向我正在触碰的位置。

> 当我触碰你头顶的时候，保持眼睛闭着，允许你的眼睛向上看就好，想象它发生。

当我触碰你的头，允许它立刻发生。

这个躯体加深技术非常有效，能够产生梦游或者非常深的催眠。深度催眠的一个指征是快速眼动，另外一个指征是当来访者的眼球向上看，仿佛他们正在向上看向他们的头顶。你有时会留意到他们的眼白，也可能根本看不到眼球，因为他们向上看得太厉害了。

## 锁手法快速躯体引导技术

直击催眠培训

锁手法躯体引导的流程是这样的，让来访者看着他的手，同时把双手十指交叉，紧紧地握在一起。暗示他双手紧紧地握 **锁手法引导**
在一起——握得非常紧，以至于他的手开始"卡住了，紧紧地锁在一起。"握得太紧，即使他想要打开也打不开了。因为它们就像老虎钳或者夹钳一样卡在了一起，不断地暗示"越来越紧，越来越紧……"当你快速地重复这些话的时候，走到来访者跟前，快速地下压来访者的手，让它们掉落到大腿

汤姆·史立福讲解锁手法快速躯体引导技术

上，同时说："放松！"来访者的手一掉落到大腿上，立刻说"深深地放松"，轻轻地按压一下他的后脑勺……快速的催眠。

在你开始每个引导之前，先与来访者达成协议。

锁手法暗示感受性测试是因德国心理学家埃米尔·库尔（Emile Coue）而闻名的。他在所有的讲座中都演示了这个技术，并把它当做测试来访者反应性和自我暗示的方法。有传闻说，来访者必须通过埃米尔的锁手测试，他才会接收个案。我已经把锁手法测试改成了一种躯体引导技术，对你的来访者会非常有效。

以下是这个引导的脚本，你可以照本宣科地复述，或者也可以创造自己非常个性化的脚本来完成这个快速躯体引导。

> 现在，我要催眠你，我会提高你专注的力量，然后把你自己的专注力转换成深深的催眠放松。你要做的只是按照我说的，不假思索地去做我要你做的事情。双脚平放地板上，立刻把双手放松地放在你的大腿上。
>
> 看着你的手，放松你手上的肌肉，现在，专注于你的呼吸，当我数到 3 的时候，长长地深吸一口气，屏住呼吸大约 5 秒钟；当你呼气的时候，我要你按照我说的去做每件事情，今天，我会深深地催眠你。1……2……3……现在，深吸一口气，屏住呼吸，5……4……3……2……1……0……
>
> 现在，双手向前笔直的平伸出来，掌心相对，双手间距离大约有 15 厘米。你做得很棒。现在，我要你的双手十指交叉，握在一起，紧紧地锁在一起，拇指相扣，看着你的拇指。
>
> 来访者的双手向前笔直地平伸出来，十指相扣。
>
> 看着你的双手和拇指，专注于你紧紧锁在一起的手上。集中注意力并想象你的双手开始紧紧地锁在一起，仿佛我用一个夹钳或者老虎钳把他们锁在了一起，锁得越来越紧，越来越紧，越来越紧。

与此同时，你也挤压你的手，假装自己的手也死死地卡在一起，锁住了，然后对来访者说：

> 你的双手锁在一起，越来越紧，现在，感觉到你的眼皮变得沉重。当我试图拉开你的手和手臂的时候，不要让我拉开，因为你正专注于让你的双手锁得越来越紧。

走过去，把你的双手放在来访者手臂内侧，尝试把来访者的手臂拉开，一边拉一边对他说："锁得越来越紧。"

> 现在，我要催眠你。看着你的双手卡在一起，越来越紧，越来越紧，越来越紧，当我向下推你的双手的时候，你的双手会掉落在你的大腿上，你的头会低下来，立刻放松下来，进入催眠。

把你的双手放在来访者锁紧的双手上，大约 6 厘米的位置上，出其不意地向下推来访者的手腕，同时，用一种坚定的语气说："放松！"

> 放松！手掉落下来，放松。头低下来，颈部肌肉放松，你的整

汤姆·史立福讲解"看着我的眼睛"瞬间躯体引导技术

个身体都放松地进入一种很深的安宁之中，从头顶一路往下直到脚趾尖。每一次呼气都在送你进入越来越深的安宁。

现在你可以用一种加深技术来增加催眠的深度。

## "看着我的眼睛"瞬间躯体引导和加深技术

告诉来访者你要催眠他们，让他们坐在椅子里，双手平放在大腿上。跟来访者签订协议，然后说：

今天我会瞬间催眠你。我先跟你说一下怎么做。过一会儿，我会要你闭上眼睛，当你闭上眼睛的时候，我要你想象放松你的头脑和身体，允许我带你进入很深的催眠状态。当我要你看着我的眼睛的时候，我会说"放松"，你会进入一种很深很安宁的催眠状态。现在，你允许我催眠你吗？

来访者必须说："是的。"然后你对他 / 她说："很好，我们现在就开始。"

现在，双手放在大腿上，两条腿上各放一只，掌心向下，在腿上放松下来。看着你的手，想象放松你的手，让它们变得松散、柔软、放松。现在，把你的注意力专注于你的呼吸上，缓缓地吸一口气，屏住呼吸5秒钟；当你呼气的时候，让你的手更加放松，同时立刻放松你眼皮的肌肉。你做得很棒。现在，再深吸一口气，屏住呼吸5秒钟；当你呼气的时候，闭上眼睛就好。现在，保持眼睛闭着，放松你的眼皮，想象你的双手现在更加放松，温暖，柔软。我现在就要催眠你了。

过一会儿，我会触碰你的肩膀，当我触碰你肩膀的时候，你会睁开眼睛，看着我的眼睛。当你看着我眼睛的时候，我会说："放松！"你会闭上眼睛，头立刻垂下来，你的身体会立刻放松下来，你会进入一种很深的催眠状态。我一碰到你的肩膀，你会睁开眼睛，看着我的眼睛——我会说："放松！"你的眼睛会闭上，你的头会低下来，立刻被深深的催眠。

现在，触碰来访者的肩膀，让他们看着你的眼睛。

他们一睁开眼睛，你的脸迅速逼近到离他们的脸只有几厘米的距离，直视他们的眼睛，说："放松！"同时，向下按压他们的左肩或右肩，以一种坚定的态度说："闭上眼睛，头和身体完全放松，进入深沉的催眠。"来访者的眼睛会闭上，身体立刻掉入深沉的放松状态。

现在，你继续重复这个流程。

现在，睁开眼睛，看着我的眼睛（来访者开始睁开他/她的眼睛，看着你，你的脸就在他/她的面前，离他/她的脸只有几厘米远。你一说"放松"的时候，立刻向下按压来访者的肩膀，下达指令）"放松！"——闭上眼睛，头低下来，现在，整个身体都变得松散，柔软，从头顶到脚趾，完全放松下来。同时你留意到自己下巴的肌肉放松，嘴巴张开的感觉有多么美妙，每次我对你说放松或放

**学员课间对练**

下的时候，你的整个身体都变得更加松散，柔软，放松，进入更深的安宁之中。

现在，你的来访者已经被催眠了，接下来你要做的就是加深催眠。可以使用之前讲过的一个或者更多的加深技术。

## 吸气呼气快速引导技术

每次开始引导之前先与来访者签订合约。

让来访者坐在椅子里，双手放松地放在大腿上，直视前方。告诉他 / 她你会在他 / 她面前不断抬起、按压手和手臂，每次你的手和手臂抬高的时候，就深吸一口气，每次你的手和手臂下压的时候，就呼气。当你告诉他们闭眼的时候，他们就闭上眼睛，头立刻垂下来，进入一种深沉的催眠状态。现在开始，每次你移动自己的手和手臂抬高、下压的时候，都说："吸气""呼气""吸气""呼气""吸气""呼气"。

这样连续做 5 到 7 次，然后用一种直接的命令语气说："闭眼！放松！"

当你说"放松"的时候，用一只手轻轻地下压他们的头顶，另一只手放在来访者的肩膀或者颈部下方，说："放松你身体里的每一块肌肉，每一条神经，每一根纤维，允许自己的身体变得松散，柔软，就像一个布娃娃一样。"

### 吸气—呼气引导脚本

我现在就要催眠你。我要你坐在椅子里，双手放松地放在你的大腿上，两条腿上各放一只，掌心朝下，双脚平放在地板上。我先说一下我要怎么催眠你。我要你做的就是当我在你面前抬高我的手和手臂时，你就深吸一口气。就像这样（演示给来访者看）。当我的手和手臂下压的时候，你就呼气。每次我抬高我的手和手臂，说"吸气"的时候，你都深吸一口气，每次我的手和手臂下压，并说"呼气"的时候，你就呼气。当我说"放手"的时候，你的眼睛闭上，头往后靠，放松下来，下巴会打开，完全放松，进入一种深沉的催眠状态。现在看着我的手并且（抬高手和手臂）"吸气"。

停留 1 到两秒钟，然后慢慢往下压，并且说：

"呼气"……再次抬手，说：

"吸气"……手下压，并说"呼气"——现在，做得更快一些，说：

"吸气"……抬高你的手和手臂。

"呼气"……下压你的手和手臂。

"吸气"……抬高你的手和手臂。

"呼气"……下压手和手臂。

"吸气"……抬手。

"呼气"。

手下压，现在，给出信号："放松"，让他进入催眠。

放松！

眼睛闭上，头往后靠，放松下来，进入一种深沉的放松状态，

汤姆·史立福示范吸气呼气快速引导技术

从头顶到脚趾，身体里的每一块肌肉，每一条神经，每一根纤维，每一个组织彻底地放松下来。

说放松的时候，你也可以按压一下来访者任何一边的肩膀。

现在你的来访者被催眠了，接下来你要做的就是使用自己已经学过的任何一个加深技术加深催眠的深度。

## 旋转手躯体快速引导技术

这个引导方法是一个混淆技术，与肢体运动和快速引导相结合，它极其有效，但你需要以权威的方式下达指令。

在你开始引导之前，让来访者坐在椅子里，然后跟他签订协议/合约。

一边教给他们应该怎样去做，一边示范给他们看：

> 当我数到 3 的时候，我要你的手开始旋转，两只手互相绕着向你自己的方向旋转，当我说"翻转"的时候，你的手就反方向朝外旋转。每次我说"翻转"的时候，立刻切换你的手旋转的方向。当我要你加快手的旋转的时候，我会说"加快"，你会立刻不假思索地加快手的旋转，越来越快。当我说"放松"的时候，我要你的手立刻掉落在你的大腿上，你会立刻进入深深的催眠放松状态，整个身心都立刻掉入一种安宁的状态，你会进入越来越深的放松之中。

当你开始解释这些引导，并且亲自用手示范的时候，你可能会发现你还没说完，你的来访者就开始镜映你的动作了。这是一个迹象，说明你的来访者是个易受暗示的人，能够跟随引导去做。

重复以下指令，确保你的来访者理解你期待他们做的：

> 当我要你将你的手举到面前，一前一后，指尖相对时，我会要你两只手互相绕着向你自己的方向旋转。你会立刻开始旋转；当我说"加快"的时候，你会加快旋转，当我说"翻转"，你的动作就翻

转；当我触碰你的肩膀并说"放松"的时候，你会立刻被深深地催眠——你听明白了吗？

"很好，现在我们开始吧……"你接着说：

我数到 3 的时候，你的手开始旋转。1……2……3……开始旋转——一圈又一圈。看着你的手，注意力放在手上，一圈又一圈，越来越快，现在，（打响指）翻转。继续旋转，一圈又一圈，越来越快，翻转。

更快，更圆，翻转——（打响指）越来越快，越来越圆，加快，越来越快。（打响指）翻转，（打响指）翻转，加快，越来越快，（打响指）翻转，翻转……

触碰肩膀，坚定地下压，同时用命令的口吻说："现在，手掉下来——放松！——深深地放松。"

汤姆·史立福讲解旋转手躯体快速引导技术

这个方法的关键是来访者动作翻转时，你跟来访者说加快，加快，翻转，加快，加快，翻转，翻转，翻转，加快，越来越快，翻转，翻转，翻转，加快，翻转，翻转。这个引导的另外一个做法是用一只手触碰来访者的额头，同时轻轻在脑袋后部一推，并且用命令的口吻说："放松！你被深深的催眠了。"这是一个超载快速催眠引导，能够创造出混淆和非常棒的效果。

## 催眠加深技术

你应该接着使用一个加深技术来增加来访者的催眠深度。以下是两个非常有效的加深技术。

### 1.'锁眼法'加深技术

一旦你把来访者催眠了，告诉他们你希望他们想象他们的眼皮锁住了，粘在一起，他们越是努力要睁开，眼皮闭得越紧，无法睁开。

催眠加深技术演示

当我数到 3 的时候，我要你挤压你的眼皮，紧紧地闭着，它们会锁紧在一起，紧紧地锁在一起。当我数到 3 的时候，挤紧你的眼皮，紧紧地闭上，锁在一起，就像有一个夹子把它们紧紧地夹在一起，越来越紧。

1……2……3……现在挤压你的眼皮，紧紧地闭着，锁在一起，就像它们被胶水粘在了一起。锁得越来越紧，越来越紧，即使你想睁开，你也不能，完全做不到，因为它们紧紧地粘在一起，就像有个大钳子或者大夹子把它们紧紧地卡在一起，让你眼皮的这种紧缩代表压力和紧张。当我数到 3 的时候，我要你放松你的眼皮，漂流进 20 倍的更深的催眠放松之中。

1……2……3……现在放松你的眼皮，让你的下巴放松，随着每一次呼气，进入 20 倍的放松状态，美妙而安宁。

## 2. 从 100 往下倒数误导技术

一旦你的来访者进入了一种放松的催眠状态，你也许希望尝试这种加深技术。它对高智力的知识分子非常有效。这类人可能有意识地想要弄清楚你所说的每个字。你在做渐进放松技术的时候，给来访者一个暗示，让他们自己慢慢默数，从 100 往下倒数到 0。

现在你更加放松了——随着你的每一次呼吸，我要你自己慢慢地、默默地从 100 往下倒数，尽量倒数到 0。每一次你呼气和倒数，我要你在心里想着这些话"更深的放松，加倍的安宁"。随着每一次呼气，我要你慢慢地，不加思考地让这些数字开始消失，消散，就像它们正被黑板擦从黑板上擦掉一样。当你数到 27 的时候，数字会完全消失，你会进入深深的催眠状态。

记住，当你缓慢静默地倒数时，每一次呼气你都必须在心里想着"更深的放松，加倍的安宁"。并且随着每一次呼气，数字会离你的心智和记忆越来越远，直到消失不见，就像它们被从教室的黑板上擦掉了一样。在你数到 27 之前，数字会全部消失，你会进入美妙放松的深度催眠状态。

在来访者不停地呼吸，同时想着数字和"更深的放松，加倍的安宁"这些话的时候，开始给出积极的暗示，或者更多其它让他们放松身心的暗示。

这个技术创造了意识的混淆，常常能够在催眠有阻抗的来访者时取得突破。这有助于通过给来访者的潜意识心智一些繁忙的工作而将其放在一边，因此使催眠师得以不受意识干扰或者绕过意识的阻抗与来访者的潜意识心智沟通。

很多催眠治疗师从未听过这种特别的倒数技术。这是我在过去的几年里开拓的很多技术之一，你会发现它极其有效。

## 磁力手震撼引导技术

这是一个强大有效的引导技术，对视觉型的来访者非常有效。

### 技术概述

让来访者面朝你坐在椅子里，告诉他／她将双手和手臂向前伸直，掌心相对，手指伸直，目视前方。告诉来访者你要瞬间催眠他们，并获得他们的允许。像前边说过的那样签订协议。

告诉来访者做三次深呼吸，第三次深呼吸呼气的时候闭上双眼。来访者一闭上眼睛，就让他们想象他们的双手之间有一块很大的磁铁，这是一块吸引力强大的磁铁；同时想象双手变得越来越近。你可以把自己的拳头放在他们的双手之间，帮助你投射这个意象。不断重复他们的手靠得越来越近的暗示。

然后说，你一拉他们的双手，他们就会瞬间被催眠。当他们的双手就要靠到一起的时候，快速地拉一下他们的双手并大喊一声："马上！"当你朝你的方向拉一下他们的双手，来访者会向下倒在椅子里。接着说："你现在被深深地催眠了，每一次呼气都进入越来越深的放松。"

### "磁力手震撼" 躯体引导脚本

做这个引导的时候，让你的来访者坐在椅子里或者在躺椅上，双脚平放在地板上，双手平放在大腿上。

我现在要深深地催眠你，我需要你做的是不假思索地按照我说的去完成我要你做的每件事情。你同意吗？

来访者说"是的。"然后你说："好的，那我们现在就开始吧。"

我要你做的是坐在椅子里/躺椅上，双手放松地放在大腿上。我要你看着我，伸出你的双手，掌心相对，距离大约 2 英尺（约 60 厘米），就像我这样。很好。现在，我会把我的拳头放在你的双手之间，我要你看着我的拳头，专注力放在我的拳头上。现在，你看着我的拳头，专注于我的拳头，把注意力放在你的呼吸上，当你深吸了一口气的时候，点头确认。

汤姆·史立福讲解磁力手震撼引导技术

暂停，等客户点头示意"是"。

很好……做 3 次深呼吸，当你看着我放在你两手间的拳头，呼气感觉到放松时，闭上眼睛，仍然把注意力聚焦于我放在你面前的手 / 拳头上。

现在想象我的拳头和手是一块强大的磁铁，它吸引着你的双手向一起靠拢，越来越近，越来越近，当我拉一下你的双手并说"马上"的时候，你的身体会马上放松下来，你会进入深深的催眠放松之中。你双手现在越来越近，仿佛有一根大橡皮筋缠绕在你的双手上，橡皮筋越来越小，双手越来越近，被磁力吸引着越来越近，似乎他们很想贴在一起。

当我拉一下你的手，你的身体会垂下来，你会瞬间进入深深的放松状态，头垂下来（或者靠在躺椅上），双手、双腿和身体会马上放松。

不断重复这些暗示，直到来访者的双手距离大约 2 英尺（约 60 厘米）的时候，将你的双手放在来访者的双手外边，然后突然向内一拉，轻微地颤动一下双手，下达指令"马上"，向内向下拉。

现在（将来访者的双手拨开），你身体的每一块肌肉，每一条神经，每一根纤维，每一个组织都放松下来，随着每一次呼气，进入深深的安宁。——从头顶一路到脚趾，完全地放松下来。每一次呼气都在送你进入越来越深的安宁，越来越深的宁静的放松状态。

就像任何一个快速引导一样，非常重要的是在你说"安宁""放松""释放""当下"或者（不管你使用什么词）的时候，你要继续鼓励他们放松，进入更深的安宁状态。

来访者在反馈的时候指出，这个引导非常"震撼"，但是在他们进入更深的时候，是放松的引导带来了不同的体验。如果你出现了停顿，哪怕只是几秒钟，来访者也可能快速地从催眠中苏醒。

现在，来访者已经被催眠了，你可以继续使用任何前述章节里讲过的加深技术。

## 三次握手法引导技术

直击催眠培训

三次握手法

一位著名的催眠治疗师大卫·艾尔曼曾经教医生和牙医这个方法。以下是我使用的三次握手法的版本。

让来访者面对你坐在椅子里，膝盖离你的膝盖很近，但互不接触。在你的每次引导前都跟来访者达成协议。

我要做的是通过跟你三次握手来催眠你。第一次跟你握手的时候，我要你允许并想象你的眼皮变得越来越重，你变得越来越放松。但不要闭上眼睛。第二次跟你握手的时候，你会感觉到你的眼皮变得非常沉重，你有强烈的欲望想要闭上眼睛，但不要闭上。第三次

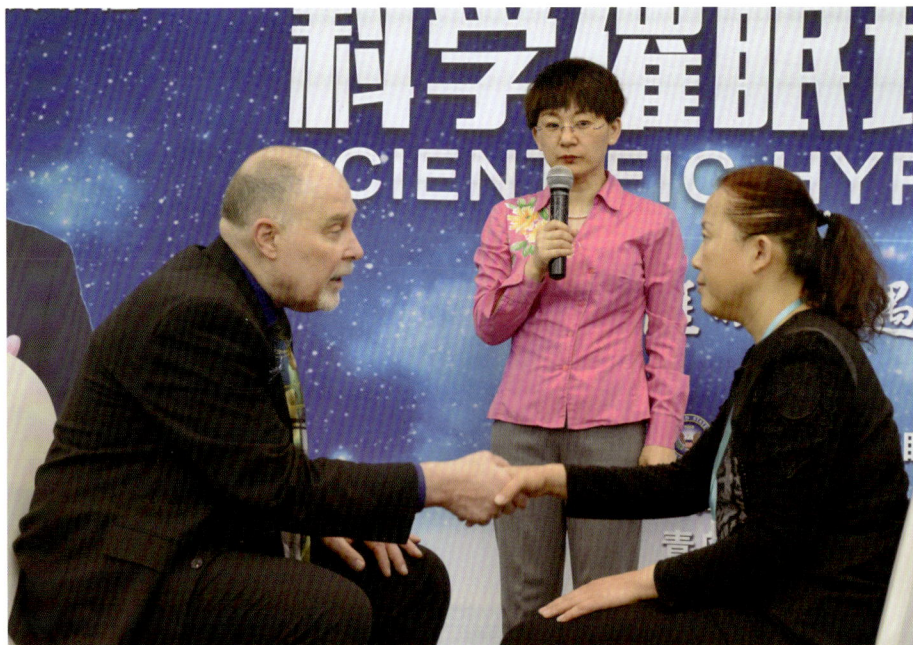

**汤姆·史立福讲解三次握手法引导技术**

跟你握手的时候，你的眼皮会立刻闭上，你的头会立刻变得松散、柔软、放松，你会立刻进入一种很深的催眠状态，深深地被催眠。

你听明白了吗？很好，我们马上开始。

现在，看着我的眼睛，跟我握手，感觉到你的眼皮变得越来越沉，想象它发生，让它发生。好，你做得非常好。

现在，看着我的眼睛，再次跟我握手，你变得更加放松，更加舒适。你想要闭上眼睛，但你还不能闭上眼睛，直到我再次跟你握手为止。你变得非常放松、平静。想象它发生，让它发生。

现在，停止跟来访者握手，深深地直视来访者眼睛，对他说："我现在要立刻催眠你。"——现在你用一种强硬的语气说："跟我握手。"

现在，你出其不意地抓住来访者的手，用力拉一下，类似于抽搐动作，但不要伤到你的来访者，并且下达指令：

闭上眼睛——头垂下来，放松！

深深地被催眠。

随着每一次呼吸，越来越深的安宁。你的身体变得松散、柔软，就像一个布娃娃。每次我跟你握手，看着你的眼睛，打响指或者说"放松"，你都会进入这种深度宁静的催眠放松状态。

## 一次握手法震撼引导技术

我把三次握手引导方法修改成了一种更简单的方法，我称其为一次握手瞬间引导技术。

使用这个技术的时候，催眠师对来访者说：

"我会通过看着你的眼睛、跟你握手来瞬间催眠你。当我跟你握手，并且看着你的眼睛的时候，你的眼睛会闭上，你的头会垂下来，你的身体会向前趴下来，完全放松。你会立刻被催眠。点头说'是'。允许我立刻催眠你。不假思索的去完成任何我要你做的事情。"

如果来访者点头说"是"的话，你现在就准备好仅用一次握手瞬间催眠他们了。你只要对来访者说："现在，看着我的眼睛，跟我握手。"

当来访者看你的眼睛，伸出手来跟你握手的时候，你一握他的手，就向自己一拉，用一种命令和控制的语气说：

> 放松！身体里的每一块肌肉，每一条神经，每一个组织，每一根纤维都放松下来，进入越来越深的安宁之中。松散，柔软，深深地被催眠。每一次呼气都送你进入越来越深的完全的放松状态。

你的来访者已经被催眠了，接下来你要做的就是用你自己用起来感觉顺手的一种加深技术加深催眠。

当你向下猝拉来访者的手的时候，你震动了中枢神经系统，使来访者从高贝塔脑波或伽马脑波快速跌入低德尔塔脑波。高度期望创建了高度兴奋和高度的大脑活动。通过震撼身体和神经系统，逃跑机制开始生效，允许来访者从意识脑波逃进低的潜意识脑波，立刻创造出深度的催眠或者德尔塔状

汤姆·史立福讲解一次握手瞬间引导技术

态。你的大脑必须投射深度德尔塔或者深度催眠的结果。对手、手腕和手臂的震撼必须成为主要的触发点，降低来访者的脑波，产生深度的催眠状态。

另一个做法也可以这样：来访者坐在椅子里，催眠师站在来访者面前，握着来访者的右手或左手，拉到比来访者头部略高的位置，离来访者的面部大约 15~30 厘米的距离，催眠师此时不看来访者，而是看着来访者的手。告诉来访者做几次深呼吸，在一次呼气的时候，催眠师让来访者看着自己，然后说："眼皮越来越沉，越来越重，正在慢慢地闭合，闭合，闭合。"一旦你注意到一些闭眼的动作，就向下猝拉一下来访者的手和手臂，并下达指令："释放。每一块肌肉，每一条神经，每一根纤维，每一个组织都放松下来，随着每一次呼气，越来越深的放松，进入深沉的安宁之中。"然后说："每一次，我只要握一下你的手，看着你的眼睛，触碰你的额头或者说'放松'，你就会立刻掉进这种深沉的放松状态，感觉到彻底完全的平静。"（来访者会立刻掉进德尔塔波的催眠之中）。

## 抽手法震颤快速躯体引导

在你开始任何引导之前先与来访者签订协议。

让来访者伸出一只手来，掌心向下，你的手伸出来放在他的手下边，掌心向上。告诉来访者你要瞬间催眠他们。让他们用尽全力向下按压你的手，并且说你会用自己的手顶住他们的手。接着让他们直视你的眼睛，说："感觉到你的眼皮变得很沉，耷拉下来，昏昏欲睡，垂下来，合下来，合下来。"然后突然把你的手从他的手下抽走，边抽手边用另一只手打响指，同时说："放松！"并轻轻地用手按下来访者的头。这种快速的超载过程对很快诱导出深度的催眠状态非常有效。

现在你可以用一种加深技术来增加催眠的深度。

### 震颤引导变形：抽手法（指压催眠）

来访者坐在椅子或者躺椅上，双手伸出来，掌心向下。催眠师坐在来访者正对面，把双手伸到来访者的手下面，掌心向上，顶住来访者的手，然后对来访者说：

我先演示一遍今天我将怎样瞬间深深地催眠你。过一会儿，我会要你用双手用力向下按压我的手。使出你全身的力气，看着你的手，不要看我。你越用力向下压我的手，越能产生更多的能量，把自己真正地催眠，瞬间进入深沉、安宁的催眠状态之中。当我感到你的身体产生了足够的能量，可以被立刻深深地催眠的时候，我会要你看着我的眼睛。你一看我的眼睛，就会有一种不可抑制的愿望，想要闭上眼睛，感觉到自己的眼皮变得越来越沉，越来越重，越来越疲倦，很想要闭上，仿佛它们正在一点儿一点儿地合上。我的手只要从你的手下一抽出来，你的手就会立刻变得很沉，马上掉落在你的大腿上，仿佛我从你的手上向下推了你的手一把，它们自动地掉落在你的大腿上。当你的手掉落在你的大腿上，你的眼皮会立刻闭上，头会马上垂下来，或者放松地躺在躺椅里，下颌的肌肉放松下来，你的嘴巴会张开，整

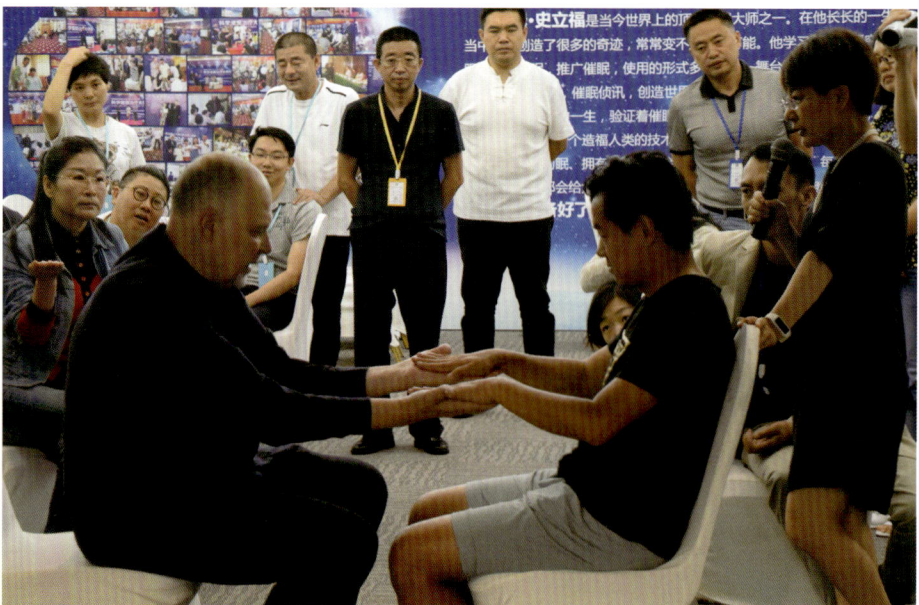

汤姆·史立福讲解抽手法震颤快速躯体引导技术

个身体立刻变得松散、柔软，放松地进入一种很深的催眠放松之中。现在，立刻点头确认，或者说"是"，体验这种感觉，并且今天就把自己深深地催眠，因为你有非常高的接受度。

来访者说"是"。催眠师说：

很好……我们现在就开始吧。我要你立刻、马上、不假思索地去完成我要你做的每件事。今天，你会被深深地催眠，非常的放松，接受度很高，允许我帮助你。

等待来访者说"是。"催眠师说：

很好，我们现在开始了。

用全力向下压我的手，我会用我的手往上顶住。手越来越重……现在更加用力。……（停顿）……很好，你做得非常棒……现在看着我的眼睛……眼皮变得越来越沉，越来越重，合下来，合下来，合下来，越来越沉，越来越重，合下来，合下来。

催眠师看着来访者的眼皮开始合下来或者开始颤动。一看到来访者的眼皮合下来，立刻从来访者的手中快速地抽出手来，从上边向下拍来访者的手，把它们向下推到来访者的腿上，下达指令：

掉……眼睛闭上……头低下来或者向后靠在躺椅上……下巴打开，放松下来，每一块肌肉，每一条神经，每一根纤维，每一个组织都完全放松下来，每一次呼气都在送你进入越来越深的安宁之中，越来越深的放松，越来越深地进入一种深深的、安宁的催眠放松之中。

每次我说放松或者安宁这个词，或者触碰你的额头、双手或肩膀的时候，你都会继续进入越来越深的放松。今天，我给您的每个信息或者建议都非常容易接受，自动地进入你的潜意识大脑计算机。

很好，你做得非常完美。

## 旋涡躯体引导技术

此技术的目的是创造一种神经动力的能量。通过双手的快速扇动，制造了类似于旋涡的能量和萦绕手边的风。动作非常的快捷迅速，仿佛你正竭力想要击掌但却总是无法击掌一样。你把手在空中推动，有点儿像一只扇子在空中快速地挥动，制造出风来。这个技术创造了神经动力的物理能量。

让来访者五指并拢，掌心相对，相距大约 25 厘米。数到 3 的时候让来访者前后扇动双手，就像要鼓掌一样，但不要让手掌接触。当你说"击掌"的时候，来访者立刻像用力击掌一样拍手。当你说"掉"的时候，来访者的双手立刻掉落在他 / 她的双腿上，眼睛闭上。这会瞬间关掉他的潜意识的大脑，使他能够进入他的疗愈的大脑，也就是我们所说的潜意识的大脑。作为催眠师，你要继续给出引导："每一次呼气都会送你进入更深沉、身体更加放松、大脑接受度更高的专心致志的状态……"

以下是文字稿引导脚本：

汤姆·史立福讲解旋涡躯体引导技术

过一会儿，我会要你像我这样伸出你的双手，手掌相对，两手相距大约 30 厘米或者稍远一点儿的位置，当我要你开始的时候，你会非常快速地左右扇动你的双手，但不能让它们互相触碰。手扇动得非常快捷迅速，以至于你会感到一种空气的激流围绕在双手边，就像我们所说的"旋涡"一样。当我说"击掌""掉"的时候，你的双手会拍在一起，你会立刻闭上眼睛，手掉落在你的大腿上，立刻进入接受度很高的催眠状态。你听明白这个技术怎样操作了吗？

现在，催眠师演示这个技术，演示完之后对来访者说："你现在准备好做这个技术了吗？"来访者说"是。"催眠师继续说：

现在把你的手放在那个位置上，看着你的手。当我数到 3 的时候就开始：1—2—3—开始！

来访者开始前后扇动双手。催眠师说：

看着你的手，扇动得越来越快，感受到双手形成的空气涡流就在手的周围，越来越快，当我说"击掌""掉"的时候，你就击掌，眼睛立刻闭上，手立刻掉落在你的大腿上，进入催眠。

"击掌！"（来访者击掌）催眠师下达指令："掉"！来访者闭着眼睛，手掉落在他们的腿上。催眠师接着说：

每一次呼气都使你更加放松，送你进入更高的接受度，更深的催眠……

## 眨眼法瞬间引导技术

让你的来访者坐在椅子里。告诉他／她把他们深度催眠的这个方法或者上来就做眨眼法。

今天我要这样把你深深地催眠。

你坐在椅子里，我会要你双脚平放在地板上，双手放在大腿上。我会告诉你直视前方，然后要你闭上眼睛，想象自己放松下来，被深深地催眠了，接受度非常的高。允许我今天帮助你。接着，我会轻拍你的左肩，当我拍你左肩的时候，你会睁开眼睛，直视前方。然后我会轻拍你的右肩，当我拍你右肩的时候，你会立刻闭上眼睛，想着放松这个词以及放松的感觉。你也会想象你的眼皮变得越来越放松，仿佛他们变得非常沉重、松散、酸软，放松下来。当我再次轻拍你左肩的时候，你会再次睁开眼睛，但是你会发现你的眼皮变得更沉重，更放松了。当我再次轻拍你的右肩，你会闭上眼睛，你的眼皮变得更加的放松。每一次我拍你的左肩，你都会睁开眼睛，每一次我拍你的右肩，你都会闭上眼睛，眼皮变得越来越放松，直到他们变得如此放松、松散、酸软，你再也不想睁开眼睛。因为它们变得如此放松，以至于无法睁开，即使你想要睁开，但你不会想睁开。当我触碰或者下压你的双肩，并说"眨眼""放

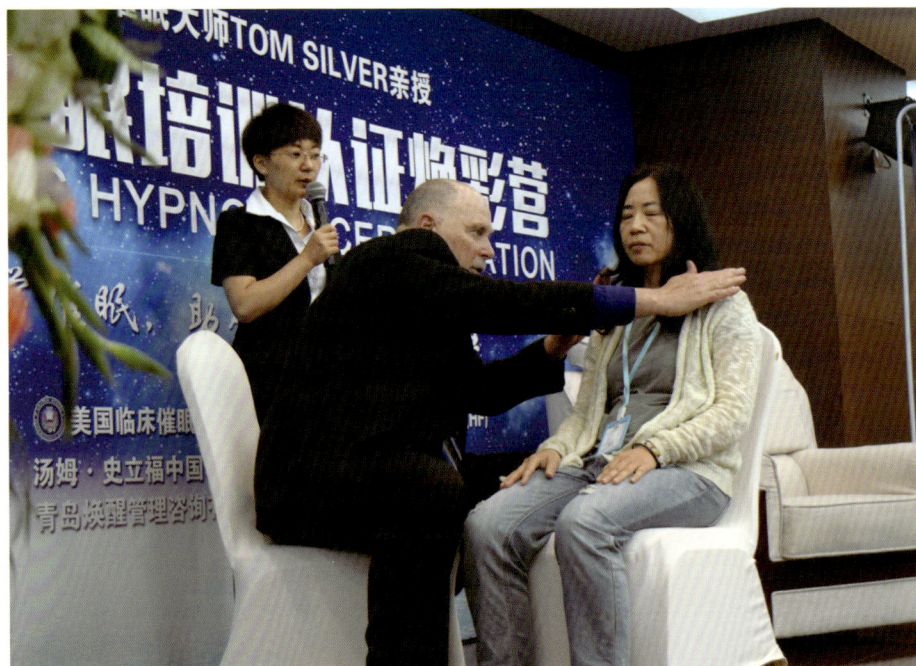

汤姆·史立福讲解眨眼法

松"，或者"进"的时候，你的头会立刻垂下来，或者是立刻躺进躺椅里放松下来，你的眼皮会变得更加放松，如果它们还没闭上的话也会立刻闭上，放松下来，下巴的肌肉会立刻放松，下巴和嘴巴会立刻打开，放松下来，你会瞬间自动地被深深催眠，接受度很高。允许我帮助你克服人生中这些影响你健康、幸福和成功的障碍。现在，点头确认或者说"是"，立刻自动地、不加思考地完成我要你做的每件事。……很好……我们现在就开始了。目视前方……很好，你做得非常棒……闭上眼睛。

现在，催眠师轻拍来访者左肩，说："睁眼。"现在，轻拍右肩，说："闭眼。想着放松你眼皮的肌肉。"现在，再次轻拍左肩，说："睁眼。"……轻拍右肩说："闭眼。"……拍左肩，说："睁眼。"……拍右肩，说："闭眼。"……接着，快速地拍，加快节奏，在施加给肩膀的躯体震颤之前，迷惑来访者。轻拍左肩，说"睁眼"……轻拍右肩，说"闭眼"……（不再说话，像这样拍）拍左肩／拍右肩／拍左肩／拍右肩／拍左肩／拍右肩……（加快）拍左肩／拍右肩／拍左肩／拍左肩／拍右肩／拍左肩／拍右肩／拍右肩／拍左肩／拍右肩／拍右肩／拍左肩／拍左肩／拍左肩／拍右肩（现在来访者反应不过来了，或者完全迷糊了……）催眠师现在立刻下压来访者的双肩，产生一种震撼，并说："头垂下来，或者躺进躺椅里放松下来。"你可以说"眨眼""放松"或者"释放"，然后说：

每一块肌肉，每一条神经，每一根纤维，每一个组织都放松下来，松散，柔软，每一次呼气都送你进入越来越深的安宁或者越来越深的放松之中。

## 眨眼法图解

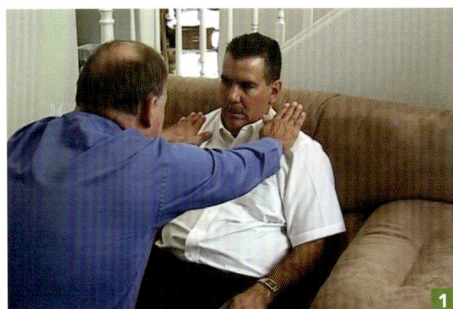

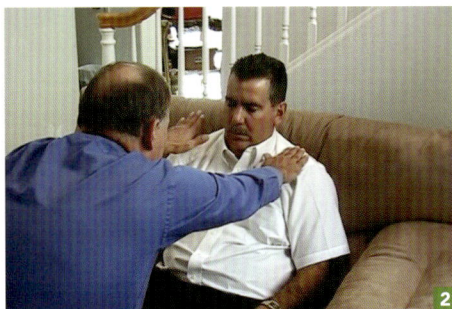

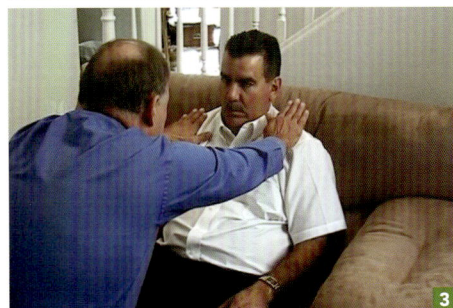

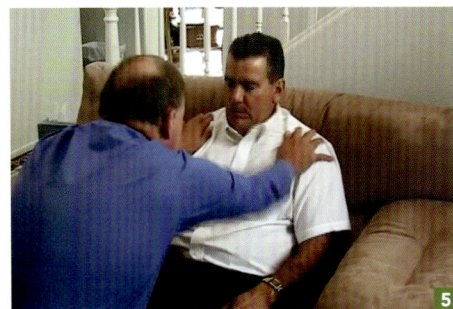

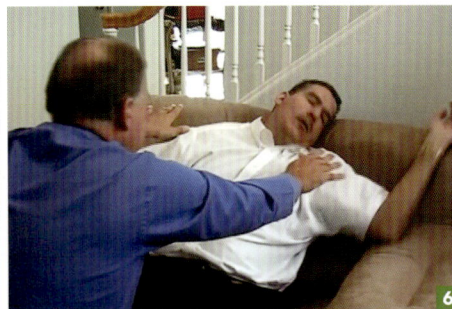

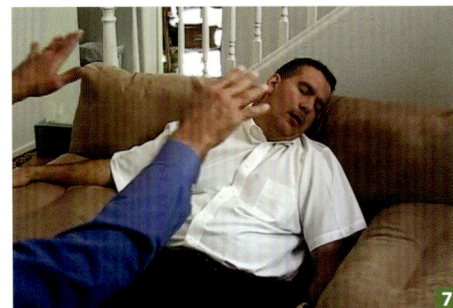

## ZAP 震撼引导技术

随着你的来访者大声地从 5 倒数到 0，他们会假装无法击掌，只是让他们的手互相错过，然后把手收回到起点，就像是要尽力再次击掌一样。这次他们双手会互换，左手和手臂从右手和手臂下边经过，然后，把双手收回到起点。

来访者这样做五次，每一次都让双手错过或者说交替从下方经过，来访者会大声地从 5 倒数到 0。当来访者边倒数边交叉双手和手臂 5 次以后，就准备好要真的击掌了。大声数数，聚精会神地专注于最后一次真正的击掌。来访者一击掌并说零的时候，就闭上眼睛。此时，作为催眠师的你，要根据你希望来访者移动的方向拉一下来访者的手，向前猝拉一下或者轻轻地向后推一下。下达指令："ZAP""放松"，或任何你想用的词。你要在来访者说"零"的时候同时说出这个词，并猝拉一下来访者的手，创造一种双倍的超载震撼。

汤姆·史立福用 ZAP 做集体催眠

把你的双手向前伸直，两手相距60~80厘米，掌心相对，就像是你有时听完一场音乐会、一场表演或者一场讲座的时候，准备好要鼓掌的样子。想象一下这会是什么样子，有什么样的感觉。现在，我要你开始一边大声地从5倒数到0，一边击掌五次，同时看着每次击掌的位置。

很好，你做得非常棒。

现在，我要你做的，就是像刚才做的那样，击掌五次。但与之不同的是不要真的击掌，我要你双手互相错过，让你的左手正好从右手上边或者下方错过，仿佛它们正好隔了2厘米擦肩而过一样。现在看着我做，就像这样，当我大声地从5倒数到0的时候，我会让双手正好交叉错过五次，每一次我的双手交错，就像是我错过了击掌和拍手一样，我会交换手的位置，第一次左手和手臂从右手和手臂上方经过，然后，把双手拉回起始位置，让左手和手臂从右手和手臂的下方经过。

"5"（我的左手和手臂从右手和手臂上方大约2厘米的位置上经过，双手拉回起点）

"4"（我的左手和手臂从右手和手臂下方大约两厘米的位置上经过，双手拉回起点）

"3"（现在，又像数字5的时候那样，让左手和手臂从右手和手臂上方大约两厘米的位置上经过，双手拉回起点）

"2"（现在，再次让你的左手和手臂从右手和手臂下方大约两厘米的位置上经过，双手拉回起点）

"1"（现在，最后一次换动作，让你的左手和手臂从右手和手臂上方大约两厘米的位置上经过，双手拉回起点）

现在，记得一击掌的时候就说"零"，同时闭上眼睛，给自己一个自我暗示，让整个身体放松，下巴肌肉放松，完全打开。你给自己一个允许，当你数到零的时候立刻进入深沉的催眠。

"0"（你击掌的同时，我会说"放松"这个词，你会说"0"并闭上眼睛）

ZAP 震撼引导技术图解

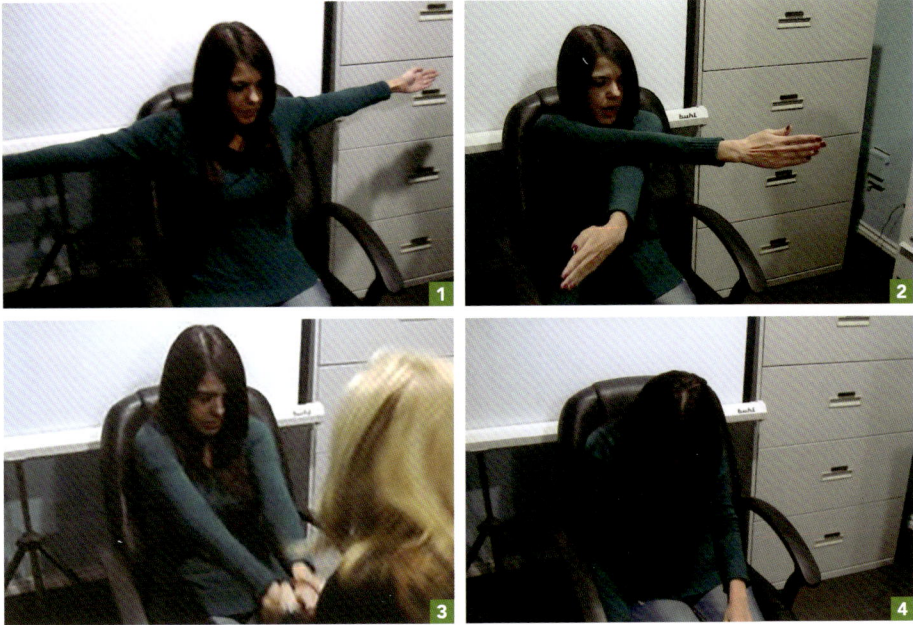

## 四次拍手法震撼引导技术

催眠师与来访者签订合约。

然后，对来访者说：

　　过一会儿，我要在瞬间深深地催眠你。这个方法在每个人身上都非常有效，对你来说也一样会效果显著。我先说一下我将怎样催眠你。我会要你双手伸到前面，手掌相对，就像我这样（演示给来访者看，把你的双手伸直，相距大约 60 厘米），现在，伸直你的手臂，手掌相对，相聚大约 60 厘米的距离。很好，你做得很棒。过一会儿，我会要你直视前方，双手击掌四次，每一次你击掌的时候，都非常的专注，并且大声地倒数一个数字，从 3 倒数到 0。第一次击掌的时候，你大声地数 3，第二次击掌到时候，你大声地数 2，第三次击掌的时候，你大声数 1，第四次击掌的时候你大声地数 0。

当你数 0 的时候，我会拉一下你的手，说"放松"，你会立刻进入深深的催眠放松状态。现在，点头确认或者说"是"，告诉我你会立刻自动地去做我让你做的每件事情。

来访者同意了催眠引导的流程，现在说：

现在我就要瞬间深深地催眠你。

双手向前平伸出来，手臂伸直，彼此分开，就像你正要击掌一样。手臂和手肘伸直，有点儿僵硬。当我数到 3 的时候，我要你双手击掌 4 次，你要直视前方，当你的手击在一起的时候，我要你大声地（或在心里默数）倒数一个数字，从 3 倒数到 0。每一次倒数数字，专注力都加倍地集中。当我拉你的手并说"放松"的时候，你的身体会立刻放松，你会进入一种很深的催眠放松之中。现在，当我数到 3 的时候，击掌四次，并大声地从 3 倒数到 0。我现在就要催眠你，点头确认。很好，现在，1、2、3，击掌并倒数。

来访者开始击掌并从 3 倒数到 0，他一做完第四次击掌并且说 0 的时候，你快速地下拉来访者的手并下达指令"放松"，同时，你向下按压来访者的肩膀并说："现在，立刻放松你的整个身体，从头顶一路往下直到你的脚趾尖。"

来访者进入深深的德尔塔催眠状态。

## 四次拍手法图解

## 睁眼闭眼快速引导技术

告诉来访者你接下来要用让他们睁眼闭眼的方法来催眠他们。当你数到3的时候，他们会睁开眼睛，当你打响指的时候，他们会闭上眼睛。每次你数到3，他们会再次睁开眼睛，当你再次打响指的时候，他们会再次闭上眼睛。每次你打响指，来访者都会闭上眼睛。接着，你开始通过数1，2，并暂停一会儿（来访者可能会睁开眼睛），然后快速说3并且打响指的方法来迷惑你的来访者。

你要做的是通过数数、暂停和打响指的方法来迷惑你的来访者。当你认为你已经足够超载的时候，用一只手触碰来访者的肩膀，另一只手放在来访者的额头，并且说"放松！"来访者会放松他的头，垂落在你手上。接下来你可以揉一下其颈部后下方的肌肉，放松颈部和头部。告诉来访者放松身体里的每一块肌肉，每一条神经，每一根纤维。允许他们的身体变得松散、柔软。

**集体训练睁眼闭眼快速引导技术**

## 引导脚本

先与来访者达成协议，获得他们的同意，再开始催眠他们。

我现在要催眠你。现在先说一下我要做的事情。过一会儿，我要做的是要你闭上眼睛，把注意力专注于我说的话上。我要你集中注意力到我数的数字上。当我数到3的时候，我要你睁开眼睛，直视前方。当我像这样打响指的时候（打响指），我要你闭上眼睛。保持眼睛闭着，直到我再次数到3为止。

每次我打响指的时候，你会闭上眼睛；当我数到3的时候，你会睁开眼睛；当我说"放松"的时候，你的眼睛会闭上，进入一种深沉的催眠状态。你听明白了吗？

很好，我们现在就开始。现在，把你的双手放在双腿上，放松你的手，专注于你的呼吸。当你深吸一口气的时候，点头确认。（等待一下，直到来访者点头确认）

现在，深吸一口气，屏住呼吸，当你呼气的时候……闭上眼睛。（让眼睛闭上）当我数到3并说3的时候，你会睁开眼睛，当我打响指或者说"闭眼"的时候，你会闭上眼睛。当我说"放松"的时候，你的身体会放松，你会进入一种深沉的催眠状态。保持眼睛闭着。我们现在开始了。

1……2……3……（打响指）闭眼！

1……2……3……（打响指）

闭眼……1……2……3……（打响指）闭眼！

现在，迷惑来访者，用一种混乱的方式快速地数数。

1……2……3（打响指）闭眼！1……2（暂停一会儿）3（打响指）

1，2，3（快速连续地说并打响指）放松！

然后1……2……3（打响指）

最后一次说："1……2……3……闭眼！"

向下按压肩膀，下达指令"放松"，催眠来访者。

放松！让你的整个身体都松散柔软，像个布娃娃一样。从头顶一路往下，直到脚趾，整个身体都放松下来，进入一种深沉的催眠放松之中。

现在，你可以使用加深技术，增加催眠的深度。

# 第六章　汤姆·史立福的 ERT 情绪重置治疗技术

　　情绪重置疗法是很多年前由我——汤姆·史立福创造的。因为我感觉单纯使用暗示的简单催眠治疗流程不够有效，无法移除我的很多来访者根深蒂固的习惯、负面的情绪或者其他的瘾头。大部分学校教的催眠治疗都以 50 到 100 年前的老技术为基础。在我看来，这些技术对治疗取得长期成功的有效性非常有限。很多催眠治疗师接受的培训，在我看来都是被动催眠治疗以及浅频率或者轻度催眠状态。渐进放松方法被使用了一百多年，它非常有效，令人放松。它的确引发了更深的接受度状态，此时专注力高度集中；或者创造了深度的催眠，绕开意识的大脑活动和阻抗。积极的直接暗示或者间接暗示通常是大部分催眠师的操作模式。并且大部分是以第二人称来引导的。催眠治疗师会说："你将……"或者"你现在……"以及以第二人称所述的其他的短语或暗示。你，你，你，还是你。这当然可以。我无意于争论这些技术，因为它们在过去被证实非常成功。直接暗示也曾成功地帮助成千上万的人们实现他们的目标，甚至来访者是完全被动的情况下也很有效。我所说的"被动"指的是催眠治疗师和来访者之间没有躯体互动。

　　情绪重置疗法是最新最先进的神经治疗形式，它涉及治疗师和来访者之间的整体互动。它也涵盖躯体动作，使用很多感官程序，包括听觉、视觉和动觉。ERT 是情绪重置疗法的缩写，就像是 NLP 是神经语言编程学的缩写一样。ERT 可以与催眠引导方法一起使用，与催眠治疗联合使用，或者也可以因其独有的治疗流程而被独立使用。不需要使用任何催眠科学的用语或者联想。

情绪重置疗法背后的原理是：我们的大脑像一台双重处理的电脑。在其内部，意识心智的运作就像内存或者电脑的屏幕电源，潜意识心智就像电脑的硬盘。众所周知，我们心智的内部工作（也被称为我们的潜意识心智）比我们的外部心智运作（被称为我们意识的心智）要强大有力得多。意识心智位于大脑的外部区域，也就是大脑皮层的位置。我们所有的人生编程、习惯、情绪等都位于我们的潜意识"硬盘"或者大脑里。我们大脑的逻辑推理部分也被称为分析或认知的大脑。它是我们的意识或者清醒心智。我发现大部分人实际上都不会正确地使用他们的意识心智，而是不断刺激保存在我们潜意识心智中的负面情绪数据或者记忆。

内部或者潜意识心智识别、关联我们的意识思维。这也是一个令催眠治疗师们苦恼了多年的大问题。事实如此，如果我们的潜意识硬盘是由我们的意识思维所激发，并且直接附着在我们的意识思维上，催眠治疗师或者情绪

**汤姆・史立福**用 ERT 为学员建立自信

重置治疗师教会他们的来访者如何正确地使用他们的潜意识就势在必行了。此技术将会在后续章节里加以扩展。ERT 背后的理论是这样：我们的大脑运作基于不同的脑波频率和神经动力大脑活动，也就是科学家所说的"思维能力"，或者是那些脑波频率中的"神经振幅"。让我们看一下这个例子，因为它跟电力相关。

电是电压和安培电流流经电线，在某些时候也可能是无线的，比如太阳能发电。电包含电压和电流振幅。电的电压部分基本上是频率。电流电压记做 12 伏，或者 120 伏，或者 210 伏，等等。不同的电气设备运作需要不同的电压和安培。电也在不同的频率下运作，这些频率叫做赫兹（Hz）。举个例子来说，交流电通常在 60 赫兹上运作，也有人叫它 60 周波。我们的大脑记忆也是一种机电原理，在大脑器官里运作。我们的大脑也是以不同的频率运作的。比如高的贝塔状态大约在 30 赫兹。现在，我们再回到现代电力。电也有其内部自己的元素，被称为"安培数"。简单地下个定义，电压是有多少电流，安培数是电流移动的有多快。电流越快越危险，电击可能性越高。换句话说，在高功率电线中，电力致命率更高。我们的大脑也在电力基础上运作。我们把这些频率中的速率强度叫做神经动力能量或者心智能量。我们也可以叫它"思维能力"。

你可以用 ERT 降低你的来访者的脑波和振幅，然后再删除掉消极的情绪或者习惯，安装积极情绪或习惯。具体操作方法在后续章节会举例说明用 ERT 戒瘾的方法，比如戒酒或者戒毒。

## ERT 戒烟的催眠治疗技术

### 吸烟者的类型

吸烟者分两类——"身份认同型吸烟者"和"替代型吸烟者"。

### 身份认同型吸烟者

这类人吸烟的起因是父母有人吸烟，或者是学校的小伙伴们吸烟，也或者是看到电影或广告里有人吸烟。这类吸烟者也许是希望融入群体之中，也可能是效仿自己生活中的某个人。大部分吸烟者是身份认同型吸烟者，其中大部分的人可能有吸烟的父母。身份认同型吸烟者通常都是长期吸烟者。这类吸烟者有强烈的触发习惯和长期的链接需要打破。

## 替代型吸烟者

这类人吸烟的起因是人生中有某种空虚。比如家人的死亡；关系破裂；失业以及其他任何创伤事件，由此触发了某种类型的焦虑，导致这些人试图用吸烟来释放焦虑。他们用开始抽烟的习惯来替代生命中的空虚情绪，填补那个空虚。替代型吸烟者可以在人生的任何时候开始吸烟，通常比身份认同型吸烟者吸得少很多，一般每天不超过十支烟，而身份认同型吸烟者一般一天要一至两盒。

对于替代型吸烟者，催眠的方法就是填补空虚。

## 香烟中有哪些化学成分

**学员分享 ERT 催眠戒烟的成果**

香烟里除了尼古丁，还含有各种各样的化学成分。其中包括氨、盐酸、甲醛等。

### 戒烟建议

让一个人戒烟非常困难，因为很多吸烟者真的不想戒烟。催眠治疗可能会失败，因为他们在对抗你的建议。香烟有双重化学添加剂，糖和尼古丁。每支烟含有大约 8 克糖，差不多有半茶匙的量。要让一个人戒烟，就要移除他对化学物质依赖的习惯、情绪习惯、链接和触发点。

很多人戒烟以后体重增加了，因为他们从来没有解除糖瘾，需要补充这么多年一直在摄入的糖，吃含糖的食物，比如甜食。吸烟者戒烟之后需要自己戒断糖瘾。用硬糖或新鲜的水果，比如苹果和梨来补充，连续几周，每周都减少糖的摄入量。大约需要四周来彻底戒断因为吸烟造成的对糖的依赖。

大部分人都不知道他们吸烟的同时也摄入了糖。

### 戒烟的 ERT 治疗脚本

**集体 ERT 戒烟案例示范**

情绪重置疗法的组成是这样的，让你的来访者带出吸烟的情绪和习惯，然后慢慢地降低这种强烈的欲望、渴求和习惯。从 100% 降到 50%，再到 20%，到 10%，一直降低到来访者无论怎样努力都根本不能带出任何情绪或者习惯为止。

然后带出一种情绪，感觉到健康、幸福，永远摆脱了有毒的烟草，并且让一只手和手臂举到空中。然后绑定信心，做出最后的决定，永远不再吸食有毒的烟草。手臂僵直，无法弯曲，为了让习惯不再回来，绑定信心到手臂上——这样你会 100% 的自信，彻底摆脱有毒、致死、害人的烟草。

## 习惯和情绪重置疗法

这是我移除对香烟的渴求的情绪和习惯的方法。

当我从 0 数到 5 的时候，我要你带出吸烟的习惯，对吸烟的欲望和对它的渴求——就像你现在真的很想要抽支烟一样。你不会感受到这个习惯或者渴求，因为我们要把这个习惯转变成一种躯体运动，从你的头脑和身体里移除掉它。

当我从 1 数到 5，你会感觉你的右手和手臂举到空中，越来越高，随着你带出原来的渴求、欲望、习惯和感觉，你的右手和手臂会越举越高，一路举到空中。

1……2……带出你对吸烟的渴望。让右手和手臂现在一路向上，举到空中，直到手指指向天空。3……4……5，一路往上，直指天空，这是你百分百的旧的对吸食有毒烟草错误的渴求、欲望和习惯，现在，你要放弃它。

当我说"掉"或者"放松"的时候，让举在空中的手和手臂立刻掉落在你的大腿上，释放掉 50% 的吸毒的习惯。当我说"放松"，并从 3 数到 0 的时候，你的手和手臂立刻掉落在你的大腿上，允许你释放掉 50% 的错误、消极、无用、有害的吸烟习惯。

3、2、1、0，手立刻掉下来——"放松！"

你必须学会非常顺畅、有效地说出最后的短语，就像它是从你的嘴里流淌出来的一样，像瀑布一样脱口而出……

现在，我要你带出吸烟的习惯，那种欲望、渴求，仿佛你点燃了一支烟，现在，50% 的那个旧的、毁灭性的、过度反应的吸食有毒烟草的习惯消失了，再也回不来了，哪怕是你想要寻找也找不到了，况且你根本就不想要。因为它属于你的过去，而你不再是过去的那个人。

现在当我从 1 数到 5，你的右手和手臂会立刻举到半空中，只能举到半空中，再也举不高了。因为 50% 的习惯已经消失了。

1……2……让你的右手和手臂现在立刻举到空中，3，举到半空中，4，再也举不高了，因为它就停在那儿了。

现在，5——手和手臂现在举在半空中，不管你怎么努力尝试都举不高了。当我说'放松'的时候，你会让那只手和手臂掉落在你的大腿上，你会立刻让 80% 的那种错误的习惯、欲望、渴求和依赖进入过去，而你不再是过去的那个人了。现在，让手掉下来，'放松！'从头顶到脚趾都深深地放松下来。

现在，那个旧的、无用而具有毁灭性的吸烟习惯只剩下 20% 了，80% 的原来的习惯已经完全消失，就像蜡烛融化在烛光里，再也回不来了。即使你想要寻找，也找不到了，况且你根本就不想要了。今天你要释放掉所有的习惯，取而代之的是一种全新的健康的信念和愿望，拥有光彩照人的健康和活力。因为你已经厌烦了继续毒害自己的身体。

当我从 1 数到 5 的时候，你会再次尝试带出你吸烟的习惯、渴求和欲望——但是 80% 的那个旧的、无用的习惯现在已经消失，再也回不来了，哪怕你想要寻找也找不到，况且你根本就不想要。因为它属于你的过去，而你不再是过去的那个人。当我数到 5 的时候，你的右手和手臂会从你的大腿上抬高仅仅几厘米，因为只剩下 20% 的旧的、无用的吸烟的习惯。

1——现在带出你旧的渴求和欲望。让你的右手举到空中，仅仅几厘米的高度。不管你怎么努力尝试，它再也举不高了，因为那个习惯、欲望、渴求和依赖现在正在离开，远远地离开，就像是大海远远地流向海洋。

当我说"休息"的时候，你会让你的手和手臂掉落在你的大腿上，立刻让 90% 的那个错误的习惯、欲望、渴求和依赖进入过去，而你不再是过去的那个人。现在，让那只手立刻掉落下来，"放松！"从头顶到脚趾都深深地放松下来。

现在只剩下 10% 了，当我从 1 数到 5 的时候，你会尝试带出那个旧的、吸食有毒烟草的习惯，你的右手和手臂会举到空中，只会稍稍抬起 1 到 2 厘米，因为只剩下低于 10% 的习惯。1，2，3，你的手和手臂几乎不能动，4，5，因为 90% 的那个无用的习惯现在已经走了，消失了，不见了，再也回不来了。

现在，让那剩下的 10% 也离开——手掉下来，"放松！"那剩下的 10% 现在也永远消失了，再也回不来了，即使你想要寻找也找不到了，况且你根本就不想要了。现在，100% 的那个旧的、无用的、消极的吸食有毒烟草的习惯已经永远地消失了，再也回不来了，因为它属于你的过去，而你再也不会被过去的习惯和行为所影响。

现在，当我从 1 数到 5 的时候，带出另外一种感觉——感到健康、美好、祥和而自由，可以在做任何事情的时候都不吸食有毒烟草。现在，让你的右手和手臂举到空中，1……2，举在空中的手代表着你的信心和动力，再也不会回到过去，把有害的烟草放进自己的身体。3——让那只手和手臂现在一路往上举到空中。4，更加自信，更加健康，更加自由地活出丰盈的人生。

5，现在，让一个微笑立刻浮现在你的脸上，那是你的自信，终于永远摆脱了那个旧的吸烟的习惯。

现在，每一天，你都更加健康，吃健康的食物，拥有健康的思维，活出极致的人生。当我说"放松"的时候，让那只手和手臂掉落在你的大腿上，全新健康的自我现在可以自由地活出健康长寿的人生。现在，手掉下来，"放松！"现在，你拥有了一个全新的、健康的习惯，享受生命里的每一天。

随着你的肺呼吸着无烟的空气，你的心脏充满了完美的活力和能量，你希望活出健康长寿的人生。

现在，每一天，在每个方面，你都热爱和尊重自己的头脑、肺和身体。每次你吸入无烟的空气，都让你的肺感觉很爽。

在心里跟我默念这些建议。

我爱并尊重自己健康的决定。

每一天，我的肺都在变得越来越强壮，越来越健康。

现在我越来越尊重我的头脑和身体。

香烟有毒，而我不吸毒。

我热爱运动，并且定期锻炼。

我不再受过去的消极习惯的影响。

我吃健康的食物，积极正面地思考。

我永远摆脱了有毒的烟草。

我现在可以做任何事情的时候都不吸烟。

我会健康而长寿。

我接受我的过去，现在我很健康。

我的思维敏锐而清晰。

我把每天都当作一个奇迹去生活。

我热爱并感恩我的健康。

让你的来访者看见他／她在生活中做任何例行工作而没有吸烟。同时让他们想象看见一个全身立镜，在镜子里看见不吸有害烟草的自己，看上去比以前任何时候都开心、自信，更有动力，更加健康。现在，你可以继续给你的来访者积极的建议和视觉意象建议，直到你把他们从催眠中唤醒，感觉到很自信，能够自由地活出健康长寿的人生。

现在，我要你看见自己正看着一个全身立镜，我要你看到镜子里的自己看上去开心又健康；看到自己看上去自信又成功；看到你的手和手指摆脱了那有害的纸烟和烟草；看到自己脸上带着大大的微笑，因为你为自己感到自豪，做了一个最后的决定——拥有健康的头脑和身体，感觉到非常了不起。

现在我要你想象你走进这个立镜里理想的自己。仿佛你现在进入了这个人的身体，跟他合二为一，成为了这个活出极致人生的人。你享受呼吸无烟的空气。这是你的真我，远离所有消极的习惯，自由地享受一个全新健康的人生，每一天都感觉越来越好，越来越健康，成为永远摆脱所有消极习惯的人。

让你的微笑代表你永远不会再回到过去，吸食有害烟草。你的微笑就是你的信心，你做出了人生中最棒的决定！

## 可以用于移除吸烟习惯的附加技术

汤姆·史立福用习惯和情绪重置疗法给学员强化自信

### 1. 增加来访者对这个习惯所带来的疼痛和死亡的恐惧

使用视觉意象技术，走进一个房间，看到房间里都是吸烟者，嘴唇上叼着香烟，皮肤皱缩，布满疤痕和烫伤：

> 想象你自己走进一个房间，人们在里边吸着有毒的香烟。你一打开门，走进房间，就闻到了烟味儿，闻起来就像是皮肉烧焦的味道。看着那些吸烟的人，看着他们的表情有多么悲伤，这些人是多么傻多么愚蠢啊！他们正在毒害自己的身体，他们是在自杀。

> 他们都将面临一种病态的、痛苦的死亡，因为你不再是这些愚蠢的人中的一员了，现在，你选择要健康，并且对这些人感到遗憾。但你帮不了他们。当你走出那个房间，关上身后的那扇门，你也关上了通往吸食毒烟的所有习惯、模式和惯例的大门。你做了一个决定：摆脱有毒烟草，永远不再吸毒。

> 当你关上门的时候，你也关上了通往过去习惯的大门。你能够接受过去，并且继续前行，呼吸没有烟毒的空气。你比以往任何时候都感到自信，成为一个不吸烟者。你不会成为那些人中的一员，躺在医院病房里，因为癌症而奄奄一息。那都是因为他们游戏生命的结果。将疾病、疼痛、痛苦和死亡替换成长寿、健康和幸福。摆脱那些烟草和纸烟。

### 2. 第一次吸烟回溯治疗

回溯到你第一次吸烟的时候，然后从开始的点移除那种冲动和习惯。因为来访者现在能把他或者自我与那种冲动、习惯甚至是过去的记忆分离。过去的图像离开了，因而所有消极的吸烟习惯现在也离开了，消失在过去，再也回不来了。

> 我要你回到你第一次吸烟的时候。我要你马上在你的大脑里看见它。回到你第一次吸烟的场景，看清你吸烟的原因，也看清楚你为什么开始吸烟跟你现在吸烟一点儿关系都没有。在你的大脑中看见那第一支烟，作为一个成年人，你知道你当初吸烟的原因对现在

的你来说没有任何意义。因为你能看见第一次吸烟，你就可以放下它，让它留在过去。

让那个习惯离开现在的你，回到过去。现在的你是自信、睿智、聪明而强大的成年人，不需要通过吸有毒烟草来获得别人的认同、被别人接纳或者证明自己是成年人。当你看到自己第一次抽烟的场景，你可以放下它，与这个习惯分离，让它回到过去，离开现在的你。看着过去的自己，让整个习惯现在都离开你，因为那是你的过去，你被过去影响了很久，现在，所有来自于过去的习惯都结束了，再也回不来了。因为它只是一个过去的习惯，现在已经结束了，现在结束了，现在结束了，再也回不来了，因为它结束了。

现在，让那个记忆消退，让那个吸烟的习惯也消退，消失，消退，消失，现在，永远地离开了。

从今天开始，你不再被过去的情绪或消极习惯所影响。吸食毒烟草的日子已经结束，留在了过去。吸入一种感觉，感觉到非常的健康。你做了一个明智的决定，放下过去。因为它永远也无法回来，把有毒烟草放进你嘴里的那个旧的不健康的习惯也过去了。现在，你的微笑是你崭新健康的人生开始！现在，进入一种更深的、安全的催眠状态。

现在，当我数到 5 的时候，你会回到完全的意识状态，焕然一新，带着生命中崭新的喜悦。这个崭新的喜悦就是你知道自己摆脱了消极的习惯，取而代之的是健康、幸福的选择。太开心了，以至于你现在感觉到一个微笑开始在脸上绽放。当我数到 5 的时候，你会完全清醒，微笑会越来越大。1，微笑越来越大；2，你忍不住要微笑，即使你想忍也忍不住，况且你根本就不想忍住，这感觉如此美好；3，微笑绽放得更大；4，5，充满意识，完全清醒，睁开眼睛，准备好了！

## ERT 戒酒的催眠脚本

使用 ERT，让来访者带出对酒精的渴求和欲望，将这种渴求和欲望转到手和手臂上，删除它。带出 100%，删除 50%。然后让来访者再次带出对喝酒的渴求和欲望，也许是他最后一次喝酒。

你不会感觉到它，但是带出这种渴求、欲望或者是想法。当我数到 3 的时候，让你的右手和手臂举到半空中，代表着仅剩的 50% 的习惯或者渴求。你不会感觉到它，当我数到 3 的时候，让你的右手和手臂举到半空中。1，2，3，右手举到半空中，代表着仅剩的 50% 的喝酒的习惯、渴求或欲望。当我说"删除"的时候，你释放掉另外 20% 的习惯、渴求或对喝酒的依赖。你想象看见 70% 这个数字，代表着 70% 的喝酒习惯会消失。当我拉一下你的手，说"删除"，你的手会立刻掉下来，你会在心里看见数字 70 消失了，70% 的喝酒的情绪、欲望或渴求被删除了，从你的大脑和身体里被擦掉了，从你的人生中消失了。

快速向下压手，并下指令：

删除！擦掉它们。就像是 70 被从你的大脑里彻底地擦掉了，消失了，再也回不来了，即使你想要它回来它也回不来了，况且你根本就不想要了。

然后让他们带出剩余的 30%，手举到空中三分之一的位置，用相同的方式删掉另外 10%，让他看到 80% 的习惯消失了。以此类推，再删除 10%，这样 90% 就会消失。再删除最后的 10%。

这样就没有了，就像写在黑板上或者额头上的数字 0，意味着什么都没有了，找不到它，访问不了，无法连接，因为它已经消失，再也回不来了，即使想要寻找也找不到了，况且你根本不想要了。它进入过去，而你不再被过去所影响。一旦所有的都被擦干净，当我数到 3 的时候，你会尝试带出喝酒的那种渴求、习惯或者欲望，你找不到它了。因为它消失了，就像一小撮沙子被扔在海滩上，消失了，找不到了。就像昨天已经过去，再也回不来了。你的右手会停留在原地，一动不动，因为那个喝酒的习惯、渴求、欲望已经消失，走了，不见了，再也回不来了，即使你想要它也回不来了，况且你根本就不想要了。

数 1，2，3，手仍然停留在原地。做一个渐进放松，然后说：

当我从 1 数到 3，我要你带出一种感觉，感到很开心，很健康，很自由。当我数到 3 的时候，让你的另外一只手一路往上举到空中，代表着你现在摆脱了那个过去的习惯，健康、开心而自由。

从 1 数到 3。

让另一只手举到空中，代表着一个事实，你现在非常的健康，

汤姆·史立福带学员练习 ERT

永远摆脱了酒精的毒害。当我说"安装"的时候，让你的左手掉落在你的大腿上，让这个新的积极的习惯进入你的大脑和身体，感觉到健康，喝健康的饮料，并且感觉到自己终于自由了。现在，你拥有自由，永远摆脱掉那个旧的，无用的习惯。安装！手掉落下来，你现在完全自由，100% 健康！吸入一种感觉，感觉到开心，让一个微笑绽放在脸上。

你的微笑代表着你从那个旧的、无用的、毁灭性的、有害的习惯里解放出来，直到永远。当我从 1 数到 5，当我数到 5 的时候，你会睁开眼睛，精力充沛，微笑着，感觉很开心、健康，踏上了一条新的健康和成功之路。1，2，3，4，5！健康！睁开眼睛，动力十足！

你可以用同样的方法处理抑郁。让来访者带出消极的情绪，或者不管是你想要删除的什么习惯或情绪，让他们感觉不到它，然后用积极的感觉或者情绪替换那个消极的情绪或习惯。记住应该用来访者想要感受到的感觉去替换掉抑郁或者不好的消极的感觉。

## 减肥催眠治疗脚本

贪食者有三种类型：

（1）情绪型贪食者

情绪型肥胖者是因为情绪而吃东西的人，比如因为压力、烦恼、孤独、无聊、挫败、伴侣关系、奖赏、惩罚或者任何一种与吃东西相关的情绪。

（2）条件反应型贪食者（也译作习惯型贪食者）

条件反应型贪食者是因为童年时被训练出来习惯于吃光盘中所有食物的人。比如有的小孩子在盘子里剩饭的时候被培养出罪恶感，因为在其他国家还有人在挨饿。或者是小孩子被鼓励吃光盘子里所有的东西才能得到甜点。条件反应性贪食者有数百万。

（3）潜意识型贪食者

潜意识型贪食者是对放进嘴里的所有食物都毫无意识的人。比如看电影的时候不知不觉吃完一大桶爆米花，或者一加仑的冰激凌；或者是一个人在工作的时候不断地从台面或者桌子上的篮子里拿取糖果吃，没有意识到自己一整天吃了多少糖。潜意识型贪食者是个机械的贪食者，意识不到自己暴饮暴食的习惯。

美国和欧洲有超过一半的人口超重！

## 帮助来访者减肥的建议和脚本

在你开始任何引导之前先与来访者达成合约。

现在开始做催眠躯体引导，并且接上几个加深技术，也可以用渐进放松法。现在，你可以继续往下做了，这是一些脚本供你参考。

现在，你会将所有的情绪从食物上分离。当我数到 3，你的左手和手臂会举到空中，随着这只手和手臂一路往空中升起，你会把所有的情绪跟食物分开。你在释放任何以及所有的情绪型进食行为，不管它是什么，来自于哪里，开始于何时。你同时也释放了过去任何以及所有消极的、不健康的饮食习惯，不管它们来自于哪里。

当我数到 3 的时候，你的手臂（或者右手手臂，或者是食指）抬起，手臂抬起得越高，你越有信心和动力，你会很健康，吃富有维他命矿物质和充满营养能量的健康食物，更热爱定期做体育锻炼，因为你的身心现在对你来说比以往任何时候都重要。你希望自己思维敏锐清晰，身体更加健美健康。

当我数到 3 的时候，你的左手和手臂会举到空中，随着那只手和手臂越来越高地举到空中，你正在释放所有的欲望、习惯或者对吃糖、油脂和油腻的毒药的虚假的渴望。你看清了食物真实的面目。这些食物看上去很好，实际上对你的身体却很坏。它甚至堵塞了你的动脉血管，给你的心脏和身体带来压力。但你不会成为那些因体重超标而死亡的人中的一员，体重太重给他们的器官带来沉重的压力。当我数到 3 的时候，你的左手会举起，一路升到空中，你会随手释放所有进食有害食物的虚假渴望——那些让人发胖的、不健康、不必要的食物。

1……2……3……一路往上，举到空中。现在，我要你想象吃味道很好的健康食物的感觉有多么美好。水果、蔬菜、分量很小的健康主食，享受更加新鲜清甜的水，品尝起来如此的自然甘甜又爽口。现在，让你右手和手臂一直往上，举到空中。现在，高高举在空中的右手代表着你的信心和决心——从现在开始，让所有超标的体重每天都越来越少，越来越少，直到完全消失。你的身体是你心灵参拜的地方，是你的神庙或教堂，你希望它健康、适重、远离毒害。

现在，让你的右手和手臂一直往上，举到空中，直到手指直指天空。健康食物的味道现在更加美味了。现在，让高高举在空中的手和手臂给出新的、健康的积极情绪，吃健康的食物，拥有更多活力去锻炼或散步……那只手也是你全新的健康的信心、动力和渴望，让所有无用的、多余的体重离开，直到它彻底地消失。

你举在空中的左手和手臂是你过去原来的无用、消极的饮食习惯，而你不再是过去的那个人了，你举在空中的右手和手臂是你新的健康的态度、信心、对自己的信任和积极的精神，享受健康的食物，保持健康的思维和更多的信心，积极去锻炼，让每一克（原文为：一盎司，约等于28克）无用的脂肪永远消失。

当我从3倒数到0并说"掉"，让你的双手掉落到你的大腿上，进入更深的美妙的催眠状态。当你的手掉落下来，你会放下所有消极的饮食习惯，接受并记录新的积极健康的人生改变和习惯。3，2，1——0，现在让手掉下来——掉！

手掉落下来，你进入了更深的安宁之中，每一次呼气都在送你进入越来越深、充满喜悦的放松状态。

我要你在心里看见自己现在正在锻炼或者散步，脸上带着大大的微笑，玩儿得很开心，每天都越来越享受锻炼。看见自己在市场上买健康的食物，新鲜水果，新鲜蔬菜，购买新鲜的饮用水。因为你现在选择吃健康的、味道很好的食物，这些食物低脂、低糖、低油。

以下是你可以使用的另外一个视觉意象技术：

我要你在心里看见自己坐在饭桌前吃健康的一餐，注意到自己选择吃小份的食物并且感觉很好。你选择吃健康的蔬菜，并且享受吃水果和小分量的食物。你选择喝一杯新鲜的水，尝起来味道非常不错，你感觉很好。现在，你开始吃这健康的一餐。你正在细嚼慢咽，享受健康食物的美味，获得维他命、矿物质、营养和能量。当你慢慢咀嚼食物的时候，你知道，你正在给自己的身体输送健康的能量。

现在，你喝新鲜的饮用水，感觉非常好喝，自然又健康。你继续吃味道鲜美的健康食物，意识到已经吃饱了就不吃了。因为你已经吃饱了。你不会胡吃海塞，你吃的刚好，当你看着自己盘子的时候，甚至看到自己剩了一些食物在那里，你觉得完全可以接受。你对剩饭没有感觉，因为现在你吃的已经足够了。

每次坐下来吃饭，你都会选择健康的食物。你会选择吃小分量的食物，这些小分量的食物会让你很快就感觉到饱了。

现在，在心里跟我默念：

在催眠治疗过程中，你要把第二人称的"你"改成第一人称"我"……

每次我坐下来吃一顿饭的时候，我会选择吃健康的食物，喝健康的饮料。我会选择小分量的食物。我爱健康食物的味道，蔬菜和新鲜水果很美味。当我吃健康餐的时候，我会花时间细嚼慢咽，享受健康食品的美味。当我吃了含足够多维他命、营养、矿物质和能量的食物之后，我会立刻停止进食。甚至在我感觉吃得足够多的时候，可以剩一些食物在盘子里。当我吃饭的时候，小分量的食物会很快让我感觉饱了，甚至在我感觉吃得足够多的时候，可以剩一些食物在盘子里。我能掌控我吃的食物，我永远不再不加思考地吃不健康的食物，而是选择吃美味的健康食物，获得能量。

现在，进入更深的安宁，身体里的每一块肌肉、每一条神经、每一根纤维、每一个组织都越来越深、越来越宁静的放松。

现在，你也许希望通过催眠暗示和念动反应来激活来访者的身体新陈代谢，这也是将躯体运动和催眠性暗示绑定链接。

以下是减肥脚本，你可以在催眠治疗中的某个时间有选择地使用。

我的脚本大致是这样的：

现在，你越来越深的放松，进入这种安宁的催眠放松之中，从头顶一路往下，直到你的脚趾，我要你激活你身体的新陈代谢，变得更加活跃，更积极有效地燃烧你身体里多余的脂肪和食物。保持眼睛闭着，深深地被催眠。我会慢慢地从 1 数到 3，随着每一次数数，我要你允许自己左手的食指自动自发地抬起，举到空中。当我从 1 数到 3，你会感觉到自己的食指，你左手上（或者右手）靠着你拇指的那根手指，升到了空中，这根手指一直升到空中，你身体的新陈代谢就变得更加活跃，更加警觉，你的食指会立刻举到空中。

1，让它抬起，升高，推着、拉着升到空中，越来越高。现在，只让食指抬高。2，你的手指举在空中，在心里默想：我身体的新陈代谢变得更加活跃，更加警觉，一整天都给我更多的活力。现在，让它举得更高。每一天增加 25% 的活力和更多的能量。现在，3，食指举在空中，现在你身体的新陈代谢每天都增加 30% 或更多的活力，每天都给你更多的能量，去燃烧那些身体里原有的体重和脂肪。每一天燃烧的都越来越多，你感到越来越轻盈，越来越自由。现在，让那根手指立刻掉落在你的大腿上。放松，你身体的新陈代谢现在增加了 30% 的更多的活力，更加的警觉，每天给你更多的能量，脂肪从你的身体里融化，就像蜡烛融化在烛光里。

# 第七章　害怕和恐惧

## 害怕或者恐惧是什么

害怕和恐惧是极致的焦虑。

一种疯狂的恐惧使某个人的身心感到恐怖。

恐惧发生时，人会失控，情绪会爆发。他们的心跳加快，会或轻或重地冒汗。有时候他们的喉咙会发紧，抑制到一个点，也许会感觉无法呼吸，喘不过气来。这造成了对他们中枢神经系统的一种冲击，我们称之为自主神经系统。

也许会产生一种无法控制的逃跑的欲望——这来自于你潜意识的原始区，想要逃离情绪上的痛苦；也可能只是一种冲动，想尽快地逃离恐惧。

原始地逃离危险的本能来自于大脑的原始区。我们头脑的这个区域叫做"旁边缘区"。这是我们的原始反应被触发的区域。害怕或恐惧是由意识心智激活的，通常是通过想到恐惧、想象恐惧或真的看到非常可怕的事物时身体的恐惧表现。

举个例子来说，如果一个人害怕蚂蚁，而他突然在地上看见一只蚂蚁，意识心智用逻辑和推理看见了蚂蚁，计算了视觉信息，恐惧立刻从潜意识心智浮现出来，就像大海中掀起海啸，情绪和身体的火山爆发了，仿佛身体的冲击波像鞭炮一样击中了身体的很多部位，在身体里投下了过量的肾上腺素，制造了整个神经系统的过度刺激。有恐惧症的人会花很多时间研究出逃避方法，避开任何以及所有能够引起他们恐惧反应的情境。这就是我们所说的"逃避"。

我认识一个商人。他不去处理自己对飞行的恐惧，而是到哪里都开车去，甚至去几百英里以外的目的地也开车。再说一遍，这叫"逃避"。

一个人越是努力地要逃避他／她所害怕的事物，大脑越是相信这种恐惧是真实存在的。这被称为逆反应法则。人们做的大部分逃避害怕和恐惧的事情都只是加剧了恐惧，最多也只是帮助恐惧继续存在。

世界上有超过 500 种以上的恐惧，有一些人们每天都在经历。所有极端恐惧症的行为都只是极端的情绪或极端的害怕。

## 人们都怕什么

人们几乎害怕任何事情，包括：洗澡、痒、酸、黑暗、噪音、高、气流、空气、疼痛、空地、野兽、过马路、针和尖锐物体、猫、鸡、大蒜、舆

课堂上演示用 ERT 移除对蛇的恐惧

论、灰尘、乘车、散步、被抓伤、颜色、工作日、书籍、蟾蜍、肉、毛发、惩罚、绸缎、星星、云、蛇、蜘蛛、酒、雨、接吻、胡子、火、木偶，等等等等。

以下是有官方命名的一些恐惧症，只是 500 多种恐惧症里的一小部分。

人偶恐惧症：　害怕布娃娃

毛皮恐惧症：　害怕动物的皮毛。

考试恐惧症：　害怕考试

性欲恐怖症：　害怕性爱

中毒恐惧症：　害怕中毒

工作恐惧症：　害怕去工作

恐水症：　　　害怕水

异性恐惧症：　害怕异性

语言恐惧症：　害怕说话

牙医恐惧症：　害怕牙医

幽闭恐惧症：　害怕封闭的空间

其他的恐惧包括：纸张、气味、酒、灰尘、月亮、黄蜂、亲戚、公牛、大海、贝类、鬼、老鼠、分娩、布道、感到快乐、空地、烹饪、微生物、蘑菇、夜晚、医院、死亡、疼痛、手术、仰望，还有"诉讼恐惧症"——怕诉讼！

## 不同类型的恐惧症

大部分心理学家把恐惧症分为三种不同的类型。

第一类：社交恐惧症

社交恐惧症是一种对社交性、亲密的或者专业的见面有无法自制的恐惧。社交恐惧症的例子有：害怕约会、（工作上的）老板、失败、社会活动或聚会、商业会议、购物、性、拒绝、在人群中、公众演讲，等等。

社交恐惧症变得越来越孤立，将自己封闭在自己的生活领域里。他们越来越孤独，越来越绝望，可能发展成抑郁症、酗酒和毒瘾。仅在美国就有三千五百万人在社交恐惧症中煎熬。

第二类：特定恐惧症

特定恐惧症又被细化为 4 类。

数据：90% 的特定恐惧症患者是女性。

数据：40% 的特定恐惧症患者父母中至少有一个患有恐惧症。

1. 害怕昆虫和动物

臭虫、苍蝇、飞蛾、蜜蜂、蜘蛛、黄蜂、甲虫鸟、蚂蚁、跳蚤、蛇、狗、猫、熊（恐马症是害怕马，恐鸡症是害怕鸡）。

2. 害怕自然环境

高处、水、黑暗、打雷、山、大海、湖泊、日光、雨、悬崖等。

3. 害怕血液和受伤

害怕疼痛、濒死、医生、针、医院、手术、伤口、受伤、事故、流血、见血、摔倒、被杀、药物或者注射。

4. 害怕危险的情境

被困在小空间里、电梯、供乘骑的娱乐设施、高楼大厦、在暴风雪中开车、在暴雨中乘机、洪水、地震、龙卷风、海啸。

第三类：惊恐性障碍（恐慌症）

指一个人没有明显原因的被势不可挡的恐惧偷袭。惊恐性障碍会逐渐加剧，变异成典型的广场恐惧症，害怕走出家门甚至是走出家里的一个房间。

所有恐惧症中能力丧失最严重的，是恐慌发作。这是一种异常焦虑的状况，相对于天气状况来说，堪比龙卷风。一种毁灭性的发作悄然发生，毫无征兆，来处不明，造成严重破坏，然后突然消失。不像特定恐惧症或者是社交恐惧症，人们通常会知道其触发原因。一个人可能有一天在超市里走着走着就爆发了恐慌。

广场恐惧症的现代治疗方法跟社交恐惧症的非常相似，通常是认知—行为疗法配合药物。这种程序一般一周一次，做 10 到 12 周以上。通常会以私人治疗的方式进行。

### 恐惧症患者的比例

社交恐惧症：55% 以上的社交恐惧症发生在女性身上。

特定恐惧症：90% 以上的特定恐惧症发生在女性身上。

这个比例只是说明女性比男性更倾向于坦诚面对状况。

超过五千万的美国人患有恐惧症，这其中有三千五百万人患有社交恐惧症。

## 害怕、恐惧症或者惊恐发作的原因

害怕和恐惧是可以习得的。人生中的某个创伤可以造成恐惧症。童年时期被留在黑暗中；遭遇车祸；房子着火；小狗迎面跑来；看恐怖电影；身体上的虐待；精神虐待；父母有恐惧症被孩子看见并记住了这些恐惧症。

儿童表现出天然的害怕，直到他们长大成人，弄清楚原因。也有一些人似乎有一种泛化的危险和害怕的感觉。有时候对他们来说，把这些难以名状

汤姆・史立福用 ERT 强化学员自信

的害怕押在一种特定的客体上也许有治疗意义。比如怕猫，或者怕蜘蛛。有时候某种特定的恐惧症对一种泛化的害怕来说也可能是回火防火带。类似于一种可控的火焰，能够预防其他的恐惧突然冒出来。

## 二手恐惧

有些人被所谓的"二手"恐惧所困扰。如果你怕蟑螂，可能是因为在你很小的时候目睹自己的妈妈被一只蟑螂吓得失声尖叫。这被称为"二手"恐惧。你妈妈对蟑螂的害怕现在成了你对蟑螂的害怕。恐惧可以在童年时习得。有些医生相信害怕和恐惧受遗传因素的影响。有些医生现在声称他们甚至发现了一种病态性恐惧的基因。意味着一种恐惧症可能是从家族中传承下来的。

害怕是通过刺激消极意象而产生的。

电影、负面的新闻事件、人们向别人描述自己的害怕、读书，这些都会制造害怕，并且这些害怕都没有事实基础，除非这些事实是被人为创造出来的。就像电视上的一种表演一样，比如纪录片，或者观看一部描写有可能在现实中发生的故事的电影，例如人被吃掉或者被鲨鱼杀死。

## 人的气质

气质和情绪控制也许在恐惧症产生方面扮演着某个角色。两个人经历了相同的创伤事件，其中那个十分敏感的人或者是更加情绪化的人更易惊恐发作或者躁狂发作。

一场地震可能会触发某个人的病态性恐惧行为，另一个经历了同一场地震的人可能根本不受影响。

我们听说过多少次有人在一次自然灾害中因心脏病突发离世？

在恐惧症中心的研究测试中，被告知接下来要被电击的测试，对预期的电击会有神经系统反应，其强度跟真实经历电击的恐惧一样强烈。也就是说，思想上和情绪上的恐惧跟真实体验一样强烈！

## 医生和心理医生用来治疗恐惧症和恐怖症的方法

认知疗法是一种意识疗法，包括"渐进暴露法"，也有人叫做"逐级暴露法"。这个方法是慢慢地从惊恐焦虑的外围（最轻微）到内部（最强烈）逐步剥离掉恐惧。慢慢平息警报，每一次都增加刺激的强度。

医生在社交恐惧症和特定的恐惧症处理中都会使用逐级暴露法。

心理医生倾向于以集体治疗的方式处理社交恐惧症，因为这提供了更多的支持系统。跟其他人聚会这一事实可以作为对社交恐惧症的第一次重要反叛。

瑞典的斯德哥尔摩大学已经能够用一种长期的密集性暴露来解决某些特定的恐惧症。社交恐惧症处理的标准方法通常是 12 次一个疗程，或者更多。如前所述，惊恐发作恐惧症的标准治疗惯例通常是一对一的治疗类型。

这种方法是逐步地暴露到这种恐惧和焦虑之中，然后慢慢地克服情绪或者焦虑，每次克服一个层级。从最少的暴露开始，强度逐级递加。比如有人怕血，这种恐惧症被叫做恐血症。

心理医生开始时只会向来访者提出一些单词，比如，伤口、受伤、血，或者是思考或想象有人身上有伤口，或者擦伤了，或者在流血。他也可能给来访者看一张照片，照片上有人在医院里拿着一个小玻璃瓶。

第二次他来的时候，心理医生可能会说"血"这个词，或者给他看一张有人拿着一玻璃瓶血液的照片。他也可能会尝试让这个来访者自己拿着一玻璃瓶血液的照片。然后可能在下一次来访的时候，他会真的带来一玻璃瓶血液给来访者看。第四次治疗的时候，也许医生会鼓励来访者拿起那一玻璃瓶血液。对创伤的暴露在逐步增加，直到来访者能够忍受恐惧为止。

虚拟现实设备现在也被更多的应用于恐惧脱敏。通过让来访者在一个虚拟反应器上与恐惧互动，能够模拟真实的恐惧体验。举例来说，有人开车的时候会惊恐发作。模拟器可能产生在真正开车时真实的恐惧发生的效果，然后通过一种渐进的方法，车速和挑战的强度逐步增加，同时恐惧也加强了，并有望被控制。

如果有人有飞行恐惧，可以使用虚拟现实模拟器让他们感受到就像真的进入一架飞机那样的躯体体验，并且能够体验到飞机起飞、飞行，甚至降落的感受。移动的强度和感觉慢慢地增强，就像他们正在体验颠簸和不同天气状况一样。

医生和心理医生喜欢开处方药，用这些药物做抗抑郁剂，来阻断某些焦虑或者抑制焦虑。这就像在伤口上贴一片创可贴一样，从来不会真的疗愈伤口。帕罗西汀（一种抗抑郁药物）是社交焦虑恐惧症，比如广场恐惧症，首选的处方药物。其他用于恐惧抑制剂的处方药包括氟伏沙明（无郁宁）、百忧解、西酞普兰（西普兰）以及很多其他药物。

这些都是抗抑郁剂或者情绪拮抗剂。它们并不能将一个人从情绪的梦魇中治愈，只是暂时埋藏或者隐藏了情绪的伤疤。

在恐惧症诊断中，医生和心理医生有时会犯错误。比如说有人感觉一直被强迫洗手。这可能意味着一种特定的恐惧——害怕细菌，但临床医生可能会给这个问题贴上一个强迫症的标签而不是某种特定的恐惧症。

汤姆·史立福为高三学生催眠减压

甚至一张飞机的图片都可能引起飞机失事幸存者的惊恐发作。但也说不定恐惧只是一种更大的创伤后应激障碍病例的一个组成部分。不同的情况需要不同的处理。

恐惧症能够从精神和身体上打垮一个人，因为他们感受到的感觉如此真实，而且似乎他们被警告要承受的危险看上去如此严重。

然而，大部分时间危险只是过度反应的想象，他们甚至都不是基于事实的，只是被一种过度反应的负面想象所创造出来的。无论如何，对于正在承受恐惧症的人来说，恐惧是非常真实的。

让我举个例子来说明一下想象力对我们的人生会有多么强烈的冲击。

如果我把一片 12 英尺（约 3.6 米）长、2 英寸（5 厘米）厚、4 英寸（10 厘米）宽的木片放在地板上，让你沿着它从房间的一头走到另一头，你可以很容易地做到。你根本不会思考或者想象任何危险，而是从容地从一头走到另一头。

现在如果我把相同长度的木片放在两座高楼之间，或者是放在两架 40 英尺（约 12 米）的梯子之间，然后让你从一头走到另一头，会有什么差别？被要求的身体的行动是一样的——都在你的身体能力之内……

但这次，即使你有勇气走上木条，一旦你向下看到地面，你的想象力会很容易地让安全变色，感受到恐惧、危险和不可改变的失控的感觉，害怕摔落下去立刻送命。你的身体开始颤抖，心脏开始狂跳，并开始出汗。

你的想象力会创造出如此多的恐惧，以至于你一开始走上木条，摔落的想法会如此强烈以至于几秒钟之内你就会真的从木条上摔倒，从高处跌落。因为你的想象力会说服你，你会摔落，然后你就会摔落。大部分的恐惧症都是由一种极致的过度消极想象引起的。

## 产生恐惧的神经学原理

大脑通过下丘脑给身体里的神经、肌肉、循环系统和抗病系统运载或者"传递"信息和指令。

　　所有的大脑感应图像或者信息——包括心理意象和图像、自我引导暗示以及催眠暗示，都是从大脑传递给下丘脑。它是在髓质里或者说你大脑内部的一个小器官，靠近你的脑干。

　　下丘脑是一个调节箱或者发送器/接收器，从大脑中记录信息，然后通过下丘脑边缘系统将这些信息传达给身体。

　　第一个下丘脑边缘系统被称为自主神经系统。下丘脑边缘系统也掌控着你的免疫系统，负责激活神经肽（天然镇静剂），同时也是身体的能量源。大脑跟身体通过下丘脑联结在一起，催眠能够接进这一链接。

　　自主神经系统是贯穿肾上腺素和脾脏的交感神经系统和副交感神经系统。自主神经系统如果因为极端的情绪而不能正常工作的话，会影响到你的健康，也可能彻底地停摆。这些情绪诸如恐惧、恐怖、极端焦虑或者其他任何极致的情绪体验，包括愤怒、盛怒、极度抑郁、烦恼，等等等等。

　　恐惧和惊恐发作能对你的神经系统产生负面的影响。这种情绪的爆发使神经系统失去平衡，产生对身体的躯体冲击。现实层面上的身体的崩溃带来的结果就是身心失调疾病，也就是"真的"临床疾病甚至是死亡。自主神经系统掌控着我们的循环系统、呼吸系统和新陈代谢。

　　感官图像、视觉意象和口头的暗示可以直接传达到下丘脑。使用或者利用催眠治疗创建与潜意识心智的直接联系可以实现这一点。

## 用催眠治疗技术移除恐惧和恐怖性焦虑

### 字面的直接暗示

　　直接暗示恐惧和焦虑彻底消失了。潜意识大脑非常简单，是孩童一样的大脑。对直接的字面暗示接受度最好。潜意识大脑不区分现实和幻想。只有意识的大脑才会这么做。催眠来访者，在催眠状态下对来访者说，现在，在任何情况下你都会感觉到平静、安全、安心。以下是一个直接暗示的示例。

　　　　当你登上飞机，准备飞行的时候，你会感觉平静和开心。所有以前的飞行恐惧现在都消失了，取而代之的是一种安全又安心的感觉，安心而平静，平静而开心。现在想象自己正坐在飞机上，并且在心里看见这个画面。因为现在你感觉到开心而安宁，所以，看见自己的脸上挂着微笑。

飞机起飞了，你非常平静而安宁。看见自己看上去以及感觉上都很舒适，并且非常放松。你安全地坐在飞机上的座位里，甚至能够安然入睡。飞机飞行的时候，你感觉到整个身心都沉浸在一种温暖的宁静里。

正向愉快的思考，当飞机快要降落的时候，你仍然拥有这种平静、安宁的感觉，甚至因为感觉到"自由"而微笑起来。你的微笑强化了你健康幸福的感觉，甚至让你感觉到兴奋。因为现在你可以在任何时间飞到任何地点，并且感觉到安全、自由掌控以及极度的安宁。以你的心灵之眼看见自己松开了安全带，对自己现在可以平和、安全而安心地在任何时候飞往任何地点感觉到如此开心。

## 催眠后暗示治疗

每次你乘坐飞机，都会感觉到平静、安全、安心而愉快。当你在飞机上找到自己的座位坐下来，你会感觉到这种平静的安宁，从现在开始，你能够在任何时间飞往任何地点，并且体会到这种祥和的感觉，直到永远。现在，立刻感觉到脸上绽放开笑容，代表着你人生中新的自由。感觉到非常开心幸福。当我从 1 数到 3 的时候，你会清醒过来，感觉到开心幸福，并且从现在开始可以自由地飞到任何地点，并且感觉安全又安心。

## 使用情绪重置疗法（ERT）移除恐惧

这个流程会用一个非病态性恐惧的情绪替换掉一个病态的焦虑。这一方法对特定的恐惧症非常有效，对社交恐惧症也一样。它是用积极的情绪对消极情绪的置换。此方法可以从一个人的潜意识大脑中移除恐惧性焦虑，使用

汤姆·史立福进行 ERT 催眠治疗

了肌肉念动反应来释放焦虑。

它包括以下程序：

- 消极潜意识情绪肌肉念动反应——通过躯体上的肌肉动作，带出并移除或者释放掉被压抑的潜意识焦虑、恐惧或者情绪。

- 积极的潜意识情绪肌肉念动反应——通过躯体上的肌肉动作，带出并向潜意识传递积极的情绪、感觉，使潜意识接受它们。

## 情绪重置技术

在你开始引导之前先与来访者签订合约。

现在选择一个自己喜欢的躯体引导技术导入，同时也做几个加深技术。或许你可以选择渐进放松，这样你能够把来访者导入一个接受度非常高的状态。将来访者催眠，进入一个非常深的催眠状态。进行治疗的话需要导入塞塔（Theta）或者德尔塔（Delta）脑波状态。

一旦来访者被深深地催眠了，背过以下脚本，或者读出以下脚本来移除他们的特定恐惧：

> 过一会儿，我会让你想象你正要登机，飞往某地。开始的时候，我要你带出对飞行的焦虑和恐惧。当我从 1 数到 3，你会想象自己真的在那儿，感觉到这种恐惧和焦虑。我会把这种恐惧转移到你的左手和手臂上。当我数到 3 的时候，你的左手和手臂会一路往上，举到空中。你不会感受到这种恐惧，因为它会转移到你的手和手臂上，使你的手和手臂一路往上，举到空中。现在，1，想象你现在就要进入飞机（或者是汽车等）；2，感觉到恐惧现在进入了你的左手和手臂……现在，3，你的手和手臂一路往上，举到空中。

来访者的手和手臂会一路往上，举到空中。

> 当我拉下你的手和手臂的时候，你会从你的大脑和身体里释放掉 50% 的恐惧（然后拉下并抖落来访者的手和手臂，手一掉落到他

们的大腿上，就说："安宁！"）

对来访者说：

我们现在已经释放掉了50%的无用恐惧和焦虑，也释放掉了那过度的想象。甚至即使你想要找回那恐惧和焦虑，你也做不到了，况且你根本不想要它了，因为50%的恐惧已经消失了。

过一会儿，我会要你再次在心里想象，你正要登机旅行，当我从1数到3的时候，你会带出这种恐惧和焦虑，转移到你的左手和手臂上，当它充满你的左手和手臂，就会把你的左手举到空中，但这一次你的手和手臂只会举到半空中，因为50%的原来的无用的焦虑现在已经消失了，再也回不来了，即使你想要寻找，也找不到了，况且你根本就不想要它了。

现在，当我从1数到3的时候，你的左手和手臂仅仅会举到半空中，因为50%的焦虑已经消失了。1，想象你自己在飞机上；2，带出那种焦虑和恐惧；现在，3，你的左手和手臂举到半空中，再也举不高了，不管你怎么尝试，都举不高了。

来访者的手和手臂会举到半空中，停下来。

这是你监控潜意识焦虑的方法。如果来访者的手臂一路往上，举到空中，重复第一步的流程，需要几次就做几次，直到来访者的手臂仅仅举到半空中。然后跟来访者说：

当我拉下你的手和手臂，你的手和手臂会立刻掉落在你的大腿上。80%的无用的过度想象和消极焦虑会离开你的大脑和身体，你会进入更深的催眠状态。

抓住来访者的手，抖动一下，松手让它掉落在他／她的大腿上，说：

现在，80%的无用的消极的恐惧和过度想象消失了。深深地放松。现在，你80%的原有的恐惧和焦虑消失了，再也回不来了，即使你想要寻找也找不到了，况且你根本就不想要它了。你的大脑和身体里现在只剩下 20% 的无用的恐惧和焦虑。因为 80% 的恐惧和焦虑都已经消失了，再也回不来了，即使你想要寻找也找不到了，况且你根本就不想要它了。过一会儿，当我从 1 数到 3，我要你再次带出那个恐惧（飞行恐惧，怕动物，恐高，怕黑，等等）。

当我数到 3 的时候，你会带出对飞行的恐惧。但现在 80% 的恐惧已经消失，从你的潜意识大脑里不见了，再也回不来了。当我数到 3 的时候，你的左手和手臂会仅仅抬高几厘米，再也抬不高了，不管你怎么尝试都抬不高了，因为 80% 的恐惧已经永远消失了，再也回不来了。1，2，现在带出那种恐惧……3，你的手和手臂现在只会抬高到空中几厘米的位置。

来访者的手和手臂只会从他们的大腿上抬起大约 1~10 厘米的距离。

现在 80% 的那个无用的消极想象已经消失了，再也回不来了，即使你想要寻找也找不到了，况且你根本就不想要它。它只是一种过度的想象。当我拉下你的手和手臂，90% 的那个无用的消极的恐惧现在会彻底离开你的大脑和身体。

拉下来访者的手和手臂，说："安宁！"来访者的手一掉落到他们的大腿上，就说：

现在，90% 的那个无用的消极的恐惧和虚假的想象已经消失，永远回不来了，即使你想要寻找也找不到了，况且你根本就不想要它了。

现在仅剩下 10% 的无用的消极的想象，因为 90% 已经消失，取而代之的是一种安全、平静和安心的感觉。当我数到 3 的时候，你会尝试举起你的左手和手臂，你的左手和手臂只会从大腿上抬高 1 厘米左右。因为 90% 无用的消极的过度想象和恐惧已经消失，再也回不来了，不管你怎么尝试都回不来了。因为 90% 已经从你的大脑和身体里消失。当我数到 3 的时候，你会尝试带出你对飞行的恐惧或者焦虑，但 90% 的恐惧已经消失，你的手和手臂只会从大腿上抬高 1 到 2 厘米左右。

1，2，3，尝试带出那个恐惧，你的手和手臂仅仅会从你的大腿上抬高 1 厘米左右。

来访者的手和手臂会从大腿上抬高仅仅 1 厘米左右。走到来访者身边，说：

过一会儿，我会拉一下你的手，你的手和手臂会立刻掉落在你的大腿上，你会释放掉最后的 10% 的无用的焦虑和虚假的想象，同时用一种安全、幸福、安心的感觉替代它。带着它们在任何时候飞往任何地点。

拉下来访者的手，并说：

安宁！现在，100% 的虚假的想象和对（飞行、昆虫等）无用的恐惧和焦虑永远消失了，再也回不来，不管你怎么尝试，都回不来了。因为对飞行的恐惧已经永远消失了。当我数到 3 的时候，你会尝试举起你的左手和手臂，但是你抬不起来，你的手和手臂会停留在你的大腿上，就像它粘在了你的大腿上一样，因为那个恐惧（不管来访者的问题是什么）已经永远消失了，取而代之的是一种开心、平静、安全而又平和的感觉。

当我数到 3 的时候，你会自我测试，尝试带出那个消极的焦虑，虚假的想象。不管你怎么努力地尝试，你的手和手臂动都不会动，也不会抬到空中，因为那个焦虑现在已经永远消失，再也回不来了，即使你想要寻找也找不到，况且你根本就不想要它了。

当我数到 3 的时候，你的手和手臂动都不动，你会感觉到非常的开心，脸上绽放出大大的微笑。现在，当我数到 3 的时候，想象你坐在飞机的座位上，脸上带着大大的微笑，感觉到开心、安全、自由掌控。

1，2，3，你的手和手臂一动不动，因为焦虑和消极的过度想象现在消失了，那个无用的消极的过度想象永远消失了，取而代之的是崭新的自由，感觉到非常棒，非常安全。吸入一种感觉，感觉到开心，因为焦虑已经消失。你现在给自己的人生一个崭新而美妙的自由，你感觉到非常开心。

不管你怎么努力地尝试要带回那个旧的恐惧，都不可能，因为它永远地消失了，取而代之的是一种美妙的、崭新的、开心的感觉，感觉到平和、开心、安全和安心。现在，深深地放松。

当我从 1 数到 3 的时候，你会清醒过来，感觉到焕然一新，安全、开心，并且现在对人生中的任何事情都感觉到自由。（然后把来访者从催眠中唤醒）

汤姆·史立福督导正在练习的学员

# 第八章 强迫症（OCD）

强迫症的特点是侵入性的想法产生了一些不安、忧虑、恐惧或者担忧，通过一些重复的行为，或者是通过一些此类的癖好和强迫行为相结合的方式，意图减少相关的焦虑。

方式有：过度清洗或者清洁，重复检查，极端的囤积，对性的成见，暴力或者宗教思想，对特定数字很反感，焦虑的仪式程序，比如在进入或离开一个房间时开门或者关门一定的次数。

症状可能是疏远或者消磨时间，常常引起严重的情绪和财务上的困难。

行动可能显现为偏执狂和潜在的精神病，然而，强迫症患者通常把他们的强迫症认为是荒谬的，可能会因为这样的认知变得更加苦恼。

强迫症在最常见的精神疾病中位列第四，被诊断出的概率像哮喘和糖尿病一样。

在美国，每50个人中就有一个患有强迫症，包括儿童、青少年和成年人。一半到三分之一的成人报告说从童年时就开始失调，持续不断地焦虑症贯穿终生。

一个一丝不苟的完美主义者、全神贯注的人，或者换句话说，一个念念不忘的人，可能患有所谓的强迫型人格障碍。

强迫症的征兆可以是强迫意念，强迫性冲动，重复的行为，失控的重复行为和焦虑重复的行为模式。强迫症的起因可以是心理上的，生物学上的，基因方面的，甚至是影响神经系统的化学物质与神经递质失衡，比如血清素化学失衡。

处理方法：1. 行为疗法

2. 冥想

3. 电休克治疗

4. 精神外科手术

5. 催眠

强迫症是循环复发的顽固想法，不管怎么努力去忽视或者对抗它们。人们频繁的执行任务或者强迫行为，从与焦虑相关联的强迫症中寻求解脱。一个模糊的强迫观念可能包括一种总体上混乱或者紧张的感觉，伴随着一个信念，当不平衡持续存在的时候，人生不可能像平常一样继续。更强烈的强迫行为可能是一种成见，想到或者是想象跟他们很亲近的人濒临死亡。其他的强迫症可能是感到某物而不是他们自己，比如上帝、魔鬼或者疾病，会伤害患有强迫症的人，或者是他们所关心的人和东西。患有强迫症的人通常都理解他们的强迫性行为与现实不符。极端的强迫症在放弃抗拒强迫行为的时候可以转变成妄想。

强迫症人群执行强迫性仪式是因为他们莫名其妙地感觉他们必须这样做，其他强迫性行为的人这样做是为了缓解源自特定强迫性想法的焦虑。推理是扭曲的。

强迫性皮肤搔抓症或者拔头发，拔毛癖；或者咬指甲，洗手，清嗓子；将物品摆成一条直线；重复核对停好的车是否上锁了，或者是否锁门了；关灯开灯；门要一直关着；触碰物体固定的次数；走固定的路线。

焦虑和恐惧会导致强迫症。

通过持续的强迫冲动和强迫行为，人们趋向于不履行工作、家庭和社会角色。

## 强迫症的生物学议题

血清素被认为对调节焦虑有作用。有些理论认为，强迫症患者接受血清素以后可能相对不易被激发。有些强迫症患者因为使用选择性血清素再吸收抑制剂（SSRI）而获益。SSRI 是一种抗抑郁药，允许有更多的血清素供神经细胞使用。大脑扫描显示他们与没有强迫症的人在不同功能的回路上拥有不同的大脑活动模式，大脑化学物质的失衡，尤其是血清素和多巴胺的失衡，可能会导致强迫症。

强迫症倾向于反复和固执的想法、冲动以及侵入性体验的想象，这导致了显著的焦虑和苦恼。这些是极致的，处于正常的领域之外。人们可能会像强迫症那样采取行动，但差别是临床上重症强迫症患者必须采取这些行动，否则他们就会经历到极大的精神上的苦恼。

强迫症的严重程度由一天当中要花费几个小时做这些强迫性行为以及与此行为相关的焦虑的强度来决定。患有强迫症的人理解他们的行为不理智，

**汤姆·史立福（左一）课间与学员开心互动**

对自己的强迫性行为很不开心，然而还是感觉被它们所强迫，通常充斥着焦虑。

强迫症与毒瘾或者贪吃行为不同，有这些疾病或者依赖型体验的人至少从他们的活动中获得了一些乐趣。强迫症患者不想主动去采取强迫性行为，并且在做这些的时候没有体验到任何乐趣。实际上，他们趋向于体会到焦虑、挫败，甚至是愤怒。强迫症患者会因为长期的压力导致临床上的抑郁。持续的压力状况会导致患者发展出一种麻痹的心境，一种麻木的挫败感，以及一种绝望的感觉。

心理治疗也许可以帮助控制它，药物也可以。行为疗法也以暴露疗法和反应预防法而著称。反应预防法包括逐步学会容忍与不做这些仪式行为相关的焦虑。举个例子来说，离开家门，只检查一次门锁了没有（暴露），而不回去再次确认（预防惯例仪式），慢慢地降低焦虑水平。对病菌强迫的人，在碰到一块儿别人碰过的纸巾时不去洗手。逐渐降低焦虑，这似乎是对强迫症最有效的处理方法。

药物治疗，包括选择性血清素再吸收抑制剂，也叫 SSRI。这类药物防止多余的血清素被吸回到释放它的神经元中。与此相反，血清素能够与受体位置附近的神经元相结合，发出化学信息或信号，帮助调节过多的焦虑和强迫性想法。

抗抑郁药物通常要花更长的时间才能显示出对强迫症的作用，可能需要 3 到 4 个月才能看到任何一点儿切实的改进。医生通常给患者开出大剂量的药物。比如说，"氟西汀"每日的用药剂量通常是 20 毫克。对强迫症患者来说，临床抑郁症每天的用药量在 20 毫克到 80 毫克之间。

仅仅使用抗抑郁药物只能带来部分症状的减少。

精神外科手术通常是最后的选项。手术要在大脑的一个叫做扣带回皮层的区域制造损伤。一项研究表明，30% 的参与者从这个手术中获得了显著的改善。深度的大脑刺激和迷走神经刺激是可行的手术选择，不需要破坏脑组织。

在 80% 的强迫症案例中，临床征兆显示在 18 岁以前他们就对自己不满。

很多患有强迫症的人没有被诊断出来。高中毕业的人群与那些没有上过高中的人群相比，强迫症的终身患病率要低。

强迫症可以从十几岁到 25 岁上下开始发作，男女都有可能患病。强迫症人群可能被诊断为其他的依赖，比如抑郁症、一般性焦虑症、神经性厌食症、社交焦虑障碍、暴食症、妥瑞症、强迫性皮肤搔抓症、拔毛症、强迫性人格障碍。

现在有些研究也表明强迫症也许和药物成瘾有关。很多强迫症患者也经历过惊恐发作。酒精成瘾也许不只是一个应对机制，也可能与强迫行为，比如强迫症有直接的联系。

# 第九章　年龄回溯和前世回溯

回溯治疗在催眠治疗领域里正被越来越多的使用。

回溯治疗基本上分两类。一种是今生回溯治疗，或者叫做"早期年龄回溯"治疗，另一种我们称为"前世回溯"治疗：

早期年龄回溯：是一种催眠技术，把一个人催眠之后带他们回溯到一个早期童年的记忆，或者是他们生命中的一个创伤记忆。所有的回溯要么是部分回溯，要么是完全回溯。

前世回溯：是指把一个人深深地催眠，然后带他回溯到前世记忆，甚至有望从前世记忆中学会某些道理。

今天，很多人相信他们曾有前世。我们当中有些人对某些地方或者不同的时间段有种特别的感觉，但不知道是为什么。有些人承受着某种特定的恐惧或者消极的习惯，但不知道它们来自何处。

轮回，或者我们有前世的假设，在很多不同的宗教里都是公认的仪式，贯穿全球文化。佛教就是基于轮回的一种宗教，也就是我们都曾经活过。甚至基督教的信仰也是耶稣会复活重生。这也是一种轮回的形式——耶稣归来。

前世回溯能够展示什么？

- 真实的前世记忆。
- 一个隐喻或者一个现在正影响来访者生活的问题或者情景的故事。

- 纯粹的想象，基于幻想、梦想、电影或书籍，等等。
- 基因遗传的记忆。

部分回溯：来访者在被催眠状态下记起过去的一些事件，可能只感觉到与事件相关的情绪，比如惊恐或悲伤。部分回溯可能包括一些感官的强化，比如嗅觉和味觉。部分回溯是片段性的回溯。

完全回溯：这种情况是来访者进入一种完整的回溯，所有的感官都被调动起来，真实地经历那个记忆或事件，就像它是第一次发生一样。这只能发生在非常深的催眠状态下，比如梦游态或者在 Delta 脑波状态下。如果意识心智还是活跃的，或者警觉的，那就会对这种回溯造成影响。

部分回溯和完全回溯能够发生在早期年龄回溯中，也能发生在前世回溯中。

做前世回溯或者早期年龄回溯的时候，你要让来访者进入非常深的催眠状态，不要草草了事。温和地推进，花点儿时间让他们彻底地放弃阻抗，进入你能带入的最深的催眠状态。有些来访者可能需要比别人多做一些调

**汤姆·史立福在课堂上示范前世回溯**

试，可能需要先做几次治疗，直到你确定他们在足够深的催眠状态里，能够带他们回溯到过去。在开始引导回溯之前，你可能要先做遗忘或者记忆丧失的测试。这样做只是为了确定来访者的意识心智已经休息，或者暂时离开一会儿。

我建议你开始的时候先做几个躯体引导，然后做一个很长很平和的渐进放松。做完渐进放松之后，我会建议你做一个视觉意象技术，加深催眠深度。

## 回溯用视觉意向隐喻

以下是一些视觉意象隐喻，引导来访者进入回溯。

### 图书馆（录影带）隐喻

你走进一个图书馆，里边有很多书架。你看到书架上有很多书。你挑了一本，抽出来。封页上写着你的名字，你的照片也在上边。这本书记录了你所有的过往，从今天到你出生的那一天，你整个人生都在书里。现在，打开第一页——这是你的今天。很好，翻到下一页……一页一页进入你的过去。很好。现在，翻到你童年时的一段开心时光。在这一页，有一幅图画，你在图画里非常开心。现在，走进这幅图画，你正活在那个快乐的童年里。

这个方法对喜欢读书的来访者（催眠师在意识交流阶段可以获得这个信息）最有效。在这个隐喻的开始，有些来访者可能"看"不清楚。此时，催眠师可以抬起来访者的一只手臂，说："你的手臂举起得越高，这个图像越清晰。"或者用手指触碰来访者的前额，也或者打响指，说你已经打开了灯，他／她现在可以很清楚地看到那幅图。现在，非常清楚。然后，引导他／她重温记忆。

这个隐喻的另外一个变化是走进一个音像店，从架子上取下一盘录有他／她过去的录影带。（这对喜欢看电影的来访者非常有效）在语言上做一点儿小调整，这个隐喻也可以用来带领来访者回到前世（对相信前世的来访者非常有效——尤其对东方宗教信仰的人）。唯一的不同是书（或者录影带）不是他／她的今生，而是他／她的某个前世（当然这是完全想象出来的。然而，对前世的想象通常可能意味着他／她在今生想要的东西）。

## 直接时间回溯

现在，我要你回到昨天的记忆里。你不用回答我，只要点头确认，示意我你回去了。想一下……昨天早晨你在干什么？下午的时候你在哪儿？晚上呢？你做什么了？很好。现在，回到数年前的一件事，……很好。现在，回到你的快乐童年，当你还是个小孩子的时候，非常开心的一段时光。

这更加直接——几乎没有隐喻的回溯。有些来访者会反应良好，不过，有些人则会很困难。如果这个方法不起作用也没有关系，换一种隐喻就好，这里有很多很多隐喻可供选择。

## 博物馆

现在，你走进一个博物馆。墙上有很多油画，这些油画记录了你的生活。现在，你走到一个开心的场景前。你站在这幅画的前面，看着这幅画，画越来越清晰。你走近这幅画，比以前看得更加清楚了。（打响指，或者触碰来访者的额头）

现在，我打开灯，你彻底清楚地看见它。现在，你走进那幅画。你在画里重新生活，回到你这个开心的童年里……

严格来说，这是图书馆／录影带隐喻的一个变形。但是这个隐喻允许来访者选择他／她最喜欢的图片。这幅画可以是他／她开心的童年记忆之一，或者可能是他／她前世记忆之一。这都有赖于作为催眠师的你怎样谨慎地选用语言。没有关系，前世只不过是来访者的想象记忆——也或者它就是那样的？我们真的能够严肃地对待这类体验吗？

下边是另外一些隐喻的简述。原理是完全一样的，但是隐喻的用途不同。

## 乘云或者魔毯

坐在一朵云上，飞越高山和海洋，来访者降落在某地——在过去或者前世。在来访者被深深地催眠之后，你建议他……

……乘坐着一朵云或者一条魔毯，升上高空，缓缓地飞过陆地，飞越高山，飞越海洋，飞过湖泊，穿过沙漠，然后缓缓地在地球上漂浮。现在，这朵云或者这条魔毯停在空中，慢慢地向地球降落，越来越低，越来越往下，现在，当你往下看的时候，会非常清楚地看到地球。现在，云朵或者魔毯轻柔地着陆，当你走下云朵或者魔毯的时候，你看到的每件事物都很清楚。现在，你走进了你的前世，活在前世里，一切就好像是第一次发生一样。当你环顾四周，我要你告诉我现在你看到的一切。

## 海洋意象，海浪拍打着海岸

这个技术对早期年龄回溯到特定的时间非常有效。也可以用于带某个人进入前世记忆。把来访者深深地催眠，Delta 脑波或者深度的 Theta 脑波是理想的状态。接着对被深深催眠的来访者说：

我要你现在想象你正铺着一条毛毯或者毛巾躺在一个美丽的沙滩上。当你看着大海的时候，注意到海浪温柔地拍打着海岸……当你留意到海浪温柔地拍打着海岸，海浪正越来越深地放松你的身体和头脑。我会从 10 倒数到 0，我每倒数一个数字，海浪每次拍打海岸，都在让你越来越深地放松，缓缓地回到过去。

现在，10，……只往回走一天，到你昨天做的事情。9……拍打着海岸的海浪送你回到过去……8……回到数周之前你生活中正在发生的事情，你看得非常真切。7……往回走几年。6……再往回走一些，现在，走到10年以前。5，回到你很小的时候。4，海浪送你回到越来越久远的过去……3……回到你很小很小，还是个小婴儿的时候。2，回到你刚出生的时候。1，继续往下，进入你出生之前，现在，你离开了你的今生，回到了一个前世记忆中。

现在，0。随着你的前世记忆立刻浮现出来，立刻将你的右手举到空中，越来越高，图像和记忆变得越来越鲜明，越来越清晰，因为现在你正活在前世记忆里，你100%地在那里……现在，告诉我，你在哪里，你看到了什么？

当进行一个今生年龄回溯的时候，你可以使用这个大海和海浪的视觉方法，然后就停在你回溯到的那个年龄就可以了，或者是停在你回溯到的那个事件里。

现在，海浪正送你回到过去，当我从10慢慢倒数到0的时候，我要你回到你6岁的时候。现在，10，9，8——往回走得越来越远，你一走回到6岁的时候，你的右手和手臂会举起，一路举到空中。

学员分享回溯体验

7，现在，往后走得越来越远。6，回到你很小的时候。5，现在，回到6岁的时候，允许你的手和手臂立刻举到空中！4，手举得越来越高。3，立刻回到6岁的时候。2，手高高地举到空中，感觉到自己回到了6岁，活在6岁的时候。1，记忆和图像现在非常清晰，手和手臂高高地举在空中。现在，0，你现在6岁，你能够将情绪从画面和记忆中剥离，你现在6岁了。告诉我现在发生了什么，你在哪里？

## 穿过隧道

从一个隧道里出来，到达一个过去的记忆／事件或者是前世。

想象你正沿着一个长长的隧道行走，类似于火车穿行的那种隧道。现在，你正慢慢地走进这条隧道，并且注意到隧道的另一头有束亮光。随着你不断在隧道里穿行，你正走回到你的前世。隧道另一头的亮光越来越亮，越来越强，你能够看到隧道的另一头。继续前行，走得越来越远，回到过去。现在，你看到了隧道的尽头，并且离尽头非常近了。你感觉很棒，因为你正走回过去，进入你的某个前世。

现在，你到了隧道的尽头，看向隧道外，你看到每件事都很清楚。现在，你走出隧道，进入前世记忆，仿佛你是第一次在这个前世中生活。你看到的每件事都非常清楚，因为你现在已经进入了自己的某个前世。现在，当你环顾四周的时候，看到你周围的一切，我要你告诉我，现在你看到了什么？环顾四周，告诉我你看到的一切，你的左手和手臂现在一路往上举到空中，你回到了前世之中，手和手臂举得越高，记忆和画面变得越清楚。你的手现在停留在空中，你活在一个前世记忆里。告诉我你看到了什么？低头看看，在这个前世，你穿着什么样的衣服和鞋子？

## 电梯回溯脚本

从顶层开始下降，停在一个指定的楼层，也就是过去——或者是一个前世。

想象你站在一部电梯前，这也许是你以前乘过的，类似商场里或者办公楼里的电梯；也可能是你现在自己想象出来的一部电梯。这个电梯能够带你回到过去，回到一个早期童年记忆或者是前世记忆里。

现在，电梯的门缓缓地打开了，当你走进电梯，环顾四周，你注意到电梯有 20 层，你正在 20 楼。我要你按 1 楼的按钮，一路往下直到 1 楼，你的前世或者童年记忆就在那里。现在，电梯的门慢慢地关上，你感觉到自己开始一层一层往下走，你正缓缓回到过去。19，往回走大约一天，仅仅记起你大约一天以前做了什么。现在，18，17，回到一两周以前，记起一两周之前你做过的事情。

现在，你记起了你一两周前刚刚做过的事情，让你右手的食指举到空中，记起几周前你做过的事情。现在，让那只手指掉落在你的腿上，往回走得更远。16，15，14，现在，回到几年以前，现在就带出一些几年前发生在你生活里的事儿。在你的心里看见它，让你右手的食指举到空中，几年前在你的人生中发生的事情，那些画面和记忆现在非常清晰。

很好，现在，让你的那只手指掉到你的大腿上，往回走得更远，越来越远。13，12，11，10，回到你很小的时候。9，回到你是个小宝宝的时候。8，7，6，5，回到你刚出生的时候。4，3，继续往回走，穿过今生，暂时地离开今生，回到了前世，你前世的一个幸福时光里。你能够看到，感觉到，甚至触碰到和闻到前世的记忆，你正活在其中。

现在，允许你右手的食指立刻举到空中，你正活在你的前世中，仿佛你是第一次活在其中一样。

2……手指越来越高，越来越轻，越来越高，越来越轻，随着你的手指举在空中，现在，1，让手指举起，一路往上举到空中。你现在在前世回忆里，就像是你正活在这个记忆中一样。环顾四周，告诉我你看到了什么？有什么感觉？

## 有许多门的大房间

把来访者导入深度的催眠之后，建议来访者，他们打开了一扇门，进入了一个大房间。房间里有很多门，每扇门代表着一个给出的过去或者前世记忆。

你现在走进一个大房间，这个房间里有很多门。这些门代表着你的前世记忆。当你看着这些门的时候，你被一扇门吸引了，那扇门就是你想要打开的门。一旦你打开那扇门，你会打开自己的头脑和记忆，能够走进前世的记忆里。我要你走到那扇门和你想要打开的前世记忆里。你一站到自己想要打开的那扇门前，就点头确认。（来访者点头）。你接着

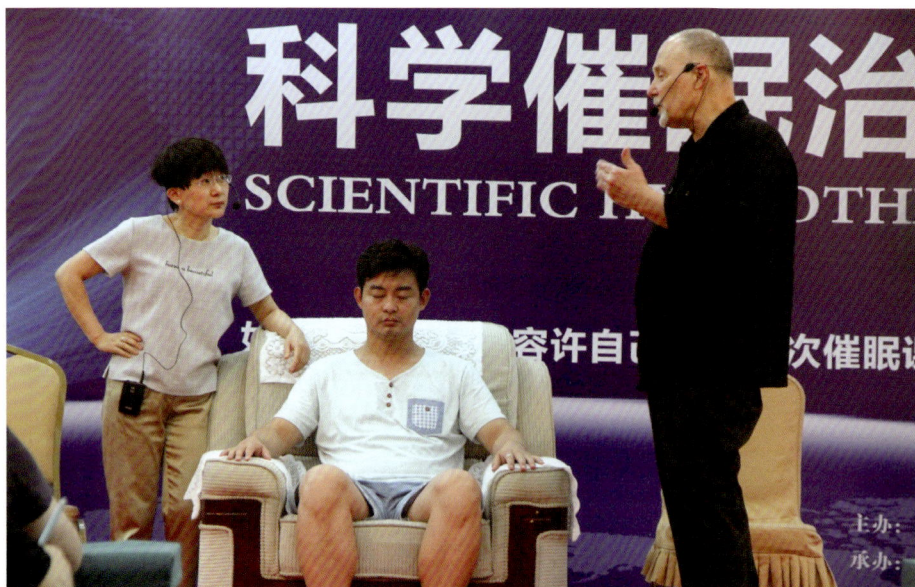

学员体验前世回溯

说"很好。"现在我要你打开那扇门，立刻进入你的前世中去。你一走进前世记忆中，就让你的左手和手臂一路往上举到空中。

手举得越来越高，你活在前世记忆里，画面非常清晰。你现在在自己的一个前世里。我要你低头看一下你在这个前世穿的衣服，告诉我你现在这个前世里穿的衣服是什么样子的？你穿着什么样的鞋子？等等。

把来访者带回过去（或前世）之后，问他／她一些相关的问题："那里有什么？你穿着什么样的衣服？你能闻到什么？你在做什么？还有谁在哪儿？那个人穿着什么样的衣服？天气怎么样？"

这些问题尽量让来访者使用他／她自己的感官，并且引导他／她描述自己的感觉。例如，如果来访者在烤甘薯，就让他／她描述味道或者甘薯尝起来如何，让他／她去碰一下甘薯，试试烫不烫。这些问题是个指引，不仅仅是引导来访者以第三方（观察者）的角度去"看见"过去，而且使他／她以第一人称重新回到过去的体验中。这是时间回溯的一个关键点。

人类的大脑不是录像机，可以保存我们生活中的每个细节。记忆检索的过程也可能很不同，就像图书馆使用不同的归档系统那样——把不同的书放在不同的书架上。因此，使用多种隐喻能够帮助我们识别哪种方法对来访者最有效。这是必要的，当然不是浪费时间。

## 催眠回溯要点

在新手催眠师和经验丰富的催眠师之间有个差别，经验丰富的催眠师会花些时间，一步一步地，耐心而冷静。如果一个给出的引导没有效果，他／她会切换另外一种方法，不会期待立即的结果，不会期待立刻把来访者带入合适的恍惚深度。

对任何人来说，第一次被催眠的经验都是很陌生的，都是一种"未知"。未知创造出恐惧，这会让他／她充满意识。

因此，催眠师应该一步一步引导来访者，从轻度催眠状态开始。然后，通过使用不同的技术，来访者能够被带到更深的恍惚之中。

为了让来访者熟悉这种放松，使他／她能够彻底地放下他们的警戒，这个技术至少要花 20 分钟。重复的（或相似的）词或语言可能对催眠师来说很乏味，但是我们不该这样认为。充分的、一步一步地做完整个流程非常重要。

使用相同的原理，时间回溯不能只到达某一步。人们通常从来没有（或者几乎很少有）机会通过潜意识去检索他们的记忆。所有记忆通常都是在意识状态中回忆起来的（比如参加学校考试），因此，催眠师必须使来访者逐步熟悉用潜意识检索记忆的方式。不要期待第一次尝试就获得最好的结果。来访者也许还没准备好，他们还不熟悉记忆检索的方式。

综上所述，回溯应这样引导：

美丽的自然景观（年龄回溯没有特定的时间段），一个快乐的童年，或者只是回溯到时间段中的某一段快乐时光。

# 第十章　催眠加深技术

以下加深技术应该在你成功地催眠了你的来访者之后再使用。这些技术有助于产生深度的催眠恍惚状态。有一些在前述章节里已经有概述，但是把所有技术放在一个章节里对查阅会很有帮助。

**集体催眠，加深自信**

## 渐进放松技术

与来访者第一次做催眠时，有时我们会推荐用"渐进放松"技术开始。让来访者想象他们的整个身体都慢慢地沉浸在放松之中。

催眠治疗师让来访者想象他们的脚趾和脚开始放松，然后把这种放松的感觉慢慢地往上带，带到腿上、腹部的肌肉上，进入来访者的背部，一路往上蔓延，直到来访者的头顶。

你可以使用视觉意象。比如让来访者想象他们的身体是由1000个松软的橡皮筋组成的，或者他们放松得像个布娃娃一样，也或者只是在一朵放松的云上漂流。用渐进放松法催眠一个人是非常舒缓的方法，它建立在呼吸、放松、视觉技术和意象的基础上。

在给来访者做完渐进放松引导之后，你可以给来访者一个催眠后暗示："下一次我催眠你的时候，你会变得10倍的更深的放松，被深深地催眠。"

## 触碰头顶加深技术

这是用来产生非常深的催眠深度的另一个方法。催眠你的来访者之后，实施渐进放松技术或另外一个加深技术。你可以这样说：

> 过一会儿，我会触碰你头顶的后部，当我触碰到你头顶后部的时候，我要你想象，你的眼皮仍然闭着，眼睛往上看，看向我正在触碰的头顶后方的位置。当我触碰你的头顶的时候，允许你的眼睛向上看，眼皮仍然闭着，想象它发生；当我触碰你的头的时候，允许它立刻发生。

这个躯体加深技术可以有效地产生梦游和深度的催眠。深度催眠的一个指征是快速眼动，另外一个指征是当来访者的眼球向上看，仿佛他们正在向上看向他们的头顶。你有时会留意到他们的眼白，也可能根本看不到眼球，因为他们向上看得太厉害了。

## 锁眼法加深技术

一旦你把来访者催眠了，告诉他们你希望他们想象他们的眼皮锁住了，粘在一起，他们越是努力要睁开，眼皮闭得越紧，无法睁开。

> 当我数到 3 的时候，我要你挤压你的眼皮，紧紧地闭着，它们会锁紧在一起，紧紧地锁在一起，粘在一起，紧紧地锁在一起。当我数到 3 的时候，挤紧你的眼皮，紧紧地闭上，锁在一起，就像有一个夹子把它们紧紧地夹在一起，越来越紧。
>
> 1……2……3……现在挤压你的眼皮，紧紧地闭着，锁在一起，就像它们被胶水粘在了一起。锁得越来越紧，越来越紧，即使你想睁开，你也不能，完全做不到，因为它们紧紧地粘在一起，就像有个大钳子或者大夹子把它们紧紧地卡在一起，让你眼皮的这种紧缩代表压力和紧张，当我数到 3 的时候，我要你放松你的眼皮，漂流进 20 倍的更深的催眠放松之中。
>
> 1……2……3……现在放松你的眼皮，让你的下巴放松，随着每一次呼气，进入 20 倍的放松状态，美妙而安宁。

## 下巴放松技术

每次我在做催眠治疗或者在电视节目秀上的时候，我总是让来访者放松下巴的肌肉。有些催眠师也许会忽略这一点，他们不放松来访者下巴的肌肉。下巴往往是人的身体第一个开始紧张的部位之一，也是身体最后一个放松的部位之一。我对来访者做了渐进放松之后，有时会暗示来访者：

> 我现在会从 5 倒数到 1，当我数到 1 的时候，我要你放松你下巴的肌肉，让你的嘴巴微微张开，想象并且仿佛感觉到有一块儿砝码用绳子拴着，挂在你的下巴上。这块小砝码拉扯着你的下巴打开，完全地放松。5，感觉到你的下巴和嘴巴张开了，放松下来……4……仿佛有两块儿砝码用绳子拴着挂在你的下巴上，下巴和嘴巴继

续打开，随着每一次呼吸越来越放松……3，在心里对自己说："我允许自己放松我的下巴，张开我的嘴巴。我的下巴和嘴巴更加放松了。我的嘴巴张开得越来越大……"现在，2……你深深地放松，被催眠了。1……你的下巴彻底地放松下来，完全地打开，你进入了深深的催眠状态。

# 第十一章　失眠的催眠治疗脚本和暗示

　　这里有两种不同的方法，你可以用来处理来访者的睡眠问题。两种技术都很有效，你也可以将之与其他建议一起使用。例如：如果你的来访者正经受压力，你可以使用一个特定的暗示／技术，然后使用以下方法来解决失眠的问题。

汤姆·史立福示范催眠后加深技术

## 催眠后暗示技术

催眠你的来访者，在催眠状态下对他／她说：

　　我现在要给你一个催眠后暗示：每天晚上你躺在床上，准备好要睡觉的时候，一闭上眼睛，你的整个身体就会放松下来，进入一种深深的催眠放松之中。每一次呼吸都会带你进入更深沉的睡眠，身体放松，仿佛身体里的每一块肌肉、每一条神经、每一根纤维、每一个组织都立刻放松下来，像一百个松软的布娃娃一样。

　　然后一会儿你就会被深深地催眠，从头顶一路往下，直到脚趾都放松下来。你会感觉到自己沉浸在一种深深的放松的睡眠之中，你的意识心智会漂走，游离出去或者只是关掉了。你会从一种催眠性放松的睡眠进入深深的、安宁恬静的睡眠。

　　睡得更沉、更香，越来越沉，越来越放松。当你躺在床上，闭上眼睛，你会立刻放松下来，深深地被催眠，每一次呼气都会自然地放松你的身心，越来越放松，直到你轻松地游离，漂流进深深的、安宁恬静的睡眠。当你躺在床上，闭着眼睛，自己在心里给自己一个催眠后暗示，想着这个词"睡吧，睡吧，睡吧"！就这样，只要仅仅想到"睡吧"这个词，你就会越来越放松了。

## 可以在晚上听的催眠录音

你可以录制一段音频，给来访者晚上听，帮助他们入睡。这会把来访者从催眠直接带入自然的睡眠。如果你在催眠治疗现场录制音频，需要在把来访者从催眠中唤醒之前录制完，停止录音再唤醒。

来访者坐在治疗室里的躺椅或舒适的椅子或沙发上，你说：

　　闭上眼睛，想象你的整个身体都开始放松。

做一个渐进放松，至少做 5 分钟左右，然后做一个视觉放松意象：

告诉来访者自己默默地从 100 往下倒数，每一次呼气数一个数字，同时想着这些词语"深深地放松，深深地睡着"。每往下数一个数，数字都会逐渐消失，越来越远地消失，在他们数到 14 之前，那些数字会彻底地消失。每一次倒数都让他们的身心放松 10 倍的深度，越来越深地放松，越来越深地睡着。

这样做一段时间，让来访者看见自己晚上躺在床上，睡得非常深沉安稳，拥有最好的夜间睡眠。

> 看到你自己感觉多么放松和安宁，感觉到现在自己非常放松，漂流进深深的、安宁的睡眠中。从头顶一路往下，直到脚趾……你是如此困乏，如此放松，仿佛除了进入更深的睡眠，整晚都放松安睡之外任何事都无所谓了。早晨醒来的时候精力充沛。深深地睡着，深深地睡着。

这样继续做一会儿，然后在你唤醒来访者之前关掉录音机，这样可以让来访者会在催眠中多待几分钟。然后唤醒来访者，给他 / 她这份安眠录音。

汤姆 · 史立福在课堂上做技术讲解

# 第十二章 视觉化意象脚本和习惯移除技术

视觉意象已经成为一个非常流行的工具，帮助人们克服人生中的障碍。这个工具是一种心理工具，基于一个人的希望和梦想，通过创造性的想象运作或者内在的视觉化技术来激活积极的情绪和积极的动机，帮助来访者创造一个积极的改变、习惯或者模式。我们发现我们每个人、每天都可以运用视觉意象。但是要正确地做到这一点，你要控制自我对话或者自我暗示。

如果你早晨醒来，对自己说："我今天会过得很好。"运用你的内在视觉意象自己想象，这一天会感觉多么好，你也许可以为自己创造出"很好"的一天。如果你强化"拥有很好的一天"这个意象，一整天都跟自己说："我今天过得很好。"这甚至会成为更美好的一天。

我们在世界上遇到的麻烦，是人们的自我视觉意象有时是非常消极的，这些往往来自于负面的人生经验。大部分有消极习惯或者情绪的人，自己不会使用积极的创造性视觉化想象，因为他们离自己的处境太近了。作为一个催眠治疗师，跟来访者一起工作的时候，视觉意象技术会非常有用。你甚至在治疗的意识认知阶段，就可以一边写自己的"心理处方"，一边创造一种视觉意象建议。这里是几个意象技术，我发现它们非常有效。

## 消极意象黑板

用这种视觉意象技术，我让被催眠的来访者想象他们打开了一扇门，走进一个教室，来到教室前面的一块黑板前。我告诉来访者，黑板上有某些词，代表了他们旧的自我。以下是我对被催眠的来访者描述的内容：

　　闭着眼睛，想象你在学校里，正走向一个教室的大门，推开那扇门，走进教室。你甚至可能会看到自己回到过去一个真实的、熟悉的教室，当年你上学的时候记得的一间教室。当你在教室里张望的时候，看到前面有一块黑板，就是老师用来写字的那种黑板。黑板边上是黑板擦和一支粉笔。

　　你走向黑板，注意到黑板上写了一些不同的词语。这些词代表了你原来那个消极的自我。看到一个词"失败者"，又看到一个词"懒惰"，接着看到"恐惧""伤心""愤怒"（和／或任何其他代表消极的词语）。你看到的每一个消极的词语和情绪，都是你曾经给自己的，或者是别人曾经给你的。这些词语并不代表你，它们不是你，它们只是一些词语而已，对你不再有任何意义。

　　我要你拿起黑板边上的那个黑板擦，现在就拿起来，擦掉黑板上的每个词，擦掉每个消极的词语、想法或者是暗示，不管是你曾经给自己的，还是过去别人曾经给你的。

　　擦掉"愤怒"，擦掉"懒惰"，擦掉"伤心"，立刻把整块黑板都擦干净。

　　如果你把黑板上每个词都擦掉了，点头确认"是的"。（等待反应）

　　很好……现在，拿起手边的那支白色的粉笔，这次，我要你把以下词语写在黑板上。

　　写下这个词语……自信……（治疗师大声而缓慢地拼写这个单词），自信，自己的"自"……信心的"信"……自信。

　　你现在比以前任何时候都更加自信，变得越来越自信，每一天，每一次呼吸，在任何方面。因为你对自己更有信心，你发现自己现在比以前任何时候都更有积极的动力……

现在，马上在黑板上写下"动力"这个词。行动的"动"……力量的"力"……动力……

现在，你在幸福和成功方面更有动力，在健康方面更有动力，更愿意吃健康的食物……你会动力十足，不再沉溺于过去，或者担忧未来……因为你的动力是要把每一天都活成一个奇迹。这带给你内心一种全新的幸福，它既真实，又能量十足。

现在，在黑板上写下"幸福"这个词，幸运的"幸"……福气的"福"……因为你现在是个幸福、健康、更加自信的人，享受每一天，带着更多的对自己和生命的热爱和尊重，把每一天都当成一次奇遇。你发现一种全新的、健康的动力，给你人生的各个方面都带来更多的产出，更多的成功。

现在，在黑板上写下"成功"。成就的"成"……功臣的"功"……

现在，你在自己做的每件事上都更加成功。每一天，你的自信和动力都会增加你的成功，使你成为一个非常幸福的人。现在，你能够得到自己人生中理应拥有的美好的一切。

你在这块意象黑板上写下的这些词语，代表着真实的你，是你的真我，自信、充满动力、幸福，在你做的任何事上都更加成功。

这个视觉意象效果很好，能够移除过去的消极情绪和习惯，改写一个人的人生脚本程序。这种移除消极的心灵净化，能够帮助一个人从意识和潜意识的层面重新编写情绪行为的程序。

## "滴蜡"意象技术

这个视觉意象技术要先催眠你的来访者，让他们视觉化想象自己走进了一个房间，房间正中有一张桌子，桌子上有一支正在融化的蜡烛。蜡烛立在烛台上，蜡慢慢地融化，滴落在烛台上。然后你给出积极的暗示，让来访者放走消极情绪、压力和紧张，甚至是释放恐惧。可以这样给出建议：

> 当你看着桌上的蜡烛，蜡沿着蜡烛慢慢地滴落，想象你的压力、紧张和担忧（恐惧或者消极的习惯等）正在消融、消失，就像蜡从蜡烛上融化了……你留意到蜡烛正在消失、融化，直到彻底地消失不见。你所有的压力、紧张和担忧（恐惧等）现在也正在融化、消失了……
>
> 现在，你留意到蜡烛完全融化、消失了……你所有的原来的无用的压力、紧张和担忧（恐惧或者消极习惯）现在也完全消失了，走了，再也回不来了，即使你想要寻找，也找不到，况且你根本不想要了。你找不到它们，因为它们消失了，就像蜡从蜡烛上融化，那支代表着所有无用的压力、紧张、担忧、恐惧和消极习惯的蜡烛完全消失了，彻底地不见了。

## 使用"大海和海浪"的视觉意象移除消极的情绪

这个视觉意象包括催眠一个来访者，在催眠状态下让他们想象他们躺在一个美丽的沙滩上，身下是铺在沙滩上的一条毯子或毛巾，看着海浪温柔地拍打着海岸。

> 在你的心里想象，你正躺在一个美丽的沙滩上。想象你能想到的任何一个沙滩，甚至也许是你曾到访过的一个美丽的沙滩。运用你的想象力，想象自己铺着一条毛毯或者毛巾，躺在温暖松软的沙滩上……感觉到阳光的温暖，空气中的海腥味，甚至听到海鸥飞过时的鸣唱……一个美丽的私人沙滩……当你抬头看着天空时，你注意到天空中有些小块儿的乌云。
>
> 这些乌云代表着你以前的恐惧和自我怀疑，或者是消极的习惯和情绪……现在，想象有一阵微风轻轻地吹散了这些代表着消极的习惯或者情绪的乌云，从天空中吹走了……直到它们消失不见

了……当你注意到清澈湛蓝的天空，你意识到现在你的身心都很清澈明亮，摆脱了消极的情绪或者习惯。清澈的天空代表着你清澈敏锐的心灵。

现在，想象自己看着海浪，注意到美丽的浪花温柔地拍打着海岸……温柔地拍打着海岸的浪花正在清洗掉你所有的原来的消极的想法、习惯和情绪……随着每一波海浪拍打在岸上，这些波浪都在放松你的身体，给你充满活力，重新激活你的青春，就像海浪正清洗着你的整个身心。

现在，海浪温柔地拍打着海岸，增加了你的信心和自信……每一天，都更加自信……当你注意到海浪拍击着海岸……你变得更加平静、安详、幸福……就像你所有的消极想法和习惯都被净化了……你留意到大海，看着它消退到海洋里去，把你所有的消极习惯和情绪也带走了……因为现在你感觉到仿佛自己焕然一新，精力充沛，带着全新的、激动人心的渴望去活出极致的人生，获得你理应拥有的美好的一切……现在，进入更深的放松。

# 第十三章　针对来访者各种问题的
## 暗示脚本

本章罗列的脚本涵盖了你可能遇到的来访者呈现出各种各样的问题，你可以有选择地使用。

## 信心提升

尽最大可能地把来访者导入最深的催眠状态，然后对他们说：

你现在变得更加自信，因为你正学习如何使用你的头脑，掌控你的头脑，让它每天更能为你做工作。

你是你头脑的主人，你的自信越来越强大有力，因为你比以前任何时候都更爱你自己，尊重你自己。你意识到你允许自己的大脑100%地为自己工作。所有过去的恐惧都消失了，取而代之的是一种安宁的感觉，对自己所说的和所做的每件事都有内在的真正的信心。从现在开始，你100%的自信，没有人能够给你消极的暗示，降低你的自信心，包括你过去的自己。

吸入一种感觉，感觉到很好，允许一个自信的微笑立刻绽放在你的脸上和嘴角上。从现在开始，每次你微笑，都会增加你的自信。你是你人生的主人，现在也是自己忠实的信徒，因为你的两个（意识的头脑和潜意识的头脑）大脑现在都为你工作。就像海浪拍打着海岸，你的信心会不断增长，现在，它始终与你同在。你对自己感觉很好，过去已经结束了。每天你都越来越爱自己，越来越尊重自己，享受成为自己人生的引领者。立刻在心里默想：

我是个热爱自信和幸福的人。

现在，我的自信使我活出有价值的人生，我感觉很棒。

从现在开始，每次微笑，这微笑都会增加我对生活的信心和热爱。

重复积极的暗示对掌控疾病有复合效果。在催眠治疗中，始终用一种积极、热忱、有说服力的态度重复暗示 8 到 10 次。全身心地投入到工作中，强烈的意志和渴望会达成奇迹。坚信作为一个催眠治疗师，你确实能够增加来访者的信心，你一定能。

汤姆·史立福为学员集体催眠

## 放松减压

尽最大可能地把来访者导入最深的催眠状态，然后对他们说：

现在，你在一种很深的放松的催眠状态，白天所有的压力和紧张现在都消失了，从你的大脑和身体里融化了，就像蜡烛融化在烛光里。从现在开始，你会成为一个平静放松的人。立刻想象你的身体就像一百个松软的橡皮筋一样，你感觉到一种宁静从头顶一路往下，直到你的脚趾。你身体的每一块肌肉、每一条神经、每一根纤维、每一个组织都完完全全地放松下来。你享受这种完全放松的感觉，没有什么事或者什么人能够再打扰你，因为你不让任何事情对你产生影响。感受到一种感觉，仿佛你正漂浮在一朵放松的云上。

同时，你也知道，现在，你能掌控自己的头脑和身体，不会再

汤姆·史立福教医生做催眠减压

让你的头脑捉弄你。压力和烦恼只是在浪费你的时间。享受成为你一直想要成为的人,平静而放松,镇定而从容。在心里想象你自己正看着一个平静美丽的湖泊,并且注意到现在湖水是多么平静,现在,你就是这么平静。每一天,你都是更加平静,更加从容的人。昨天已经过去,而明天还在千里之外,现在,最要紧的是享受生活,享受你崭新的、越来越幸福的自己,从容、平静、幸福,成为一个健康的人。

立刻默想……"我热爱这种从容的感觉。""琐事不再让我心烦。""每次我一想到'放松'这个词,我都会立刻放松下来。"

"我现在是更加从容更加健康的人,享受奇迹般的生活。当下最大的奇迹是我与从容、健康和幸福的感觉和谐一致。每一天,在每个方面,我都学着掌控自己的头脑和身体,成为能够把压力、焦虑和烦恼挡在自己生活之外的人。"你现在正在成为一个更加平静从容的人,头脑清晰敏锐,拥有很多积极的能量。现在,进入一种更深的、安宁放松的状态。

## 睡眠剥夺

导入尽可能深的深度催眠状态,然后对来访者说:

你现在沐浴在深度的放松之中,你的意识心智现在休息了,安静而沉默。随着进入更深的睡眠,每一次呼气,你的整个身体从头到脚,完全地放松。在心里想象,看见自己晚上躺在床上,睡得很沉,很平静,很深,很安宁。看见自己看上去多么平静,以及你的整个身体是怎样沐浴在放松之中,一整夜都睡得很沉很安宁。每一次,你准备要睡觉的时候,只需要闭上眼睛,想象一种温柔放松的波浪从你的脚趾尖一路往上,蔓延到你的头顶,你整个身体和大脑都会随着每一次呼气而放松下来,你会漂进一种美妙深沉而安宁的睡眠中去。整晚都睡得很沉,除非(或者直到)你需要醒来。

现在，你能掌控你的头脑，你可以告诉它去想什么以及什么时候去想。你也可以告诉它什么时候停止思考，只是去放松。现在，在心里想象你正在看电视，并且想象这个节目代表你夜间过于活跃的意识心智。我要你立刻走过去，随手关掉电视。立刻关掉，并且点头确认……很好。

从现在开始，当你准备好上床睡觉、闭上眼睛的时候，只要想到关掉了那个喋喋不休的电视机，只要一想到自己按下了关机按钮，或者是按下了遥控器上的关机按钮，你的意识心智就会瞬间沉默，安静下来，并且将停止思考。然后你的每一次呼气都会送你进入深沉安宁而又恬静的睡眠。每天晚上，当你睡觉的时候，你都会睡得更沉、更香、更深、更恬静。早晨醒来的时候，你会感觉到精力充沛。

## 集中注意力

尽可能导入深度的催眠状态，然后跟来访者这样说：

随着每次呼气，你变得越来越放松，你的潜意识心智听到并接受我对你说的每个字。你完美地专注于我说的每个字，因为你可以如此聚精会神地专注于我的话上，你会发现自己一天当中的注意力和专注力也变得越来越好。因为现在你掌控了自己的头脑，让它为你工作。在一整天的工作中，你有完美的注意力和专注力，你的头脑清晰而敏锐。无论何时，当你参与到家里或者工作中（或者课堂上）的一项事务的时候，你能够100%、全身心地专注于这项事务。你的注意力和专注力现在变强9倍，更加强大。

想想放大镜，想想它是多么强大。想想一个显微镜或者望远镜怎么可以把事物看得那么清楚。它们多么强大啊！想象你的注意力和专注力现在就像一个显微镜一样，清晰而敏锐。

现在，你的注意力高度地集中，你可以停止头脑中的疑惑，或者停止过多的思考，你可以让你的头脑停止思虑，立刻允许你的两个头脑——意识的头脑和潜意识的头脑——完全地聚焦专注力。一整天，你的头脑都清晰而敏锐，拥有完美的注意力和专注力。

## 记忆保存

把来访者深深地催眠，然后给出以下建议：

你获得了一个非常强大的大脑和记忆力。每一天，你的记忆力都变得越来越强大，越来越厉害。你的大脑和记忆力吸收知识就像海绵吸水一样。当你想要记住信息的时候，只要把自己的头脑想象成一台强大的电脑，你看到的、读到的或者学到的每件事情都会立刻进入你的长期记忆中。想象自己在椅子上坐下来，面前的桌子或者台面上有一台强大的电脑。想象这台强大的电脑是你的长期记忆。想象电脑上有个刻度表，刻度表上方写着"记忆"这个词。你看着

**汤姆·史立福为大家强化注意力**

这个刻度表，注意到上边有从 1 到 100 的数字。这些数字代表了你保存记忆的能力。

现在你的刻度表上设置的数字是 10。当你看着这个记忆刻度表的时候，我要你把指针一直往上调到 100。现在，将刻度调到 100。因为现在你已经把刻度调到 100，你也把自己的记忆保存能力调高到了 100。每一次当你学习，或者希望学一些对你很重要的信息的时候，你的头脑都很清晰而敏锐，你的记忆很强大很厉害。现在，每一次当你想要调取这些知识和信息的时候，你可以立刻进入你的长期记忆，就像从你的电脑里访问信息一样。你能够掌控你的头脑。每一天，你的记忆力都变得越来越强大，越来越厉害。

## 减肥

作为一个催眠治疗师，你会发现很多客户来找你帮他们减肥。保持健康的关键不仅仅是减掉体重，而是适重健美。一个很瘦的人可能不是健康的。适重健美，意味着你的内在身体是健康的。你的心脏很强壮；你的动脉没有被脂肪、油脂堵塞；你的体内循环功能正常；你的体内保持着化学平衡。适重健美并不是靠你多么瘦、多么营养不良来体现。

有些人外表上看起来超重或者身体有缺陷，但这些人的内在仍然可能比偏瘦的人更健康。如果你去看健美运动员和举重运动员，这些运动员都非常适重健美，但是他们同时也拥有健硕强大的身体。

你希望来访者塑形、体重、身体和骨骼结构平衡，最重要的关键还是健康健美。大部分人有情绪性体重问题，如果你把这些情绪从食物上剥离，有时候所有问题都解决了。进食者分三种类型：情绪型进食者、潜意识型进食者和条件反射型进食者。情绪型进食者吃东西是因为情绪，比如压力、挫败、烦恼、孤独、无聊、疼痛，作为奖赏、作为惩罚或者填补关系的空虚。超过 70% 的与体重有关的问题是基于压抑的情绪或者挫败感。

下一个进食类型是潜意识型进食者。这类人吃东西的时候甚至不知道他们吃了多少。潜意识型进食者看电影的时候可能不知不觉吃完一大桶爆米花或者一盒的冰激凌，或者看着电视吃完了一大包薯片，或者是一天里在工作的时候不断地往嘴里放吃的，甚至没有意识到自己嘴巴里塞满了食物。这种操作是潜意识的、无意识的。

第三类进食者是条件反射型进食者。这类人从小被程序化了——因为在其他国家有人在挨饿，所以他们必须要吃完盘子里的所有食物。过去，有些地区的人吃饭困难，食物不足。所以如果孩子剩饭的话，父母就让他们感到内疚，甚至坚持要求孩子必须吃光盘子里的所有食物才能离开餐桌。这类进食者如果在自己的盘子里剩饭的话会感觉到内疚。

这里有些催眠治疗建议，你可以在帮客户减肥的时候使用：

你现在能够健康地掌控你的人生和你吃的食物。你意识到那种脂肪过多的、油腻的食物以及含糖和化学物质的食物对你的身体有害。你也意识到现在你会允许自己吃好的健康的食物，对你来说，这些食物的味道比以前更好，更自然。

富含维生素和矿物质的食物比以前任何时候都对你有吸引力。你的身体是你心灵参拜的圣殿，现在你希望自己的身体变得更健康，摆脱储存在其中的那些原有的脂肪和重量。

现在自己默想，我要把所有的情绪从食物上剥离，我能够控制我吃的食物以及我放进嘴里的东西。我现在吃很小份的食物就会饱。我喜欢喝很多水，我慢慢咀嚼食物。我爱吃水果和蔬菜。我再也不会毫不思考地吃不健康的食物。我现在对放进嘴里的每口食物都很警觉。每一天，在每个方面，我都在成为我一直就知道的那个真正的自己。远离脂肪，控制我吃的食物。

从现在开始，当你坐下来吃一顿饭的时候，你会选择吃健康的食物，更小分量的食物，并且吃小份的食物使你很快就饱了。你享受喝新鲜的水，每一口新鲜水的味道尝起来都更好，更甜美。

在一天当中，你有更多的精力，可以燃烧掉身体里以前储存的食物，把它们化成燃料和能量，就像蜡烛融化在烛光里。每天你都感觉更轻盈，更健康。

在心里默想：我锻炼或者散步的动力现在也变得更加强烈了，我不是只想锻炼，而是享受锻炼，感到健康——我不再把自己的健康往后拖，明日复明日，或者制造借口欺骗自己了。我做出承诺，把重量、疾病和死亡替换成健康、活力、能量和幸福。

我一直就知道我应该看上去是什么样子，感觉如何。在成为这样的我的路上，没有任何东西、任何食物能够阻挡。

阻挡你减肥之路的任何事物，或者任何情绪现在都消失了，就像大海融汇到海洋里。你能控制自己的头脑，你能控制放进自己嘴里和身体里的食物，并且感觉到非常自豪，现在，你100%地兑现了自己的承诺，释放掉原来所有超标的体重。

你对自己的身体有更多的爱和尊重，比以往任何时候都多。你知道自己现在正在创建一个新的健康的关系，吃健康的食物，这些健康食物的味道现在比以往任何时候都更美味。

当你坐下来吃一顿饭的时候，你会选择吃健康的食物，享受水果、蔬菜和好的健康食物的美味。你会花时间细嚼慢咽，享受健康食物的美味，当你吃饱的时候，你就会停下来，对剩在盘中的食物毫无感觉。

现在，当你吃得足够的时候，你可以很容易地停下来，而不是等到自己感觉吃撑了或者想吐了才停下。你能够控制放进嘴里的食物，也能控制自己的想法。你享受成为真正的自己，越来越苗条、越来越健康、越来越幸福。

我给你的这些暗示都是我创造的，并且在我的个人治疗过程中被证实非常有用。你也应该注意到我的方式，把给出的建议从第二人称改为第一人称。

## 从"你"到"我"

大部分催眠治疗师用第二人称给出催眠建议。我感觉用第二人称和第一人称相结合的方式给出建议，对于获得潜意识更多的反应极其有帮助。对被催眠的来访者说："你热爱锻炼，并且你享受吃健康的食物"很不错。但是想想他们被催眠后，你让他们跟着你默念的话会有多么强大。这个暗示的效果被扩大了无数倍。

现在，想象这个效果，当来访者放松下来，被催眠了，如果你对他这样说："跟着我在心里默默地重复这些话'我热爱锻炼，我享受吃健康的食物。我的头脑清晰而敏锐。我精力充沛。我能控制自己吃的食物。我爱我自己。'"这个技术真的非常有效，会给你更多的成功，带来更大的效果。想想有意识的肯定是多么强大，它们是怎样被应用于生活中的许多领域，去刺激意识的动力和欲望。现在，想想这些有意识的肯定增加了90%，变得更加强大有效，因为在催眠状态下，它们直接进入我们头脑的行动区，也就是你的潜意识心智里。这是通过激活来访者的积极情绪和愿望，将暗示转化成行动。

### 锻炼的动力

尽可能地导入一种很深的催眠状态，然后建议：

你会发现自己热爱锻炼身体，享受每天越来越多的锻炼。现在，任何时候，只要想到锻炼，你的想法就会变成行动，你更有动力变得健康，每次你散步或者去健身房的时候，真的感觉很好。

在通往健康的路上再也没有阻碍，因为你希望自己的身体运作良好，变得强大健壮，所有以前的不健康的想法和不健康的自我破坏的消极活动都消失了。你不再制造借口或者把你的健康推迟到明天或者下周，或者明年了。

你正在创建一个积极健康的锻炼模式，你对做出决定让自己的身心处于巅峰状态感到很开心。立刻想象自己在健身房，或者在散步，或者在家里锻炼。看见自己脸上带着大大的微笑，看见自己看上去幸福、自信，感觉棒极了。跟着我在心里默念："我热爱运动，我能控制我吃的食物，我的身体现在变得更加健康健美。我锻炼的时候精力充沛。没有人能够阻挡我的健康之路。每次我锻炼（骑自行车、散步、锻炼身体等）的时候都感觉棒极了。"

现在你的想象会变成现实。你会允许自己自由地锻炼，越来越多的锻炼。你也发现你的能量水平现在变得更好，每一天，精力都越来越充沛。

吸入一种感觉，感到对自己的决定很自豪，真心地热爱锻炼。允许一个大大的微笑立刻绽放在你的脸上。这个微笑代表着你正在创建一个积极健康的习惯，现在，锻炼是非常有趣、令人兴奋并且令人愉悦的。你会创建一个积极的规律的锻炼，每周至少 3 ~ 4 次。

没有什么事或者什么人能够阻挡你的路，妨碍你拥有一个形象良好、适重、健康、强壮的身体。你过去那个懒惰的自己也不能。

## 强化体育运动

导入你能导入的最深的催眠状态，然后建议如下：

现在，你意识到你从打高尔夫（或者任何体育运动）中获得的乐趣每天都在增强。只是因为你越来越享受它了。每次你打高尔夫或者练习高尔夫的时候，你对这个运动的专注力变得越来越完美。你对自己的能力更加自信，每次你挥杆击球的时候身体的移动更加自如。在运动或者比赛的时候，你平静而放松，带着快乐而积极的态度，比赛时所有的干扰都消失了。因为你周围的声音和噪音不会以任何方式打扰到你，事实上，它们会提高你的注意力和专注力。

现在，立刻默想，我热爱打高尔夫球，当我击球的时候，我的身体自如地移动，我的心智完全专注在我的运动上，我的注意力清晰而敏锐。我给自己允许，尽我最大的努力就好。现在我打高尔夫的时候有更多的乐趣，所有对获胜的恐惧和担忧都消失了。我能够成功地玩得很好。当我打高尔夫的时候，我总是处于巅峰状态。我每天都越来越喜欢打高尔夫。

你现在正在提升你的运动成功的水准，高达100%，同时释放掉所有的压力和自我怀疑。现在，你越来越享受并热爱打高尔夫。你在这项运动中的表现和愉悦让你自由地发挥出你最好的能力。

保持眼睛闭着，在心里看见自己，准备好要击球了，看见你自己挥杆击球，正击中你想要击中的位置……现在看到球落地，点头确认"是的""很好"。

你现在将提高你的运动成功的水准和稳定性。因为现在你的两个头脑都为你工作，所有的心理障碍都消失了，就像冰溶化成水。每次你微笑，都会增强你的专注力、注意力和对打高尔夫的信心。

当我数到5的时候，你会醒来，脸上带着大大的自信的微笑。这个微笑代表你提高了自己运动方面的水准和乐趣，不管是打高尔夫或者任何其他你参与的运动。

## 成功动力

催眠是个很棒的工具，帮助人们提升动力，实现目标。有多少人是健身房的会员但却似乎永远没有动力去锻炼？很多人缺乏动机或者完全没有动力，这需要潜意识的驱动力，很多人因此失败。动机就是情绪的驱动力。

大多数人的动力水准被消极习惯和模式所主导。动力的反面是拖延症。想想你不能要求升职或开创自己事业的那些借口，可能仅仅与你没有成功的动机有关。如果你的潜意识没有被编好程序为你工作，那它就习惯于跟我们作对。

这就是受限的人生程序。大多数人有受限的人生程序，因为他们的意识和潜意识不能作为一个整体来工作。你的潜意识头脑识别意识的想法并与之相关联。有许多人默默地给自己消极的暗示："我做不到。"或者"她不会喜欢我的，那为什么还要去尝试呢？"或者"如果我失败了或者输了怎么办？"
等等。

把来访者深深地催眠，然后使用以下建议：

现在，你非常放松，深深地放松。你的潜意识心智对我的积极
建议变得越来越敏感。你现在允许一个崭新、健康的动机来到你的
生活中，它会帮助你积极、健康地掌控你的头脑和想法。你知道，
你再也不会让你的头脑捉弄你了。通往成功的一个强大有力的驱动
力开始在你的内心成长，并且将会推动你，允许自己获得自由，在
你生活中的每个领域都拥有自己成功所需要的动机和信心。每一天，
你都越来越热爱自己，尊重自己。没有人能够阻挡你的路，哪怕是
过去那个懒惰恐惧的自己也不行。你将获得自己理应获得的最好的
一切。

跟着我在心里默念：

我爱我自己。我做的每件事都很成功。

我对自己有十足的信心。

我的动力驱使我成功。

我喜欢每一天都更加成功。

每一次我微笑，都会增加我的自信。

每一天我都更加成功。

我过去所有的恐惧都消失了，再也回不来了。

我享受自己的人生游戏。

我是我头脑的主人，我的头脑为我工作。

我见证我的想法，运作我的头脑，我的头脑运作清晰敏锐。

恐惧和烦恼是在浪费我的时间。

在我做的每件事上、我人生的每个领域、我的每一个想法上，
我都热爱成功，并感受到成功。

在大脑里勾勒出一件事情，是你拖延了好久而没做的，或者是
你设定的一个目标但从未实现的。现在，我要你看到妨碍你实现自

己目标的事物。……现在，不管是什么挡住了你实现目标的路，只要看着它消失，突然不见了，它走了，再也回不来了。哪怕是你想要找回来，也找不到了。况且你根本就不想要它了。你旧的自我已经消失，你可以接受这个事实，你的崭新的、健康的、动力十足的、成功的自己才是真正的你，现在就在这儿，永远在这儿。

立刻深吸一口气，感觉到动力十足。每次你深呼吸的时候，都会吸入一种感觉，在自己做的每件事上都感到充满自信。现在，你是一个做每件事都很成功快乐的人。当你是积极的，只是尽你的能力去做到最好的时候，你会持续不断地提高你的成功水准。每天你的动力和积极的能量都在增加，持续不断地提升你的成功水准，直到100%。

## 疼痛控制

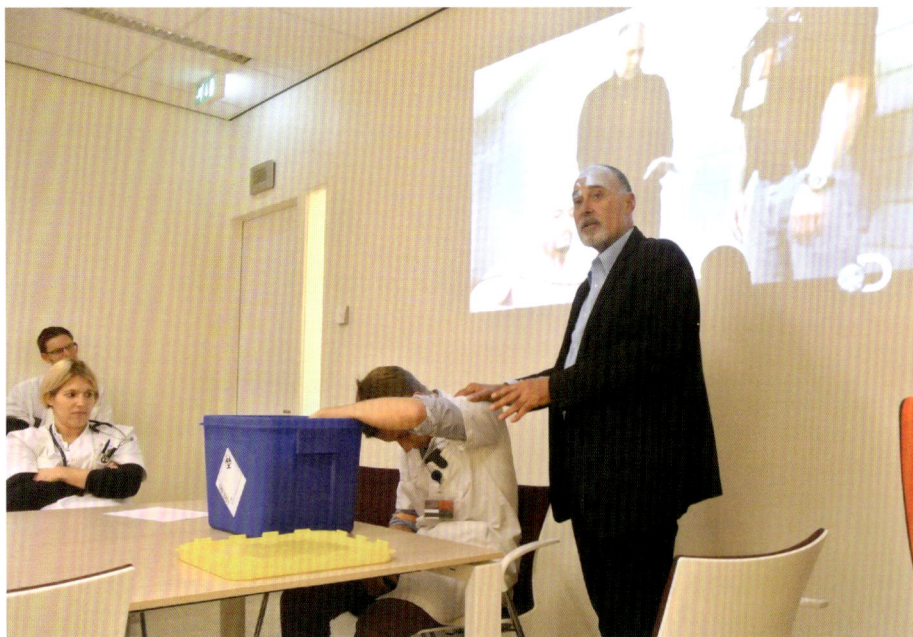

汤姆·史立福在课堂上为医生示范冰水催眠镇痛

疼痛可能是真的，也可能是想象出来的。人们感受到的疼痛有很多不同的类型，这些疼痛的强度也有不同的分级。医生开出很多不同种类的止痛药，帮助人们处理这些身体的不适。医生们说有些疼痛是心理上的，甚至跟身体的问题或伤痛无关。

催眠被用来处理和控制疼痛很多年了。这些止痛药被称为神经肽或者神经麻醉剂。它们是缓释疼痛的化学物质，能够激活催眠状态。我们的头脑和想象能够放大疼痛的等级，可能会感到无法忍受的等级。现在，有人做了很多令人惊叹的研究，用催眠来控制疼痛。这个领域里也有一些很好的研究和探索的书籍出版。以下是一个建议范例，可以用来帮助来访者降低疼痛带来的不适：

导入催眠之后，建议：

> 随着每一次呼气，你整个身体现在都变得更深、更安宁的放松。你漂流进越来越深的安宁之中。想象一种清凉将你包围，仿佛你全身的每一块肌肉、每一条神经、每一根纤维、每一个器官都冷却下来，变得平静。想象你正看着一条和缓的小溪从一座小山上蜿蜒而下，而你正躺在一条毛毯上，在这清凉澄澈的水边休息。
>
> 想象你看着那溪水，看见溪水从圆润的岩石上漫过，溅开水花，仿佛要保持它们的清凉、洁净和新鲜。想象那清凉的水缓缓流过岩石，代表着你自己通体都被冷却了，放松了……每一次呼气，所有的压力和不适都被释放了，取而代之的是一种清凉、平静、安宁的感觉。当你想象着自己还在看着那清凉澄澈的溪水的时候，想象自己身上的那个部分，你感觉到不适或者有疼痛的部分，想象这清凉的溪水缓缓地流过那个部分，把它冷却下来，清凉、平静……放松……感觉到安宁……就像是你立刻关掉了所有不适的开关，取而代之的是一种清凉和宁静。感受到放松、美好和安宁。
>
> 每一天，你的身体都变得更加健康，运作得更好……并且……所有的不适都将离开，越来越远……

## 戒烟

要让一个人戒烟是非常困难的。因为很多吸烟的人真的不想戒烟。催眠治疗可能会失败。因为他们在对抗你的建议。香烟有双重化学添加剂，糖和尼古丁。每支烟含有大约 8 克糖，差不多有半茶匙的量。要让一个人戒烟，就要移除他对这两种化学物质的依赖，以及情绪和上瘾的习惯。

很多人戒烟以后体重增加了，因为他们从来没有解除糖瘾，需要补充这么多年一直在摄入的糖，吃含糖的食物，比如甜食。吸烟者戒烟之后需要自己戒断糖瘾。补充几周的硬糖（比如麦芽糖），每周都要减少糖的摄入量，大约需要 4 周来彻底戒断因为吸烟造成的对糖的依赖。大部分人都不知道他们吸烟的同时也摄入了糖。

催眠你的来访者，给出一些积极建议以便戒烟：

你做了一个决定，停止吸食有毒的烟草。你为自己的决定感到自豪。并决定将疾病和死亡替换成寿命、健康和幸福。每一天，那个旧的想要吸烟的习惯和模式都会从你的头脑和身体里消退，你摆脱了吸烟和有害烟草。吸食有毒的香烟，就好像将你的嘴搭在一个肮脏的汽车排气管上，吸入有毒的尾气烟雾，你永远也不会那样做。香烟跟尾气一样有毒，而你不再吸毒，不再像通过汽车排气管吸入尾气一样地吸烟。你的愿望是保持健康，只摄入健康的食物供养身体。

现在，你热爱吃健康的食物，并且拥有锻炼的动力。每天，你的肺都享受呼吸新鲜的空气。在你的心里想象并看见自己，不吸食有毒烟草地去完成每件日常工作，因为那个习惯、渴求、嗜好和吸食有毒烟草的欲望已经离开了你。它只属于你的过去，而你已经不是过去的你了。

你掌控自己的心灵，并且你做了一个决定，停止毒害和毁灭自己。你再也不会制造任何借口，拖延任何有助于自己身体健康的事。你开始养成能够增加和改进健康的习惯。你想要活出长寿和健康，纸烟或者烟草再也不能阻挡你的健康之路。你再也不玩俄罗斯轮盘赌的赌命游戏了。

看见自己站在海边，你手里拿着最后一包毒烟……现在，将那最后一包毒烟投出去，抛进大海……看着那包毒烟溅起水花，被海水带走了……漂走了……消失了……现在，这个习惯和嗜好也永远地走了，回不来了……想想这种感觉多么美好，不再吸烟……想想现在你正变得多么健康……更有智慧……更自信，更幸福……吸入一种感觉，感到健康并且永远摆脱了那个毒品……你的微笑就是你的信心，永远不再吸入有毒烟草，恭喜你做出这个健康的决定，成为一个永远不吸烟的人。

## 跟来访者的医师合作

作为一个催眠治疗师，记住你的位置是要成为医师的助手，你不能取代医生。跟医生们合作，一起工作。他有他的治疗方法，你有你的。一起合作，会在治疗人类疾病方面获得显著的效果。

注意：大部分情况下，处理身体疾病的时候，需要根据医师的推荐，作为一种辅助的治疗或者通过医师直接转介。

**汤姆·史立福在国外授课**

# 第十四章  录制一段 30 分钟的催眠治疗音频

包括一份书面脚本，用于预催眠的自我介绍，在催眠会谈开始之前预催眠你的来访者。

制作一个见面会谈前使用的信息介绍录音 CD，介绍一下催眠是什么，澄清催眠不是什么，附加上一个催眠放松引导。

在这个录音 CD 中，给来访者一个催眠后暗示，当他们来找你催眠的时候，会立刻进入深度的催眠。

以下是预催眠录音 CD 的脚本，我总是让来访者在做实地治疗之前先听完。整个引导过程和暗示都伴随着放松的音乐做背景音。

你好，我是 ＿＿＿＿。我是一名临床催眠治疗师。我已经在临床催眠治疗领域里工作了很长时间，帮助全世界的人们改变他们的人生。

你知道，催眠术和催眠治疗是一门科学。你们当中的每个人都曾经被催眠过。当你开车的时候，做白日梦的时候，无意识自动驾驶的时候，你都被催眠了。当你看电影的时候，专注于电影本身，你开始感受到了电影里的情绪。那是一种专注力高度集中的状态，也被称为环境催眠。

音乐能够将我们带入一种易于接受的状态——当你听到自己喜爱的歌曲，会突然间记起很久之前的想法和感觉。所以，你们当中的每个人都曾经被催眠过，也许不是被一个临床催眠治疗师催眠，而是被环境所催眠。

从出生到大约 3 岁，每件进入我们大脑的事情都直接进入了我们的潜意识大脑。作为小孩子，我们就像海绵吸水一样吸收信息。我们吸收了信任、爱、自信、理解、心口一致、安全感的暗示，或者有时候我们获得了一些消极的暗示，比如恐惧、困惑、误导、痛苦和遗弃。这些积极和消极的信息单元实际上就创造了我们所说的人生脚本。

我们的潜意识大脑占我们心智力量的 90%，这就是为什么对很多人来说，仅仅用他们的意识大脑去做一个积极的改变如此困难。大约 3~5 岁的时候，我们开发出了自己意识的大脑——这部分大脑用来进行逻辑和推理。通常在大约 4~5 岁的时候，我们开始学习数学、阅读以及理解信息。此时，我们在意识和潜意识的大脑之间创造了一道屏障，也就是我们所说的大脑的批判区。这也是我们需要突破的屏障——通过暗示、放松、视觉意象来突破——进入你的潜意识大脑去创建人生中的积极改变。合理地释放掉恐惧、自我怀疑、减肥、戒烟，提升你的心智和记忆，从而真正地提升你一生的成功水准。

2017 年唤醒营催眠学员合影

催眠是一门奇妙的科学，因为我们运用潜意识大脑，也就是90%的心智力量去创造人生中积极的改变。而我们目前使用的仅仅是大约10%的意识的大脑。这再次说明了为什么我们大部分人要做一个人生的改变会如此困难。除非我们能够在潜意识大脑中创造并完成这个改变。

现在，你在这里，要在今天寻求一个美妙的机会，允许自己被催眠。在我们催眠你之前，我会先跟你聊聊，弄清楚你的目标是什么，然后帮助你实现这些目标。我也会把今天的会谈录下来，以便你带回家，当作一个强化程序的工具去使用。你了解联想和重复法则——每次一个潜意识的暗示被接受，它都会变得越来越强大，越来越有力量。

这样，消极的习惯和消极的情绪就变得越来越弱，直到最后溶解、消失。我要你使用今天我们将要录制的这段录音，至少每天一次，持续大约20天或者更多日子，或者直到你对这个即将由你创造的新的积极健康的改变完全满意为止。

催眠确实是一门科学——这被美国医学协会、美国心理学协会及很多英国的协会所认可。众多临床医生、精神治疗医师和心理学家都已开始实地应用催眠术和催眠这一美妙方法。

现在，我们要开始了，我们首先要让你进入一种非常放松的高接受度状态——你越能放松你的身体，你意识的大脑就越放松，潜意识的大脑对我们将要给你的那些积极暗示的接受度就越高。当我们催眠你的时候，你非常的安全，受到很好的保护，你甚至能觉察到过程中的每件事情。

你看到的电视节目秀或者电台进行的催眠秀，都是发生在非常深的催眠状态下的演示，此时催眠师展示了非常具有创意的例行表演或者暗示典范。

如果你的潜意识大脑能够接受想象的话，它就可以接受现实，帮助你更加幸福，更加成功或者更加自信——不管这个积极的改变是什么，都将帮助你提升你人生脚本中的成功水准。

我们当中的很多人在自己的幸福、健康和成功中都是如此受限，因为在我们很小的时候被植入了这些消极的信息，甚至有时候是随着我们长大而获得的那些消极的暗示。

你知道，就像我提过的那样，看电影可以催眠你，你应该对此非常警觉，因为如果你正在看的是一部消极的电影，这可能会创造出一种恐惧，这种恐惧有可能会伴随你很长时间。举例来说，电影《大白鲨》在人们的心里创造了太多有关大海和鲨鱼的恐惧。它只是想象，但是，我再说一遍，因为你的潜意识大脑对这些情绪完全敞开，消极的恐惧就被传播进来。

所以我们今天要做的是，我会催眠你，帮助你改变你的人生，变得更加幸福，更加健康，实现你的目标——这也正是你今天来见我的原因。

再说一遍，我会要你使用今天我们将要为你录制的这段录音，至少每天一次，持续大约 20 天或者更多日子。

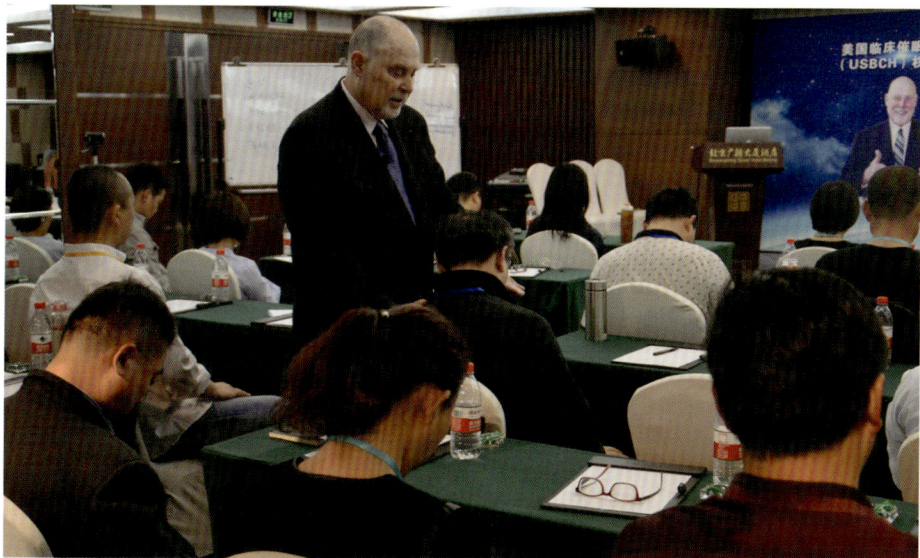

课堂瞬间

这是在来访者到来之前对催眠介绍部分的结尾。它应该消除人们对催眠的任何恐惧，给他们一些与大脑工作方法相关的背景信息，同时建立起对催眠能力的信念体系，说明它能如何改变来访者的人生。

## 渐进放松脚本

现在，我们要开始了，接下来我们要做的，就是让你有点类似于放松，习惯于身体放松时候的感觉——被催眠。

我要你不假思索地完成我要你做的每件事，也就是说，我不希望你分析这个过程。在你来见我之前，我要你跟着感觉走，享受当下你所拥有的这种美妙的体验，被深深地催眠。

现在，我们就要开始了，我要你双手平放在大腿上，看着你的手，然后我们就开始。

现在，我们就要开始了，这是一个美妙的机会，允许自己被催眠，非常容易接受我们今天将要给你的积极暗示。

再说一遍，我要你立刻、不假思索地完成我要你做的每件事。

现在，你的双手在你的大腿上安静地休息，我要你看着你的手，因为它们放松地放在你的腿上，我要你放松你手上的肌肉……让你的手变得非常松散、柔软、放松。

放掉所有对手部肌肉的控制，让它们在你的大腿上放松下来。

现在，我要你做的就是闭上眼睛待一会儿，保持眼睛闭着，想象温暖的感觉。你的双手放松地放在你的腿上，一种温暖柔和的温度从你的手上蔓延开来。

放松双手的肌肉，它们如此放松以至于你的双手和手臂也放松下来。双手放松地放在腿上，你感受到了来自双手的一种温暖和沉重。

现在，睁开眼睛，再次看着你的手，放松你的双手，现在，我要你把注意力专注在你的呼吸上，留意到你的每一次吸气，每一次呼气。

现在，我要你深吸一口气，深吸一口气，屏住呼吸5秒钟，屏住，屏住，现在，呼气，感觉到你的眼皮越来越沉，越来越放松，当我数到 3 的时候，我要你闭上眼睛。

再深吸一口气，屏住呼吸 5 秒钟。

当你呼气的时候，你就呼气，现在，3，闭上眼睛。

保持眼睛闭着，我要你专注于放松你的双手，它们放松地放在你的大腿上，专注于从你的双手蔓延到你双腿的那种温暖柔和的温度。

保持眼睛闭着，当我从 10 倒数到 0，每倒数一个数字，都会让你进入越来越深的放松。

随着我从 10 倒数到 0，我要你想象一种感觉，仿佛你正站在一部 10 层的楼梯上，楼梯上有着安全的扶手。

它可能是房子里、办公室里或者商场里的楼梯。也可以是现在你大脑里能想象出的任何一个地方的楼梯。

运用你的想象力，随着我从 10 倒数到 0，每倒数一个数字，都会让你进入越来越深的放松。

从 10 往下走，每一次呼气都更加放松。9，8，深深地、安宁地放松。7，周围的声响和噪音都只是日常生活中的声音。6，它们不会打扰你或者分散你的注意力，只会让你更加放松。5，我的声音开始让你放松下来，催眠你。你非常安全，完全受到保护，你可以在任何你想要清醒的时间清醒过来。但是我要你现在允许自己放松就好。2，1，0，越来越深地放松。

保持眼睛闭着，我要你想象一种酥酥麻麻、温暖的感觉进入你脚部的肌肉，感觉到你左脚变得放松、松散、柔软；允许你右脚的肌肉变得松散、柔软，放松下来，就仿佛当下有一种酥酥麻麻、宁静舒缓的放松进入了你脚部的每一块肌肉，每一条神经，每一根纤维，每一个组织。你做得非常完美。

我要你把那种舒缓放松的感觉从你的脚上和缓地往上带，让它进入你的脚踝、你的小腿，温柔地放松、放下。仿佛你的身体是由一百个松散柔软的布娃娃做成的一样。

仿佛你正在一朵放松的云上漂浮着。现在，这种舒缓的放松和缓地流经你的脚踝和小腿，一路往上，到达你的膝盖。

从你的膝盖一路往下直到你的脚趾尖，整个下半身都很平静安宁，放松下来，仿佛昨天已经过去，而明天还在千里之外。

想象一种感觉，仿佛有人拔掉了你身体里的一个塞子，昨天所有的紧张和烦恼都消失了，就像蜡烛融化在烛光里，又像洋流消弭在大海里。

感觉到你下巴的肌肉放松下来，随着你的每一次呼气，慢慢地张开嘴巴，放松下巴所有的肌肉。

同时，这种舒缓放松的感觉和缓地流经你的膝盖，进入你的大腿和臀部，仿佛从你的臀部一路往下直到脚趾尖，都宁静祥和地放松下来。

现在，我要你放松你腹部的肌肉，深吸一口气，呼气的时候释放掉所有的压力和紧张，释放掉过去所有曾经的烦恼。放松你腹部的肌肉。

现在，将这种放松带到你的后背部，想象有一百只小手指在按摩你背部的肌肉，你的脊背、椎骨和肩膀。

允许你肩膀的肌肉放松，沉了下来，感觉到这种舒缓、宁静的催眠放松从你的肩膀向下蔓延到你的手肘和手臂，进入了你的手腕和手指。

放松你胸腔的肌肉，感觉到这种柔和的放松现在进入了你颈部的肌肉。

随着每一次呼气，想着"放松"这个词就好。

颈部的后方、两侧和前方的肌肉都放松了下来。这种舒缓的放松和缓地进入了你身体里的每一块肌肉、每一条神经、每一根纤维、每一个器官。现在，想象有一百只小手指正在按摩你的头顶。

就让这种放松从你的头顶往下蔓延到你的脸部两侧。

放松你的眼皮，放松你额头的肌肉，放松你的脸颊和下巴。当我从 5 数到 0，每倒数一个数字，都在送你进入一种更深更安宁的催眠放松之中。

5，放松下巴的肌肉。给自己一个允许，让自己的嘴巴微微张开。

现在，放松你下巴的肌肉，4，3，2，1，0。

现在，从头顶一路往下直到你的脚趾尖，每一块肌肉、每一条神经、每一根纤维和每一个组织都很平静、安宁、放松。你进入了一种美妙、舒缓的催眠放松状态里。

现在，就让你意识的大脑去漂流，游离出去，放它走。同时你会感觉到这种美妙舒缓的放松从头顶一路往下，直到你的脚趾尖。

如果我拿起你的手，然后放开，它会立刻掉落在你的大腿上，因为现在你的整个身体都非常的平静安宁而放松，你进入了一种美妙的催眠状态。

越来越深地放松，越来越深地安宁。从你的头顶一路往下直到你的脚趾尖，松散、柔软、放松，仿佛你正在一朵放松的云上漂流，又仿佛你的身体是由一百个松散柔软的布娃娃做成的，感觉到如此的平静安宁，非常舒服。

期待允许我帮助你创造自己人生中的这个美好的改变。从今天开始，就在当下。而且，你非常放松。

因为你是如此的放松，你开始感觉到自由，过去的任何消极习惯和消极模式都消失了。

你意识到你正许给自己一个美妙的机会。改变你人生的一个机会，成为真实、健康、幸福的真正的自己。每一次我只要说"放松"这个词，你的整个身心就立刻放松下来，进入更深的安宁平静之中，感觉到非常平和，非常舒服。

保持眼睛闭着，我要你想象自己正在一个非常美丽安宁的地方。保持眼睛闭着，我要你想象并看见自己躺在一个美丽的私人沙滩上。

运用你的想象力——仿佛你就躺在沙滩上的一条毛毯或者毛巾上，感觉到阳光的温暖让你更加平静安宁，看着大海，看到温柔的海浪正轻轻地拍打着海岸。

随着海浪每一次温柔地拍打着海岸，你更深地放松下来，更加平和，更加安宁。

随着我从 10 倒数到 0，每倒数一个数字都在送你进入一种美妙安宁的催眠放松之中。

从 10 往下，9，你的整个身体都放松下来，感觉到如此平静、安宁。8，你的眼皮放松下来。7，你颈部的肌肉松散柔软，放松下来。6，肩膀沐浴在放松之中，一路往下直到你的手指尖。5，4，越来越深地进入安宁之中，3，2，1，0。

彻底完全地放松，进入一种美妙，深沉而又安宁的催眠放松状态。今天，我要催眠你。当我要你闭上眼睛，并说"放松"这个词的时候，你的整个身心会立刻进入安宁深沉的放松之中，你会进入一种美妙安宁的催眠放松之中。

你将允许我帮助你创造你人生中的这个奇妙改变。你值得拥有它，因为你值得拥有最好的一切，最好的健康，最好的幸福。

将人生视作一个奇迹，每一天都尽情地享受它。

现在，就彻底完全地放松下来，进入越来越深的安宁，越来越深的放松之中。音乐的声音会继续，让你更加放松，你只要允许自己放手就好。

被放松包围着，进入一种美妙深沉而又安宁的催眠状态。现在，想象"放松"这个词。记住，今天当我催眠你的时候，我会要你闭上眼睛，说"放松"这个词，你的整个身心会彻底完全地放松下来，进入现在，甚至更深的深度。

舒适、镇定、安静、快速地进入一种美妙的、接受能力很强的催眠放松之中。你做得非常完美。保持眼睛闭着，我要你吸入一种感觉，感觉到非常舒服，感觉到非常开心，真的很期待成为自己一直想要成为的那个人，那个真实的真我。

现在，你被深深地催眠了，彻底完全地放松下来。当我从 0 数到 5，当我数到 5 的时候，你会睁开眼睛，仍然感觉到非常平静，非常安宁，非常放松。然后，当我今天要你被催眠的时候，你会进入一种美妙、深沉、安宁的催眠状态，你的潜意识会听到并接纳我给你的每一个积极的暗示。现在，0，深深地、越来越深地放松，从头顶一路往下，直到你的脚趾尖。

当我数到5的时候，你会回到意识完全清醒的状态。当我数到5的时候，你会睁开眼睛，完全清醒。真的很期待允许我今天帮助你。

这是你给自己的一个礼物。现在，0，从头顶一路往下直到你的脚趾尖，彻底完全地放松下来，沐浴在放松之中。现在，1，2，保持眼睛闭着，吸入一种感觉，感觉到如此平静，如此安宁，如此舒服。现在，3，保持眼睛闭着，吸入一种感觉，感觉到非常开心，你已经做了这个决定，承诺改变自己的人生，获得更好的未来。现在，4，保持眼睛闭着，感觉到你的能量都回来了，非常平静放松，又非常非常舒服。现在，5，睁开眼睛，睁开眼睛，完全清醒，完全清醒！记住，今天，当我催眠你的时候，我要你闭上眼睛，并说"放松"这个词的时候，你的整个身心都会立刻放松下来，你的嘴巴会打开，下巴的肌肉放松，眼皮放松，进入一种美妙的、接受度很高的催眠放松之中，期待当下立刻改变你人生的这个美妙的机会。

汤姆·史立福在中国给重点高中的高三学生做考前催眠减压

# 第十五章　极速自我催眠

这种自我催眠方法在效果方面能产生深刻的影响，产生一种专注力极大化的低脑波状态。有些人称之为"自我催眠"。

它涉及身体生理能量、心理投射、专注和一种躯体上对中枢神经的震动。所有这一切组合使用的时候，能够产生一种非常深的自我催眠状态。对各种各样的脑波频率的认识可以帮到你，使你有能力、有效地使用这种方法自我催眠，做出积极的改变，重新给自己的潜意识生物电脑编程。要成功地使用这种自我催眠躯体引导，首先必须相信你能催眠自己。就像你知道的，我们一直都会进入这些专注力极大化的状态。我们大脑的脑波频率一直在不断地变化。比如：看电视或者看电影的时候，打互动游戏的时候，开车的时候，冥想的时候，放松的时候，看体育赛事的时候，等等。

下边就是你自己的"自我震撼催眠躯体引导"方法。

首先，找到一把椅子或一个躺椅坐下来。接着轻轻地把你的双手放松地放在腿上，做几次深呼吸，为自己使用这个方法做准备。然后给自己一个心理信息，你要使用这个方法进入一种深深的催眠放松状态。你可以大声说出来，或者在心里默想："我要深深地、并且几乎是瞬间催眠我自己，去创造我生命中一些积极的改变。当我在自己脑波频率很低的专注力极大化的状态里，我对自己的自我暗示接受度很高。"

现在，你要做的是把你的右手伸到你的面前，大约离你的腹部3~4英寸（大约 8~10 厘米）的位置，掌心朝上。现在，把你的左手（掌心朝下）放在你的右手上，把注意力放在双手上。把所有的思想都聚焦在你面前的双手上，默数到 3 或者大声地说出来。当你数到 3 的时候，开始用左手用力地向下压你的右手，同时用右手往上顶你的左手。用你的体力，感觉到双手互相推着，越来越用力。你会注意到你的双手停留在原来的位置，并且留意到一种抖动和颤抖。双手互相推着，允许他们随着能量的增加而颤抖。现在想象你的眼皮开始越来越沉，越来越重，在心里默念"闭眼，闭眼，闭眼。"一遍又一遍，直到你感觉或者想象，或者只是允许你的眼皮开始闭上一点。你一感觉到眼皮闭上，同时你的双手还在下压上顶，你就准备好深深地催眠自己了。现在，你要做的就是非常快速地抽出你的右手，让你的左手重重地掉到你的大腿上，同时立刻让右手掉落在你的大腿上，说，或者想着"放松"或者"马上"。头低下来，瞬间放松眼皮的肌肉、手上肌肉和下巴的肌肉。你也可以张开嘴巴，放松下巴的肌肉。现在从 10 倒数到 0，对自己说："深深地放松""深深地安宁""我身体里的每一块肌肉、每一条神经、每一根纤维、每一个组织都放松下来，松散，柔软。"

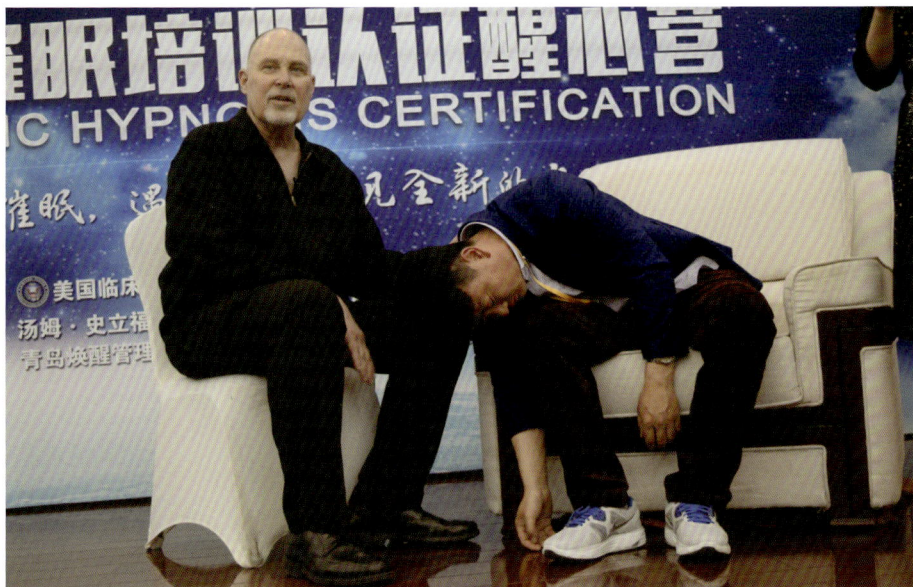

**汤姆·史立福演示瞬间催眠**

现在说或者默想："我现在接受度很高，准备好了要给我的潜意识生物电脑积极的心理信息，提升我的健康、幸福和人生中的成功。"现在，你可以立刻给自己一些积极的信息，去实现你人生中想要实现的那些目标。（确定此时你只给自己提供积极的信息，因为你的潜意识会记录你给它的每个确认或者心理信息）你也可以把一种自信的感觉绑定到你脸上的一个微笑，并且说或者想："每次我微笑，我都会对我的生活越来越自信。"做完你的自我治疗之后，你可以说或者默想以下信息："当我快速数到 5 的时候，我会睁开眼睛，完全清醒，准备采取行动，当我醒来的时候，我会焕然一新，拥有很多积极的能量。"现在大声数出来或者默数，从 1 到 5，非常快速，带着很多能量和投射，大声或者默想："我的眼睛睁开，我完全清醒，准备采取行动。"这个自我震撼躯体引导方法效果极佳，能够产生 Theta 和 Delta 状态的专注力的极大化，从而带来积极的自我重新编程。

## 第 三 篇

# 纤毫毕现

## ——汤姆·史立福原汁原味的完整治疗案例

纤

毫

毕

现

# 案例一　求助个案

## 失控的网球手

本案例是根据汤姆·史立福老师的催眠录音听打翻译的逐字稿。来访者是个 17 岁的青少年。这是第一次催眠的录音，对催眠师如何与来访者建立信任以及 ERT 的使用有极高的参考价值。为保护来访者，名字都采用了化名或者用代码表示。T 代表汤姆老师，J 代表来访者。

T：到那边那个舒服点的椅子上坐吧。

J：好的。

T：我看了一下这些记录，这都是你写的还是……

J：我奶奶写的，我修改了大约有三条。

T：能告诉我你的全名吗?

J：贾斯汀·XXX·XXX。

T：好的，贾斯汀，你多大了?

J：17。

T：要上大学了是吧?

J：是的。

T：好，你打网球多久了?

J：呃，从 12 岁那年开始的。

T：好的，你喜欢这个运动吗？

J：是啊。

T：我们来谈谈你的目标吧。你知道自己想实现的目标。先问个问题，你曾经被催眠过吗？

J：是的。

T：什么时候？通常人们的回答都是没有。（笑）

J：大约一年以前吧？

T：给你催眠的是谁？

J：我忘了她叫什么名字。但是她上电视节目，大约就是在这里……

T：哦，她是不是有一点点冒险精神啊？

J：嗯。

T：我知道你说的是谁了。邦妮·布里连特，这是不是很有意思？

J：是啊。

T：我正好知道她。我曾经跟她一起参加过一个小型电视脱口秀。你认为你跟她的晤谈怎么样？

J：呃，不错。嗯，我的意思是挺放松的。放松之后她开始说关于网球的事，这样做了几次，然后她给我一个 CD，我觉得那只是一张放松的 CD。所以……

T：你见了她几次？

J：呃，屈指可数，我想大约有 3 到 4 次。

T：也就是说你见了邦妮大约 3 到 4 次。

J：我想是的。

T：她当时做的工作是针对你打网球的事吗？

J：是的。

T：然后她给了你一张类似于放松的 CD。

J：嗯。

T：你为什么不去她那里了？

J：因为我觉得那个很划算，当时有什么活动，一共 3~4 次吧。

T：是个套餐。

J：嗯，大致是的。哦，可能一共是 6 次。

T：可能是 6 次晤谈。

T：她当时怎么催眠你的？

J：呃，就像想象肌肉、双脚放松，一路往上直到头顶，然后……就这样。

T：好。也就是说她让你放松你双脚的肌肉、膝盖的肌肉，放松你的臀部、你的腹部、肩膀，这样一路往上直到你的头顶？

J：是的。

T：在任何一次晤谈中，你有完全失去知觉吗？

J：有的。

T：你认为你当时是高接受度的状态还是睡着了？

J：奥，我听到，是的，有时我稍微清醒，会记得其中的一些。然后其他时间我觉得我是睡着了或者是几乎睡着了。

T：好。也就是说你记得其中的一部分。有时你也许只是打了个盹或者走神了。

J：是这样。

T：好，除了给你一些打网球的建议之外，会晤期间她还做了什么别的事情？因为你说你还做了几次其他的晤谈。她说了哪些？或者做了哪些？

J：哦，打网球的自信，做哪些改进。

T：好。这大约是一两年之前的事了？

J：对。

T：好。现在，这些工作的成效如何？它是有效了一阵子，还是完全不起作用？你觉得这些工作起到了什么作用吗？譬如说有点作用，或者非常有用，也或者完全没用？

J：可能有一点。但我不知道，没有什么能让我识别出来，就像是……

T：就像是识别出一个重要改变？

J：对。

T：也就是说，没有真正的突破。

J：是的。

T：她有让你想象自己在一个安宁的环境中吗？

J：是的。

T：比如说一个海滩，一个公园或者诸如此类的地方？

J：嗯。

T：基本上她所做的是我们称之为渐进放松的技术。这技术已经被使用了150多年了。还有，每个标准……她解释了催眠是什么了吗？

J：呃……

T：她有解释催眠吗？

J：我觉得说了，我不记得了。

T：不记得了，好。呃，她说起过人们在白天也会被催眠好多次吗？

J：是的，我想说过，就像白日梦一样。

T：好。她讲过情绪或者脑波变化，科学上神经改变脑波活动吗？

J：没有，没有。

T：好的，大部分的人不知道这些。我在全球旅行，教授如何科学地监控大脑神经的脑波频率。我也教给人们如何进入他们的意识和潜意识，把他们的大脑整合为一体，达到潜能完全释放的巅峰状态。现在告诉我，你喜欢打网球吗？喜欢打网球就像是你喜欢某件事，想要很长时间从事它那样？

J：是的，我喜欢打网球，希望打得很好。

T：那你打不好的时候会发生什么？

J：嗯……输掉比赛。

T：如果你输了比赛又会发生什么呢？

J：呃，首先，我不想告诉我的父母我输了。然后呢，我会有一段时间很愤怒，可能要3小时吧。

T：好吧。你知道我们在这里谈的所有事情都仅限于我们两人之间。如果你告诉你的父母，会发生什么？

J：呃，朝我大吼大叫。

T：说他们多么失望，诸如此类？所以你可能会说他们有时候在你身上加诸了很多压力？

J：嗯。

T：在学校里怎么样呢？有好事情吗？

J：是的，我觉得有些事情……我能找到一些事情，我能够处理得更好，比一场比赛里的表现要好。如果我真的选择，我的意思是，如果我在一场比赛里竭尽全力，可能我还是会因为某些事情输掉比赛。但是在学校里如果我决定要拿到好成绩，我就能够拿到很棒的成绩。即使有压力，我也能表现得不错，仅仅因为我能够做到。

T：对。你是不是有时候发现当你没有达到父母的期望或者你输了比赛的时候，你的父母会对你有点儿狠？你有没有发现有时候他们的负面反应会影响到你？

J：是的。

T：你曾经就此跟他们说过什么吗？

J：是的。

T：他们怎么回答你的？我只是好奇。

J：每个人都必须处理日常生活中所面临的压力，所以这点儿压力没什么大不了。

T：他们够冰冷的。

J：是啊。我是说这符合逻辑，但并不意味着能够帮我把网球打得更好。

T：啊，是的，这只会制造更多的焦虑，更多赢不了的恐慌。

J：对。

T：对吧？你知道的，因为除此之外你对自己要求也有点儿过，你本身也带着父母身上的那部分要求。

J：是的。

T：对吧？因为他们期望你做事情很出彩。

J：对。

T：好。你知道，尝试看到整个事件中的动力也很重要。你打网球是因为你自己想打还是因为你的父母想让你打？

J：实际上是我很想打。

T：好。如果在比赛中你没有达到自己真实的巅峰状态，你有没有觉得有时候你会有点过于被他们所说的话所影响？

J：是的。

T：也就是说，最好是这样，比赛完之后最好不要被他们说的话所影响？

J：对。

T：好。我尽力用词立场正确。（笑）

我理解为什么有时候人们偏要那么做，因为我见了一个又一个客户——运动员、音乐家、表演家，诸如此类。但是有时候在一场比赛中，这些额外的压力会创造出更多的额外的焦虑，使我们无法进入状态，离开了聚精会神的状态。你的比赛，就像很多其他运动比赛一样，当然也是高体能的，高度自发的，你知道我们必须快速地反应；但同时你也要进入状态，专心致志。

J：对。

T：并且不能思考或担心结果，不管是我打得好不好还是别人会怎么看待我的表现。有道理吗？

J：嗯。

T：好，很棒。我做这行有二十六七年了。催眠是一门科学，是一门主要教人达到聚精会神状态的科学，专注力高度集中。从神经学上来说，我们的大脑是在某些不同的频率之上运作的。这些频率我们称之为贝塔、阿尔法、塞塔和德尔塔（Beta，Alpha，Theta，and Delta）。这些频率代表着意识状态、躯体放松的状态和聚精会神的状态。心智头脑就像这个，像一台电脑，或者说心智头脑就像一台双程序计算机。我们有思想，思想就像内存，对吗？意识就像是显示屏，位于大脑外围，大脑基本上就只是个器官。大脑的内部有个机制，能够产生思想和情绪，这就是心智头脑。我讲清楚了吗？因此，心智头脑是一台我们存储思想的双程序计算机，也是逻辑、推理、认知以及头脑里意识的部分。我们的潜意识里也会有情绪或者习惯。从出生到大约三四岁，每件事都被编程输入。所以，把潜意识心智头脑看做一个硬盘。这是情绪的驱动器。意识类似于一种激励因素，有点像你给自己积极信息、积极思想的那部分；或者你给自己消极的思想、消极的信息。我发现大部分人实际上都没有正确的操作意识，因为大部分人都成功地不成功了。他们成功地被限制，成功地思考负面的想法。当他们表演的时候，打比赛的时候，或者参加考试的时候，做任何事情的时候，都成功地对即将发生的事情做出了消极的预判。大部分人实际上都不知道怎样正确地运行意识的心智。如果你想在运动方面成功地保持始终如一，就不能让一场比赛结果或者你感觉到你做得不够好、没有尽力的一些事情影响你以后的成绩，就像你拿起一块多米诺骨牌一样，如果你碰到了最上边的那块多米诺骨牌，你就毁了一切。一旦你失去自信，变得自我意识太强烈，就会失去对整体的聚焦，行动无法专注，也无法迅速、自动、自发地反应。这样说你是否理解？

J：理解。

T：是的。有时候当人们可能表现不好的时候，他们会沉浸在那种情绪里一段时间。你说也许有时候需要3小时；也可能这甚至会被带进下一场比赛；也可能会制造出一点心理障碍，或者叫做运动障碍或性能障碍。顶级运动员会立刻释放掉它。一旦比赛结束，结果不符合他们的预期，他们会放下，释放掉它，立刻回到专注的状态。你可以看看我们所熟知的那些真正顶尖的运动员。有时候我们也谈及一些篮球运动员：迈克尔·乔丹、科比·布莱恩特。高尔夫球名人老虎伍兹曾经也是那样的，但他人生中发生的那些匪夷所思的事情似乎把他拖下来了，貌似把他拖离了比赛。所以当你真的进入状态的时候，一旦进入状态，你并不思考，而是迅速自动地反应。你知道，你的身体毫不费力、自然地迎向朝你而来的球；你完全沉浸在整个比赛中，专注于从哪里击球，到球回来的时候接球，这就是秘诀。我收到一封邮件……记下来你说想记录进入潜意识的信息，但是这其中的一部分是你要相信自己，不去看短期的图像，也不看一场比赛，而是要看整体。比如，我提高我的能力了吗？我有没有打得更好？我更专注了吗？我移动更快速更自动自发了吗？我有没有追着移动以便更完美地回球？我是不是更专注于正在做的事，不被我的想法或别人的围观分神？我讲清楚了吗？

J：讲清楚了。

T：我们总是进入催眠，在聚精会神的状态，人们更加专心。你提到了自动驾驶。如果你开着车，做着白日梦到达了目的地，有人在替你开车。是你的意识吗？如果你想一想白日梦的想法，或者听音乐，或者想着比赛或亲密关系，或者不管别的什么东西，到了目的地。当时是谁在给你开车？开车的是谁呢？谁在操作那辆车？是你的意识还是潜意识？

J：潜意识。

T：完全正确。当你学车的时候，像你知道的那样，很多人想开车是因为他们会感觉到我已经是个成人了，可以跟朋友约会，出去做自己能做的事。所以当你学习开车的时候，是那强烈的愿望想要开车。那些强烈的愿望创造了潜意识的习惯，为你开车。当人们看电影的时候，他们专注于电影上，突然间开始感受到电影里的情绪。你仍然坐在电影院里，但是你情绪化地卷入了电影之中，对吗？动作片令你感到热血沸腾，喜剧片令你哈哈大笑，悲剧引人哭泣。你知道发生了什么吗？从神经科学上来说，脑波模式从贝塔下行，进入了塞塔和德尔塔的状态，向下进入了一种注意力高度集中的状态。当你浸入到电影之中，就像你浸入了比赛一样。当你真的打了一场很棒的比赛时，时间是扭曲的，你可能以为比赛刚刚开始，但它已经结束了，而你赢了，对不对？

J：对。

T：所以当你真的专注于某事，并且你的情绪卷入进去，你调整了频道，这就叫做进入状态。这个状态就是专注力高度集中，立刻自动地反应，就是你打网球的时候想要成为的状态。

J：对。

T：同时，你也不想被别人说的话所影响。任何人的想法，特别是你亲近的人的想法也不行。因为那么做的话，它就会带你远离自信。所以，我们要在你的内心完全建立起自信心，知道每次你打比赛的时候，都会打得更好，也会因此打得很稳定。你可以打入排行榜，成为第一，成为这个运动中的顶级运动员。这是一个心智练习，给自己正确的信息，刺激对的情绪，打球的时候迅速自动地反应。心智基于其频率运作，今天我做催眠疗愈的时候，我要让你进入状态，进入非常深的催眠，但是很重要的一点是你要给自己的意识下达与你的运动有关的正确的信息。我这里有很多以第一人称开头的很棒的信息：提高我的步法；整个比赛我始终在拦网；成功的网球比赛始终在我的人生中；我看球很早很清楚；我发球有力又精准；我发球很棒；每一天我的扣杀球都越来越好；这些都是你有意识地给自己很棒的信息。但我们也要强化后面的情绪。看，情绪是一个钱包，能够创造出你运动方面的成功，在任何其他方面也是如此。用正确的信息，调整到正确的情绪里，然后就会所向披靡，没有什么能阻止你成为一个优秀的网球手。听懂了？

J：嗯。

T：好，今天我们会做几个技术，让你有好的接受度。我相信互动式疗法，不相信只是让你坐在那里，而我只告诉你放松自己腿上的肌肉，一路往上放松其他的肌肉就可以。我做一些躯体引导来让你的肢体活动参与其中。今天我们需要删除任何消极情绪吗？任何害怕或者自我怀疑，或者阻碍你在运动方面取得成功的不安全感？

J：呃……

T：现在该告诉我了。

J：好。我有害怕的情绪，就像……有点像一种抱怨的情绪……

T：嗯，直接告诉我，你觉得那是什么？是什么能够阻挡你的路，使你无法提高自己的运动水平，变得更加职业化？

J：好吧，在我们打联赛的时候，因为我们常常打比赛练习，这些比赛是没有跟什么重要的东西相关联的。我能够打败那些高手，我的发挥很正常。但是当我的父母开始问我练习比赛的结果时，我就会在一场锦标赛之类的比赛上输掉，我输给了那些很容易被现在的见习球员打败的孩子。现在看起来就像这些备战演习跟某些重要性绑定在一起一样。我开始输给我总是能打败的那些人。然后我回家以后不想跟我父母讨论此事。当他们问我今天打网球比赛了吗？我会说谎，会把比分倒过来。嘿嘿，因为我不想……

T：有点儿想让他们保持开心是吧？

J：嗯。我的意思是我知道我不是为他们才去打球的。

T：他们当下把比赛看得太重要或者说他们制造了你的害怕？

J：是的。我的意思是这只是个运动，我喜欢它，听起来好像……

T：听起来好像生死攸关？

J：不。

T：那么你是不是会说，如果我们带着情绪的话，会发生什么？你的父母制造了焦虑、害怕、自我怀疑或者压力？

J：哦，是这样。

T：他们会拿走（这些情绪），或者他们带走又给你找回来？

J：对。

T：好。也就是说，与其说你专注于制造这些消极的情绪和压力，不如说你把这个运动从一个无关紧要的事情变成了一个非常重要的事情。当你打球的时候你更喜欢怎样回应，你会愿意怎样处理这个情况？你愿意有怎样的感受？

J：我更愿意打球，只要打网球就好。我也不知道，只是觉得我会打得很出色，就好像是当我真不在意他们状态的时候，我只是……对我来说似乎如此。因为有些人就跟院子里的蜜蜂一样嗡嗡叫个不停，我不属于他们的群体，我几乎看上去很懒，所以，我不知道，只是喜欢非常平静。我真的对任何事情都很担心。

T：那"担心"的反义词是什么？

J：我不知道那个词。呃……"不担心"吧。（笑）

T：平静、放松、安全感……

J：对，对，安全感。

T：你看，删除某些特定的触发消极情绪的词也非常重要。

J：是的。

T：你知道，就像是"担心"这个词，如果我不断地说我很担心某事，就会制造一种焦虑，所以我们要移除这类词汇。再说一遍，我也会就你不被你父母说话所影响的部分做些工作。事实上，似乎还有一大堆类似的经历让你感到很烦恼，对吗？

J：对。

T：所以，那也是为什么你总是以各种各样的方式输掉比赛。如果有的事情进展不好，而你完全开诚布公又很诚实地告诉他们结果，再放下它，你会有什么样的感觉？或者说不管他们的反应是什么，你根本不受影响。

J：那会很棒哎！

T：嗯，很好。因为我觉得对他们来说，努力让你感觉愧疚只会适得其反。要激励某人的话，这不是个积极的方法。

J：是啊。有时候，也会有些时间，去尝试冒险做些事情也会是个鼓励。比如说我可以在班级舞会结束后在外留宿，或者如果我想要去冲把脸，去就好了。与此相反，如果我陷入了麻烦，或者他们开始吼我，诸如此类的事情，我不知道，也许是我输了比赛。我觉得我不会往那个方向努力……就这样。

T：你不努力……

J：回应时不涉及个人攻击。（笑）

T：对。小伙子，最低限度是你想开心地打网球，因为如果你陷入太大的压力，你就会失去乐趣。理解我说的点么？

J：嗯。

T：你知道那样你就无法享受其中的乐趣了，不想那样。如你所知，糟糕的是每次你都会那样，或者说你头上总是顶着一大片乌云。诸如：现在他们会怎么想呢？接下来他们会怎么对我呢？对吧？

J：对。

T：好吧。小伙子，我可以要你戴上我的脑波仪吗？ 你以前戴过脑电图仪吗？

J：没有，我觉得没戴过。

T：好的，伙计，现在你就会戴上它了。这个脑波仪会帮助我科学地确定你进入催眠后的接受度如何。（谁把这个东西接在这儿了？那是……）太棒了，搞定。这就是所谓的 EEG 脑电图仪。我讨论了一些不同的脑波模型。我想从神经科学的角度看到你进入催眠后接受度如何。这仪器比大部分催眠师的道具要先进一点，我本身非常喜欢建立于神经科学基础上的东西……好，让我把它就固定在这儿。头歪一下，对，就这样。我们把它们固定一下。然后戴上这个松紧带。你能帮个忙吗？拉着它后边，只拉住后边就好，我来拉前边。你拉到后边了没有？对，把松紧带套上，这会让你舒服一些……好，太棒了。剩下的我来做。

（面对电脑）来，告诉我，我们可以科学地看到你进入催眠状态的接受度如何了。我们接下来先做这个。

（转向 J）我要做一次 ERT——情绪重置疗法。我要移除那些类似于消极感受的情绪，这可能是你有时感到别人给你带来的一些压力。

J：是的。

T：我要给你录制一个 CD，这仅供你自己使用，好吧？

J：好的。

T：我们在这里探讨了一些事情，我希望你不会被你父母的言行所影响。也就是说你可以如实地陈述它，而不是任由它们制造焦虑。因为你是为自己打球。如果你是为其他人而打球，并且在特定的时候那个人让你感觉很不舒服，你永远也建立不了你的稳定性和精准度。除非你本来就希望自己具有稳定性和精准度，并且你希望信心来自你的内在，不需要来自他人的积极或消极的强化。对不对？

J：对。

T：我们来看一下，看着那个（EEG），现在很多活动正在上演。我们来查查看。太酷了！好，这告诉我你有很多高的脑波活动，我要把这个调小一点。我在做的就是看着这些小泡泡。你看到了吗？

J：看到了。

T：好，这些告诉我你现在处在一个相当高的意识状态，处于一种贝塔状态。你一点儿都没有被催眠，正处在一种非常高的活动状态里。我们的心智头脑运行着一些频率和波幅。波幅类似于我们所称的振幅，科学家把它叫做心智能量（念力）。你可以让念力为你所用，或者你也能让它与你作对。如果是那样的话，情绪就会非常强烈，但都是消极的情绪——害怕、焦虑、压力或者紧张，你就无法最好地发挥你的才能，除非表演结束。这些情绪都是一种表演的形式。如果情绪是积极的——感到很棒，感到开心，热爱自己所做的事情，感到参与其中，感觉到自己的能力得到了最大的发挥，那你的竞技能力就会越来越好，越来越强。现在，脑波仪显示给我的是不同的频率。让我先设置好这个……我有一个好主意，我来展示给你看一下。我能让你真的看到你进入了多深的接受度状态。再说一遍，这里是一些意识活动，它监控的是左右脑的脑波活动。也就是说你有高振幅意识活动，当下并没有被催眠。好，然后我在这里再截取一副柱状图，它显示的是 30 赫兹。接下来我们来监控我们所说的那些贝塔波、阿尔法波、塞塔波和德尔塔波。这个对我来说只是个科学诊断工具，仅仅用来看一下你进入催眠后的接受度如何。

　　好了，我们要开始了。过一会儿，我会录下我们的治疗经过，但我们要先做几个引导技术。我要你按我的指令去完成每件事情，立刻、自动地去完成，不要分析这个过程。大部分时候我们思虑过度，这也会产生一定的焦虑和害怕。因为当我们分析的时候，我们就会想我怎么没做对这个？我们怎么没做对那个？所以很多时候，当人们受罪……或者经历一场很烂的比赛时，这些体验有时候会一直跟着他们进入下一场比赛，会创造出一种运动障碍。最具活力的顶级的头脑会去控制，操控大脑的专家懂得放下：如果这样的事情持续发生，下一次也许我可以做些改变，尝试一些新的方法。秘诀就是在运动中用测试来创造最完美的方法。在你的能力范围之内让自己打网球的天赋完全绽放出来。那么，我们开始吧。我不要你分析这个过程。你的意识心智只占整体的 10%，我要进入的是潜意识，我要移走、删除那些特定的消极的情绪和消极的焦虑。让我们先来做几个躯体引导。双脚平放在地板上，好。双腿靠得再近一些，双手平放在双腿上。再强调一下，我要你按我的指令去完成每件事情。立刻、自动地去完成。如果我告诉你深吸一口气，我的意思就只是深吸一口气，你不需要过度思考这个过程，就像我说过的那样，有时候过度思虑是一种制造害怕和心理障碍的形式。当你打网球的时候，关键是不过度考虑，而是迅速地反应，对不对？

J：对。

T：专心致志应对比赛，自动屏蔽干扰。好，现在看着你的手，过一会儿，我要你看着你的手的同时，把注意力放在你的呼吸上，现在，把注意力放在你的呼吸上就好。当你深吸了一口气的时候，点头告诉我。你一留意到自己深吸了一口气的时候就立刻点头确认。我要你闭上眼睛待一会儿。你可以闭着眼睛，让自己的头轻柔地靠在椅背上。只要你的眼皮一合下来，脑波活动就降低了。因为你可以转移注意力，屏蔽掉视觉的干扰。现在我们链接了传感器。你戴的传感器现在工作状态良好，你的脑波状态几乎是休眠状态，因为没有视觉干扰了。保持眼睛闭着，这样你可以比较轻松地聚焦注意力。保持眼睛闭着，直到我叫你睁开为止。眼睛闭着，我们尝试做几个放松专注的技术，这是一种躯体的放松，就像是其他的催眠师尝试放松你的身体一样；但它同时也是一种保持专注力高度集中的状态，这只能通过降低脑波频率来实现，使意识安静下来或者是让思绪暂时飘走。意识的大脑越无意识，无意识的大脑越活跃，越能够立刻自动地回应。现在，眼睛闭着，当我数到3的时候，我要你双手向前平伸出来。当我数到3的时候，就让你的双手向前平伸出来，手指指向前方。1，2，3！双手向前平伸出来，很好，就停留在那里，现在，我要你的手掌翻转，掌心朝向天空，手指指向前方。很好，现在，我们要尝试做一个放松和专注的技术。你也许会留意到一些正在发生的事情；或者我给你一些建议，让你做一些技术而你照做了；也可能是你下意识地做了某些事情。这些都无所谓，这只是个练习而已。第一个练习就是，当我从3倒数到0，并说"放松"这个词的时候，我要你的左手立刻放松下来，当我一数到0的时候，就让它非常迅速地掉落下来。当我数到0，并说那个词的时候，我要你的左手立刻自动地掉落到你的腿上。3，2，1，0！放松！让它掉下来。让它平静而放松，放松你手上的肌肉、肩膀的肌肉，一路往下直到脚趾尖，彻底完全地放松。也许你能想象出那种放松来，或者你可以假装放松了它们。下一个技术是专注力集中。催眠就是聚精会神，专注

力高度集中。当我从 1 数到 3，并说"专注"的时候，我要你的右手高高地
举到空中，直到手指指向天空。当我数到 3 的时候，想象它发生，1，2，3！
专注！高高地举到空中。很好！现在，我要你的右手停留在空中，高高地举
到空中，很好！现在，我们要说"分开"这个词，意思是我要把意识从潜意
识当中分开。这样我们今天录制的疗愈会非常成功，能够强化你的运动表
现，强化你打网球时愉悦的感受，强化你不受外界影响的自由，不受任何
人，包括你父母，说的、做的以及他们的想法、习惯所影响。你会享受一种
全新的品质、新的成功，有能力提高自己的网球技术，开心地打球。我只要
轻轻触碰你的肩膀，说出那个词，让你的右手立刻掉落在你的腿上，头靠到
椅背上放松下来，甚至更加放松。当我说那个词的时候，让你的手立刻掉落
在你的大腿上。"分开！"手掉落下来，头靠到椅背上，立刻让自己的下巴
放松下来，保持眼睛闭着，我要你舒缓地放松下巴的肌肉，让嘴巴微微打
开。现在，立刻放松自己下巴的肌肉。每一次呼气，都在心里想着今天我要
进入很深的催眠。我要深深地催眠你，进入接受度很高的催眠。保持眼睛闭
着，我要你的左手举到你的面前，手掌朝向你的脸，离你的脸大约 30 厘米
的距离，现在，立刻举起你的左手，我要你的左手慢慢地靠近你的脸，你的
手一靠到你的脸，就立刻停留在脸上，放松下来。你的手一靠到脸上，就让
它在脸上放松下来。当我触碰你肩膀的时候，你的手会非常快速地掉落下
来，你会进入更深的催眠。"手掉下来，深深地睡着！"更深的放松！很好。
我的声音，我的触碰不会带来任何干扰，只会让你更放松。我们要做一个专
注力的练习。我们来做几个非常有效的引导技术，能够让你进入接受度很高
的催眠。过一会儿，我们要测试你躯体放松的能力。过一会儿，我要抬起你
的右手，我不需要你来帮助我。我要你保持它非常放松的状态。当我抬起你
右手的时候，我要感受到它非常的沉重。我要你暂时地去想象一下，想象它
会是什么样的感受。如果你能够暂时想象一下你的右手手臂跟右肩和手指完
全地分开，几乎像是从你的中枢神经中剥离出来，从你的躯体上分开一样。
当我抬起你的右手的时候，我不需要你来帮助我，现在，就让它变得非常的
放松，更加的放松，再放松一点，让它立刻变得松弛、无力、放松。当我抬

起它的时候，我要感受到它变得非常的沉重，非常非常重，非常的沉重，很好，你暂时把它从你的中枢神经中分开了，因此我们可以跳过意识的阻抗。过一会儿，我会触碰你的肩膀。当我触碰你肩膀的时候，就让你的头歪向躺椅的右侧。当我触碰你肩膀的时候，我要你的头歪向躺椅的右侧，就像你向右侧靠着休息一样。因为我们要移除意识的阻抗，所以我们需要你的同意，进入更深的催眠。头歪下来，放松，很好！做得很完美，很棒！保持眼睛闭着，我们来做一个加深的技术。当我数到 3 的时候，我要你的右手高高地举到空中。当我数到 3 的时候，我要你的手高高地举到空中，一路往上举到空中，右手握拳。你会右手握拳高高地举到空中，你的手会停留在那儿，右手握拳，停留在空中，当我数到 3 的时候，我要你的右手握拳，立刻高高地举到空中。右手举到空中！1、2、3！握拳！立刻绷紧手上的肌肉，就像一块钢筋一样。我要你想象停留在空中的手变得像钢筋一样坚硬僵直，越来越僵硬！越来越僵硬！越来越僵硬！当我尝试去掰弯它的时候，我要感觉到它变得更加的僵硬，越来越僵硬！越来越僵硬！当我往下推的时候，我要感觉到它举得越来越高，越来越高，越来越高！越来越高！高高地举到空中！高高地举到空中！现在当我去推它的时候，就让那只手停留在那儿。当我往下推的时候，我会感受到它的阻力，它不会落下，就卡在那儿，越来越高！越来越高！越来越高！卡得紧紧的，越来越紧！越来越紧！越来越紧！越来越紧！紧紧地卡在空中！当我说"放手"的时候，就让那只手立刻放松地掉落到椅子上，你会进入接受度更高 10 倍的催眠状态。放手！让手立刻掉落下来。很好！就是这样，做得非常完美！现在，保持眼睛闭着，贾斯汀，你的接受性现在非常彻底完全，允许我立刻帮助你。放松你的下巴，让嘴巴张开。下巴立刻放松下来，甚至进入更加放松的催眠状态。当我从 5 倒数到 0 的时候，我每倒数一个数字，我要你想象，有一个小小的砝码挂在你的下巴上。当我从 5 倒数到 0 的时候。我要你缓缓地放松下巴的肌肉，立刻让你的嘴巴微微地张开。5，4，下巴变得更沉更重，3，2，1，0，很好。现在你进入了接受性更高的催眠状态。我们要移除、删掉你打网球时消极情绪上的体验和感受。这些与你家庭成员的反应有关，给了你一些负面的信息。我不要你感受到它，但是我要你移除掉压力、害怕、焦虑。我要你移除压力、害怕、焦虑和担忧。我要你从你的大脑里把它们完全地删除，不被别人的话、别人的想法，或者别人的行为所影响，即使是你的父母也不行。现在我要你做的只是在椅子上坐好，头靠在椅背上，在椅子里放松地躺着。往后靠在椅子里，保持眼睛闭着，直到我让你睁开为止。对，就是这样，下巴放松，嘴巴微微打开。现在接受性非常的好。我要你关掉意识的大脑，让它远远地离开。就像是电视被关掉一样，不见了，停滞了，暂停了。我要你的意识非常的静默，就像我们把它关掉了，断电了。这样，你的潜意识能够非常完美地回应。你可以给自己一些信息去删除掉那些情绪。这些情绪也许是一些害怕、焦虑、担忧或者是压力，可能跟你父母有时候所说的话有关，不管他们是不是很失望，或者是他们想让你因为打球不好而感觉到很愧疚，或者是他们想要贿赂你打得更好。不管是什么，你都感受不到它。但是我想让你移除掉这些影响，只要它妨碍你享受打网球的感觉，不管它来自谁，不管它是来自你的父母，还是来自你自己。保持眼睛闭着，当我从 1 数到 3 的时候，我要你想象带出任何一种负面的情绪，你感受不到它，但是把它从你的大脑里，从你的身体里转移到你的右手上。有可能是不安全感，有可能是愤怒，有可能是自我怀疑，也有可能是害怕，可能是任何一种感觉；也可能是你被你的父母所影响，给你一些不必要的压力，剥夺了你打网球时候的愉悦感。不管那种情绪是什么，不管那感觉是怎样的，也不管那个想法原来是什么样子，它们阻碍你去拥抱网球运动，阻碍你热爱打网球，享受打网球。当我数到 3 的时候，我要你带出那些消极的情绪。你感受不到它。压力、害怕、焦虑、担忧、自我怀疑、愧疚，任何一种情绪，你感受不到它。当我数到 3 的时候，我要你把它转移到你的右手上。当我数到 3 的时候，我要你的右手高高地举到空中。代表着那百分百的消极情绪。那些消极情绪可能是你给你自己的，也可能是你父母给你的，也有可能是别人给你的，但是我们要删除掉他们，所以你不再会受任何人的话影响，也不再受任何消极的情绪、任何表情、任何想法或者任何感受的影响。当我数到 3 的时候，我要你的右手高高地举到空中。1，2，3！高高地举到空中！当我说"删除"的时候，我要你想象 50% 的那些消极的情绪被清除了，就像是被扔进了电脑的垃圾箱里，又清空了一样。手会掉落下来。"删除"！手掉下来。好的，我现在写了一个 50%，正在擦掉它。我们已经移除了 50% 的这种情绪上的影响。50% 的来自别人的语言和情绪的影响，包括来自父母的，不管是压力、愧疚、焦虑、害怕，不管它曾经是什么，我要你立刻释放掉它。下巴放松，嘴巴微微张开；再张开一点，再放松一点；甚至更加放松，很好！我要你释放掉 50% 的那些情绪障碍，它们曾经影响你享受打网球的快乐，也影响你打球时的正常发挥，我要你想象 50% 的那个情绪障碍已经被删除了，消失了，把它扔到电脑的垃圾箱里，又清空了。就像是有人在一块黑板上或者白板上写了个 50%，又擦掉了。它不见了。让自己的身体完全放松下来，从头顶一路往下，直到脚趾尖，彻底完全地放松。贾斯汀，你做得非常的完美，保持眼睛闭着，我要你带出另外的 50%，我要你带出它来，不管它是什么。那些影响你享受打网球、开心打网球、热爱打网球的阻碍，你感觉不到它。无论是来自父母的压力还是你给自己的压力，不管它是愤怒、愧疚、压力、不安全感、害怕，不管它是什么，可能是有时候你父母说的一些话，也可能是有时候你打完一场球的时候不得不编故事；也许是你打锦标赛的时候或者练习时候的压力，不管它是什么，你都感受不到它。它们只是一些大脑的活动而已。当我数到 3 的时候，我要你带出剩下的 50%，转移到你的右手上，让你的右手举到半空中。当我数到 3 的时候，从你的大脑中带出剩下的 50%，你感受不到它。当我数到 3 的时候，把它转移到你的右手上，让右手举到半空中，1，2，3，举到半空中！好，就停在那儿。很好！这意味着我们已经删除了 50%。那50% 的压力、害怕、焦虑，也可能是愧疚，甚至可能是被别人的话所影响，也可能是被父母说的话所影响，不管是来自哪里，你都想要删除掉那些情绪。这样你不会再被别人的话所影响。当我说是"释放"的时候，我要你删除掉 30% 的这些情绪，就像我们可以删除掉任意比例的情绪一样，当我说这两个字的时候，你的手会掉落下来。"释放！"手掉下来！下巴放松，嘴巴张开。现在一共 80% 的消极情绪已经带出来，擦掉了。我们刚刚删除掉了80% 的那些情绪障碍，那些来自别人或者来自你自己的情绪障碍，那些阻碍你享受打网球的情绪障碍已经不见了。我们只是拿掉了80%，你现在可以开心地打网球了，放松并且充满了安全感。这一切接下来就会发生，眼睛闭着，立刻让下巴放松下来，就让下巴微微地打开，再打开一点，再来一点，再来一点，我会有一个小小的砝码挂在你的下巴上，拉着你的下巴微微地打开，打开，再打开一点，打开，再打开一点，再打开一点，再打开一点。好，就停留在这儿。我们要删除掉最后的20%。当我数到3的时候，我要你想象我们拿出它来，不管它是什么，也许是害怕、不安、担忧、紧张，或者是有时候你没有像你父母所期望的那样在网球赛上表现突出的时候，你父母给你的那些压力，你不会感受到它。你想要删除掉这剩下的最后的20%。当我数到3的时候，就让你的右手立刻举到空中，但是这一次它只会举到空中几厘米高的地方，因为只剩下20%的情绪了。1，2，3！唤起情绪，你感受不到它，我会说"消失"这个词，当我说"完全消失"的时候，让你的手掉落下来。我要你想象"0"这个数字，同时释放掉所有那些影响你的消极情绪，因为现在它们完全消失了。手掉落下来，下巴放松，消失为0。刚刚我们删除掉了所有消极的想法，那些想法阻碍了我们去享受打网球的愉悦。我们会释放掉它，你再也找不到它了，再也找不到那些消极的情绪、消极的词语和消极的习惯了。你不再被父母的话所影响，因为现在对你自己来说最重要的是享受打网球的愉悦，并且意识到跟别人打比赛没什么大不了。你仍然可以很轻松地去完成，就像你常常轻松地完成一样。你不会允许那些消极的情绪、那些压力再影响你。相反，我们要安装一种全新的积极的感受，感到平静、放松、很安全，享受网球运动。我要你回到过去，回到你曾经跟不同的人打锦标赛或者练习的时候，你非常享受网球运动的时候；当你的身体立刻自动地回应，自然自发地移动，而你感到很平静、很放松、很安全的时候，那时候你乐在其中，那根本就不是事儿。你当时非常投入，根本没想过结果，只是尽自己最大的努力，享受比赛本身。现在我要你感受到那种情绪，感受到那种习惯；我要你回到过去你习惯于打球的时候。我让你把那种感觉带到现在的比赛中，每一次你打球的时候，你都会感受到这种同样的感觉。我要你意识到你不会被别人的压力所影响，包括你的家人和父母。不管是什么比赛，不管是什么竞赛，不管结果如何，你都可以告诉他们。不管他们的反应如何，你都不会被他们所影响，你不会采取任何的反应，他们的话对你再没有任何的影响，因为你已经给自己授权。我要你在你的大脑里看见自己乐在其中，感觉到很平静、很放松、很安全，感到那不过是小事一桩，就像你之前打球时候一样，因为压力已经消失了，现在我们要去刺激那个积极的情绪，想象你在打球的时候所拥有的那些积极的情绪，你打网球打得很棒的时候的那个感觉。你对它充满了激情，想到它就非常兴奋，并且对它感觉到非常的自信、非常的安全。我要你带着那个感觉，让你的左手高高地举到空中，代表着积极的情绪，让你的左手立刻高高地举到空中。我要你看到自己感受到以前常常感受到的那种感觉，就好像现在它又变得非常有趣一样，这个运动非常有趣，很容易，我非常的安全、非常自信、非常放松。我的身体很平静，非常迅速自发地移动，我进入了状态。我要你感受到那些积极的情绪，它们都是你竭尽所能打出最好的比赛有关的情绪，就像你以前常常做的那样。我要你从现在开始就把那些情绪都带到比赛当中。当我说"安装"这个词的时候，就让你的左手立刻掉落下来，安装这个新的积极的情绪，新的程序：我享受打网球，我感到自己打网球很棒，我感到打网球的时候的平静，我感到打球的时候很放松而安全，我打球的时候火力全开因为我非常擅长这项运动，当我说"安装"的时候就让那只手掉落下来。"安装！"让左手掉落下来。很好，下巴放松，很好！这是一个新的习惯，已经安装进去了，安装进了你的生物电脑。这个习惯与你能够很好地打网球的能力有关。保持眼睛闭着，贾斯汀，你现在正坐在椅子上，彻底完全地放松。彻底完全地放松。我要你的双手伸到你的面前，保持眼睛闭着，掌心朝向你的脸，离你的脸大约 30 厘米的距离，双手伸到你的面前，双手伸出来，立刻伸出来，离你的脸大约 30 厘米的距离。很好！保持眼睛闭着，我要你想象我在你的左手指缝间塞入了很多的小木片，这样我们就可以提升你的高度专注力。现在每次你打网球的时候都会拥有这样的专注力。当我数到 3 的时候，我要你的左手手指开始分开，立刻、自动地分开，远远地分开，只是左手的手指分开。1，2，3！左手的手指自动地分开，就停留在那儿，很好！那就是你专注的能力。因为我要你对自己说我 100% 拥有专注的能力，每一次打网球的时候，我都能够专注于比赛，能够迅速自动地移动并且能够自发地回击、回应对手。我现在就专心致志，进入状态，这个状态也跟我享受打球是正相关的，每一次我打网球的时候都会打得越来越好，提升我的运动成绩，移动更加快速，我提高步法所付出的一切努力都会更加有效，拦网更加出色，底线击球更到位，表现始终如一，正手球打得越来越好，比任何时候都好！保持眼睛闭着，当我说"靠近"的时候，就让你的左手离你的脸越来越近，意味着每一天你都在离打球更好的能力越来越近。靠近！让你的左手靠近你的脸，当手靠到你脸上的时候，就让它在脸上放松下来。这是你打网球的动力，百分百的动力。你的右手代表着你对自己的信心。自信变得如此强烈，没有人可以夺走它，即使是你不打球的时候，自信也仍然非常的强烈。即使是击球没有那么完美的时候，你的自信仍然是非常的强烈有力，因为那没什么大不了的。现在你的自信就在你的右手上。当我说"自信"的时候就让你的右手靠近你的脸。让你的手靠近你的脸，自信！让你的右手靠近你的脸。当我说"进入"的时候，你的手会掉落在腿上，你会在心里想着"成功进入"，意思是你允许自己调整状态，完成一次美妙的催眠疗愈。授权给大脑，整合大脑，来创造自己打网球的自信、动力和成功。我一说下一个词的时候，实际上我会说"激活"，让你的双手立刻掉落到你的大腿上，放松你的下巴，进入深深的催眠。激活！手掉落下来！下巴放松，现在我们激活了潜意识，让它积极响应积极的信息。当你想着这些信息的时候，我要你把那些对的、积极的情绪绑定到这些信息上：每次我打网球的时候，我都专注于比赛，并且整个比赛过程都如此；当我专注于比赛的时候，我就进入了状态；当我进入状态的时候，我就能够发挥出自己最大能力范围内的巅峰状态。现在，我要你在心里想：我允许我自己去赢得决胜局。意思是，当我给我自己允许去赢得决胜局的时候，不管那个比赛结果如何，它本来就应该是那样的。我允许我自己自信、专注，当遇到决胜局的时候我会创造更多的动力，创造更灵活的运动能力，忘我的专注力，双手握拍拦网的动作更有活力，高效率的成功发生得越来越容易，并且在面对决胜局的时候越来越频繁地成功。让这些进入你的潜意识，成为你的一部分。让每一块肌肉、每一条神经、每一根纤维、每一个组织都完全彻底地放松下来，从你的头顶一路往下，直到你的脚趾尖。你会意识到，今天你学到了一些东西，贾斯汀，你的步法有所提高，你的拦网在整个比赛中都更加出色。现在，成功打网球的能力跟你享受打网球的愉悦感相关联，感到平静、放松、安全、积极、从容，因为你留意到当你从容的时候，你的身体能够迅速自动地反应，就像网球运动员德约科维奇一样，立刻做好准备采取反应。能够更快更早地看清那个球。甚至我要你在你的心里跟自己说：我的发球非常精准有力，我发球很棒，我想要把球发到哪儿就能发到哪儿。我要你意识到你正在提升自己打网球的能力，因为你正在创造你的自信，没有任何人能够夺走它。你的自信变得更加的强大稳定，更加的安全可靠而有力，没有任何人能从你这里夺走它；你同时也意识到这只是一个运动而已。因为这只是个运动而已，所以你可以很享受它，每一次你打比赛的时候都会乐在其中；每一次更加愉悦的比赛，都创造了更多积极的结果；每一次你创造了更多积极的结果，你都会更加专注、更加自信、更有动力、打网球的时候更加兴奋。甚至到了这样的一个节点，即使这个比赛结果不如人意，它仍然是一种成功，你可以自由而轻松地告诉父母比赛的真实结果，因为他们的反应再也无法影响你，就像你在你跟他们之间放了一堵看不见的墙一样，因为他们的压力、紧张、愧疚感，或者无论是什么东西，甚至是他们那些非常肤浅的语言都影响不了你享受网球运动的能力。我要你想象：我的过顶扣球每天都越来越好；我的步法每天都在提高，自然而容易；我的发球非常的稳定，我发球很好；我的双膝像溪流一样，实际上我的整个身体都像溪流，任何情况下都可以立刻完美自发地反应。清楚地看到这整个景象，因为这成了打网球的享受。我的发球非常棒，我立刻快速做好了下一球的准备。我要你想象快速自动地反应，毫不思索，进入状态，我放空自己，感觉到一片空白。我的落地球非常地稳定，我的每个过顶扣球都很棒，我每次反手球都打得很好，我的能力完全发挥出来，我享受打网球的感觉，也就是说，比赛的结果与我享受打网球的感觉相比，并没有什么大不了的，因为现在我打网球的愉悦感比以往任何时候都更加强烈，这帮助我保持我的稳定性、精准度、比赛成绩以及我打网球的时候感到平静、安全、自信、放松的能力，立刻自动自发反应的能力。我也要你意识到不管这个比赛的结果如何，你都不会带着结果走下去。你会期待下一场比赛，以同样的行动、同样的享受同样的乐在其中，当然还有同样的安全感。这是在意识的层面上整合你的大脑，用对的积极的情绪创造出对这个运动的热爱和愉悦感，以及个人对打网球的那种挑战。因为你不是为任何人打网球，而是为你自己而战。这是你给自己的一个许可。这会让你感觉很棒，贾斯汀。现在，我们要立刻安装自我授权，去打网球；也要安装潜意识的防火墙。我们要安装自己的自我授权、喜悦和那些积极的情绪。让双手高高地举到空中，高高地举到空中！当我说"安装自我授权和喜悦"的时候，我一说"安装"的时候，就让你的双手掉落下来，想象这些与打网球有关的积极、有力的情绪安装进你的身体，安装进你的人生当中。"安装！"手掉落下来。现在想象，你正在创造这些崭新的积极的感受，享受打网球的乐趣，甚至比以前打得更好。放松、安全、平静、积极、专注、自信并拥有成功。每一次你打球的时候都会获得越来越出色地成功。我要你带出那种感觉，感觉到很棒，只是对拥有正确积极的态度感觉到很棒，这些态度实现了正确获胜的预期，提升了你的熟练度、你的打球能力以及对网球的享受和热爱，感受到一种非常美妙的感觉，让一个微笑立刻绽放在脸上，不要忍着。做得很棒！这是一个新的获胜的模式，不管别人怎么说，不管你的父母说的是什么，你都不会再被它们所影响。你可以非常开放、坦率、诚实，因为忠实于自己的感受比任何事情更重要，这创造了你对于获胜模式的安全感和专业的态度，人生中每天、每个方面都非常成功。当我从 1 数到 5 的时候，我会说"成功赢球"，你的眼睛会睁开，感觉到很棒。1，2，3，4，5！成功赢球！睁开眼睛，非常棒！太棒了！很好！回到当下，意识完全清醒，大脑活动非常活跃。太好了！很棒！

　　T：我把这个保存一下。好，已经保存好了，现在我来刻录一张光盘……嗨，你看，你只是来寻求进步的，而我要给你一张刻着今天疗愈过程的光盘。那些渐进放松的内容跟我们所做的工作没有太大的关联。

我正在调整设备，你感觉怎么样？

J：非常好。

T：不错，对吧？

J：对。

T：对！也许你有时候发现自己的想法游离进其他的东西，类似于有点儿进进出出？

J：嗯，大部分情况都像你说的那样。

T：对。你知道吗？伙计，我们非常成功！我们做得很好，我非常感谢你对我的真诚。这是疗愈有效的关键。我做了 ERT，我先移除了一些情绪，那些容易被别人影响的消极的情绪。然后当我们做好准备的时候，我就给你录制了这个疗愈过程。你回去以后可以使用它。好的，这个光盘在刻录的时候。我要给你看点儿东西，因为这实在是太酷了。这个……是之前我要你戴在头上的，你戴着的时候它一直在工作。这个是开始的时候我们讨论过的，我们可以看到有哪些脑波活动在上演。哪一个是意识的脑波活动你还记得吗？我第一次指出来的那个？我要给你看一下你所有的这些意识脑波活动，在你没有被催眠之前我有跟你说过，你还记得吗？

J：嗯。

T：好，这个是疗愈一开始的部分，正在刻录着呢。让我给你看一下你进入催眠状态以后的记录。这是我们在谈话的时候，我给你讲解理论的时候你的脑波图。大约有 17 分钟是这样的。我现在把记录拉到 17 分钟的时候，我要你看到这个变化，因为这是一个新的变化。刚开始的时候是这样的，然后降到了这样一个脑波频率。好，这是你进入接受性很高的催眠状态的脑波图。看到变化了吗？已经没有明显的意识活动了。有些强烈的情绪，因为我们正在移除那些消极的情绪。这个显示出你从意识状态进入催眠的时候的变化。嗯，如果我把这个图再放得小一点，你就能看到，这是我们说的塞塔波和德尔塔波。贝塔状态是意识清醒的一个状态，脑波的振频是高的。而当时真的一点意识的脑波活动也没有，也就是说，你没有任何阻抗，进入了那种接受度很高的状态。在这次催眠的最后，我把你唤醒，把你完全带回意识清醒的状态时，让我们看一下，已经快到结束的时候了。我们会再次看到变化。好！这是你走出催眠时候的那个脑波图。酷吧？

J：是啊！

T：看看它们的不同。你看，任何人可以告诉你任何事情，一个催眠师也可以告诉你很多道理，但是你怎么知道那是真的呢？这个是可以看到。这也说明我们不再被催眠了。就是这里，我回到治疗当中，然后再给你看一遍。这是你被催眠以后的脑波图。（我们把这个去掉）脑波降了下来。我把它倒回去，这是你进入催眠的时候。看看，很酷吧？

J：是啊。

T：这都是脑波活动科学啊。我们来整理一下，你越能够操控你的大脑，就越能够更好地整合你的想法，链接那些对的、积极的情绪，那样在你的人生中就没有任何人能够阻止你了。贾斯汀，有一点在我们的治疗过程中，真的非常重要，就是你去享受打网球这项运动。你打网球的时候，乐在其中。其他的根本就没什么大不了的。这个很重要，猜猜为什么？因为是你在打球，是你在享受它呀！对吧？

J：是的。

T：这个治疗很酷吧？

J：是的。

T：我来给你摘下脑波仪。我抓住机会录下了你的脑波活动图，来，帮我一把。外边是你的祖父吗？

J：是的。

T：好的，这里……你可以出去了。这些都这么放着好了。这些就是你今天的治疗内容。我们再回看一下这些记录，毫无疑问，你进入催眠了。

J：是的。

T：我要存下这些，万一你需要它的时候可以调出来。我现在要播放一下这个光盘，有时候在没拿走以前它就不能播放了。你去打网球比赛以前如果可以的话最好也先做一些练习。如果你能够播放它，连续播放一周的话，伙计，我们做这些就够了。好吧？

J：非常好。

T：让我把这个放好，我的名片……名字是这么写的吗？贾斯汀？

J：是的。

T：因为我要去亚洲，这几周你先听录音，等我回来以后我们再讨论。你先尝试一下。我可以告诉你任何东西，都无关紧要，你只是先去练习一下。如果你可以，我确信你一定可以回到对网球的热爱和享受，你会看到你不会让别人影响你了，即使是你的父母也不行。这会是个很大的突破，对吧？

J：是的。

T：好的，那我们今天就到这儿。

# 案例二　网络治疗

## 不敢参加面试的模特

　　本案例是根据汤姆·史立福老师的网络催眠录音听打翻译的逐字稿。来访者是个留学美国的华人，因为求职面试的困扰而求助。这是第一次催眠的录音，对催眠师如何通过网络催眠个案有极高的参考价值。为保护来访者，名字都采用了化名或者用代码表示。T 代表汤姆老师，L 代表替个案求助的朋友，也是一位催眠师。A 代表个案。

　　T：你好！

　　L：你好！你能看到我吗？能看到吗？

　　T：是的，我能看到。等一下，我调整一下，这样你也可以看到我了。

　　L：啊，你更时尚了，我喜欢这个形象，伙计。

　　T：谢啦！伙计！

　　L：我喜欢这个形象，看上去很特别。

　　T：我上次跟你一起工作的时候穿的不是这件，对吧？

　　L：没有，你没穿，我喜欢它，红宝石色的。

　　T：谢谢你，伙计，看上去更时尚一点儿是吧？

　　L：是的，是的，我很喜欢，伙计，太酷了。看这里，汤姆，这是安娜，安娜，这是汤姆·史立福，他是我朋友，也是我的老师。汤姆，这是安娜。

A：你好，汤姆。

T：你好，安娜。你今天过得怎样啊？

L：我让她就坐在阅览室这儿。

T：好的。

L：你能看到她吗？

T：能看到，位置非常好。安娜，你能看到我吗？

L：是的。

A：很清楚。

L：她是我的幸运之神。

T：太好了。你们能听清我讲话吗？

L：是的，你的声音很大，非常清楚。

T：好的。

L：等一下，安娜，你能不能稍微往后一点，音量在这儿，在上边。好了，你想把铅笔放在那儿吗？好的，这些对我来说都是新玩意儿，好了，伙计。等一下，我还需要移动一下。我们遇到了一点技术上的问题，是放大的那个工具栏。

T：好的，现在我这边没问题，但是你的头像变得很小。

L：我们的音量键哪儿去了？

T：你们俩都能看到我吗？

L：我能看到你，你的头像很大，是全屏的。

T：哦，好的，最后一件事是，最好的选择也许是我跟安娜工作的时候，你可以离开，让我们两一起单独工作？

L：我会离开这里。

T：好的。

L：我们准备好了吧？

T：是的，现在准备得很好了。

L：你能同时看到我们俩吗？现在怎么样？

T：嗯，现在更好一些了。

L：用这个，这个才对。好的，我先出去，你们谈，我去别的地方。

T：好的。等一下，我可能需要去打开灯。

L：不，不用，汤姆，你那边挺好的。

T：你确信光线可以？

L：当然！

T：（对安娜说）汤姆有最棒的催眠方面的藏书，在催眠领域里是珍品，有别人没有的那些孤本。我觉得有一些大约有几百年的历史了。

T：我有 19 世纪 40 年代世界上最伟大的催眠师的著作。那些催眠师都是临床医生，为人们做了卓越的疗愈。很多现代的催眠治疗师对那些知之不多，也不知道该怎么操作。

L：是的，它们失传了，但是你找回了它们。而他们都忘记了。

T：是啊。我们已经准备好开始工作啦！

L：好的，这太棒了！实在是件大好事。我无法描述现在我对此有多么开心。

T：很好。

L：我的意思是说这曾经只是我的一个想法，是时候跟汤姆一起工作了。

T：是的。安娜，这很好，因为现在对你来说是时候在自己的职业生涯中获得质的飞跃了。有能力在心里描绘出那幅图像，看到它，并且知道自己值得拥有它。这是我们想要工作的部分。你投射出的那种能量，他们已经看到了那个能量。但我们想要创造出你自己的信念体系，对即将发生在你身上的好运气感到很兴奋。好吗？

A：嗯，好的。

T：好的，首先，让我们谈谈你想实现的目标吧。用你自己的话说一下，你今天想通过我们的催眠获得什么？

A：首先，我想要更多的自信、更有安全感，对自己更笃定。我当下觉得不够自信。也许是因为我无法用英文流畅地表达我需要什么，我想对别人说什么，让别人去理解我。可能还有点障碍。（安娜的英文磕磕绊绊）

T：也就是说，影响你自信的部分原因是现在你的英文知识还非常有限，是吗？

A：是的，部分是因为不能准确地表达自己。

T：好的，你知道，你练习英文越多，说得就会越好，你也就会更自信。

A：是的，我也私下练习，也努力学习，但还是不够流利。

T：嗯，是的，我完全理解。但是这会自然而然地发生，变得非常自如，与别人的沟通也会很快变得非常容易。事实上，即使你可能觉得自己英文方面的专业知识不是自己想要的水平，也仍然可以把英语说得很地道。我在中国工作，每年我都飞去中国教催眠。

A：啊，真的吗？那太棒了！知道您作为这样的专家在中国开课令我很激动，对我来说是很大的荣幸。

T：也是我的荣幸。我跟很多在说英语方面面临挑战的人们一起工作，我会移除他们的恐惧，他们的英文会比原来说得好很多，理解的能力也有很大的提升，与人们更加有效的沟通。再说一遍，你越相信自己，对你来说就会越容易地学会说英语。因为它只是一门语言，是恐惧成了我们的拦路虎，让我们无法更快地学习。

A：是的。

T：你提到了两个词：一个是信任，一个是自信。也就是说你想要更多的信任，是指信任什么呢？对自己更加信任，还是对别人更加信任？

A：呃？很抱歉，没听清。

T：你提到说你想要更多的信任和更多的自信。

A：是的。

T：好，那如果你有更多的信任和更多的自信的话，你觉得你会在哪个方面做得更好一些？

A：我想我可以更好地表达自己，嗯，也可以更加自信。我讲自己的母语的时候，跟人们交流没有什么困难，但是当我讲英文的时候，我在脑海里就想着怎么样去解释，嗯，想着用哪个词去讲明白，有时候我会因此……跟不上。我觉得人们无法像我想表达的那样去理解我。也许只是我的想法吧，我总觉得……他们所理解的我……不是我本来想表达的样子。这样的话我就会觉得……人们对我的印象可能不对。

　　T：你想让人感到你是一个怎样的人呢？

　　A：我想……（笑）我不知道啊！

　　T：现在想一下，安娜，想一下你想让人们认为你是一个怎样的人呢？当有一天，你遇到一些人，你跟他们去聊天，你希望他们对你有什么样的一个感受呢？

　　A：我想要让他们了解我的强项，可以做得很好、很出色的那部分。呃，我非常有用……

　　T：好，那很好，你觉得你身上最强大的部分是什么呢？你的财富是什么？你的强项是什么？我们就像朋友一样，你对我开诚布公非常重要。你希望别人看到你身上的强项是什么呢？或者对你的那个感受会是什么呢？

　　A：也许是有才华吧！我希望别人认为我是一个……有才华的人。她只做自己喜欢做的事情。非常有耐心……

　　T：你想让别人认为你是一个有才华的人吗？一个非常开心、积极、自信、充满活力的人？

　　A：是的。

　　T：是这样的吧？

　　A：是的。

　　T：当我说自信的时候，当我说安娜是个自信的人的时候，你会觉得这个自信对你来说意味着什么？如果你对自己说我是一个自信的人，那会意味着什么？

　　A：嗯，自信第一个对我来说意味着放松……平静。

　　T：放松、平静，对自己很确定？

　　A：呃，对自己很确定，包括技能……工作……人生……所有的一切……

　　T：好的。自信对你来说意味着放松、平静，对自己很确定，对自己的技能、工作、人生都非常的自信。自信是不是对你来说也意味着一种力量或者感觉，感觉自己非常强大有力？

A：嗯，嗯。是的，人们认为我非常的强大有力，非常的自信，有安全感。这是我希望别人对我所有的印象。

T：好的。你知道你已经拥有它们了，从外表上来看，你完全是这样的，只是不在你的内心而已。因为我看到你的照片，看到了那些视频，视频里的你很有力量，有强大的能量。

A：谢谢你！

T：不客气！这是事实。你自身拥有非常强大的能量，你只是需要从内在感受到它。因为你工作的时候已经投射出这些能量。你展示出的是这些力量而不是恐惧，你表现出来的并不像是一个被吓坏的小孩子。你展现出来的都是力量和情绪。你根据自己的着装或者别人要求你表达的内容选择不同的表达方式，从视觉上做出了一些表达。所以你已经拥有了它们，我们一起来工作只是让你去从内在里确认你拥有它们，让它们能够不断地成长，更持续地绽放，更自然而然地流露。

A：是的。

T：你的意思是不是说你还有一点点的自我怀疑或者是有一点点恐惧，感到不够安全？

A：抱歉，请再说一遍。

T：你是不是对自己有一些自我怀疑或者是有一点害怕，自己一个人的时候感觉到不够安全？

A：有时候是这样子的。

T：嗯。

A：有某种东西束缚着我，让我无法去追求我认为我应该得到的东西。是我使自己止步不前，因为觉得自己不够安全。我觉得这种不安全感可能是任何事物。

T：好，你是不是觉得有时候这种感觉束缚着你，让你无法去抓住机会？

A：对，就是这样。

T：好的，也就是说，恐惧创造了我们所说的阻抗；也就是说，当一个工作职位或者面试机会出现的时候，你就感觉到了一种恐惧，这种恐惧使你甚至无法去参加面试。对吗？

A：对！

T：现在你有一个面试的机会，是吧？

A：明天。

T：好的，明天要面试你的是谁？

A：在因纳维的阿尔伯特，我应聘模特。我的第一次面试应该在上周，但是我把这个面试推迟了，因为我觉得非常不安全。我想要在面试之前做好充分的准备。嗯，因为这对我非常重要，因为我觉得这个面试对我非常重要，所以我想做好准备，让别人觉得我是一个自信的人，对自己感到很有把握，获得很好的工作，做到最好。

T：好的。上周你没有去参加面试，因为当时你有一点恐惧或者是自我怀疑。你没有去面试，因为觉得自己还没准备好；或者说，你对自己去参加那场面试还没有把握。

A：是的。老实说，我跟他们讲，我没去参加面试是因为我还没准备好照片。那些照片我都不太满意，所以我要求他们再多给一点时间。他们跟总监商量了一下，3天以后给了我答复，跟我约了新的面试时间。但是卢斯说，那只是其中的一个原因，真正的原因是我自己的恐惧。我觉得很害怕，我说自己很害怕，是因为我希望自己看上去很完美、很友善，我希望自己能够很好地展示自己，这样我就能够获得这个工作。希望作为一个模特，他们会喜欢我。我只是希望每件事情都非常完美。我面试当天感到非常不安全，还没准备好自如地去陈述自己的目标。我说我还没准备好，没准备好照片。实际上，我有很好的照片，我只是感觉到很害怕……我只是希望自己选出最好的照片带去面试，做很棒的展示。当天，我感觉到最坏的事情就要发生了，一般这时候那件最坏的事已经百分百地要发生。我觉得我最好不要去，如果我畏手畏脚，没有人会雇佣我。

T：是的。那现在你准备好了吗？

A：差不多了吧。（笑）

T：你说差不多了，那你觉得哪个地方还没准备好呢?

A：因为我要面试模特，所以昨天晚上我筛选了一些照片，今天要从中筛选出最好的。我想挑选出最好的带着去参加面试。因为我有很多这样的照片，大约有上百张吧。但我自己筛选很困难。因为我看自己是有片面性的……比如说我希望看到的自己给人留下好印象，非常自信。而其他人看待模特是从不同的角度来看的。所以我需要来自不同人的不同的观点。我很相信卢斯的观点。我先从传统的角度自己筛选了一遍，我很自然，这一点非常不错。但他说外表不是最重要的，重要的是每个人认为你的个性如何。所以照片说明不了任何问题。但是我不这么认为，因为我的照片就是我的工作经验。我觉得放在履历里的一张小小的照片能够展示出我很多年的工作经验。因为我作为一个模特已经工作了 5 年多了。我有一些东西要表达。我觉得这可以非常直观地展示出来。

T：好，那你要带多少张照片呢?

A：我大约可以带 15 张。我的自我介绍里有大约 15 张照片，但是远远超过了需要的数量，根本不需要这么多。

T：显然是的。

A：但是我有更多，有 100 张之多。

T：嗯。你知道，照片可以展示你的多才多艺，说明你是一个多么有才艺的人，或者是展示你不同的方面，不同的表达，并且能够展示你过去的成就，说明你一直在从事模特职业并且非常专业。然后他们仅仅是想要见见你，认识你。他们想要看到的只是一个非常友善而又开心的人。他们不想见苛刻、喜怒无常、傲慢而又太过自我的人。他们想见到像你一样友善甜美的人。你的照片能够证明你过去的成就。但是你要意识到一件很重要的事情，这一点非常重要，没有任何事、任何人是必须完美的。你可能因为觉得不够完美而失去了一个机会。他们其实并不需要见到一个完美的人，他们只是需要见到一个真实的人。

A：这是我的问题。在我的人生中，我一直追求把每件事都做得很完美……可能因为我知道自己不够完美。我不知道……我总是希望成为最好的，如果做不到的话，就感觉很不好，感觉自己不够完美。

A：嗯，嗯。

T：地球上没有一个人是完美的。不完美，是我们每个人都拥有的一种美好。如果每个人都非常完美的话，会让人非常厌烦，这个世界会成为非常无趣的成人世界，一种无聊的人生。所以不完美，人们身上不完美的事，才是使他美丽动人的原因。这是本真的美。所以你不需要给自己压力，让自己变得完美。安娜，你所要做的只是成为你自己，爱你自己。就像一个人上学一样，如果在课堂上得不到 A，他就觉得自己很失败。也可能是父母希望自己的孩子在任何方面都名列前茅，音乐第一，体育第一……这真的带来很多的压力和焦虑，还有恐惧……

A：我知道。

T：另外一个很重要的事情是，你有很棒的机会，不管将来面试发生什么，都是注定会发生的。无论他们对你的感觉如何，都是注定的，那是他们的看法。但是如果你不理这个机会的话，可能就再也得不到这个机会了。记住这一点。

A：这很重要。

T：这是为什么明天无论发生什么，你都不能毁掉它，不能制造任何借口不参加面试或者迟到。你知道，这是一个机会。你越能利用好机会，成功就离你越近。这只是个数字游戏。所以如果面试成功会很棒，如果结果没有像你期望的那样，这仍然算是一个成功，因为你去参加面试了。只要你相信自己，成功和机遇就会不断地发生。只要你相信自己，这些就会发生，也许不会以我们所期望的那样去发生，但是你希望成为哪个领域的顶尖高手，就会成为那个领域的顶尖高手，无论是模特领域、创造领域、表演领域或者任何其他领域。你的对手只有自己，而不是任何他人。你唯一要做的就是成为真正的自己。当你去面试的时候就像现在你跟我沟通一样，人们喜欢正直、诚实、真实的人，他们要看的不过如此。另外的这些东西，你过去的成就，那些记录，以及你可以用照片来表达的那些事情，还有你的模特表演，这都是你能做的，但他们只是想认识你而已。现在你只是给自己施加了很多的压力。你本来可以把它看作是一个有趣的经历，但你却把它看成了关乎输赢的一个体验。对你来说给自己施予这么大的压力并没有那么重要。你应该感到非常兴奋，这将成为一个非常有趣的体验。明天的面试只是一场探险之旅，只是一场奇遇。你只要去那儿就能学到一些东西，这会帮助你打磨沟通的技巧。我们要移除恐惧，删掉恐惧，提升你的自信，能够放松、平静、积极。无论你想到什么，只是让那些词自然而然地流淌出来。你不需要告诉人们说我的英语不太好，我这个做得不太好，那个做得不太好。不要给他们任何这样的暗示，知道吗？因为他们知道你不是出生在美国，也不是在美国长大的。但这就是你的美好之处啊。你有非常独特的品质，你是独一无二的，没有任何人有跟你一样的光彩，没有任何一件作品能跟你匹敌。所以就拥抱它们吧！拥抱这个事实，接纳自己，也接纳自己的外表，接纳自己沟通的方式，不需要变得完美。如果我问 10 个人一个相同的问题：一个完美的人是什么样子的？我会得到十个不同的回答。我希望你能够做好准备，对明天充满了期待。那只是一场奇遇，是一个机会。即使你第一次没去，他们仍然打电话回来邀请你，说明他们对此事非常认真。这一点非常好，非常正面。我说的有道理吗？

A：是的，很对。

T：好。你跟我一起工作的第一个目标，今天你要感到的第一个感觉，也就是明天你去面试的时候，希望有的那个感受会是什么？你想要有什么样的感受？你希望明天人们怎样看待你？

A：自信。

T：自信、放松、积极、开心。

A：积极，是的。

T：好。我们已经准备好要开始了。上次你被催眠的时候，卢斯跟你做了一点点工作是吧？

A：是的，做了一点工作。

T：好，你被催眠的时候感觉到有点平静放松吗？

A：是的，有一点。

T：嗯，很好。我也会移除恐惧，因为恐惧只是一个习惯。我们要移除那个恐惧的习惯，取而代之的会是自信。自信意味着你信赖自己，也就是你跟自己说，我信赖安娜，我信赖我自己。那就是自信。好吗？

A：好。

T：你还有什么想说的吗？现在我们应该讨论的还有没有了？

A：我觉得没有了。

T：好，很好。记住啊，明天只是一场奇遇而已。我希望你进入一种状态，就像是你正在某个地方度假一样。到了一个你从来没有去过的美丽的地方，因为它真的是那样的地方，只是一场奇遇。明天对你来说会是一场探险、一个机遇，也是一次体验。对吗？

A：嗯。

T：好，我们要开始了，你坐在那儿舒服吗？

A：是的。

T：好！我会跟你说话，告诉你每一步要做的事情。现在先不要做。我会让你闭上眼睛，我们来做一个躯体引导技术，把你导入催眠当中。催眠，就是你的身体变得放松。你闭上眼睛的时候，身体和头脑就会放松下来。我要你在那种放松的催眠状态里移除掉恐惧。因为恐惧只是一个消极的习惯，会让你裹足不前。如果你能够释放掉那些恐惧，就能够享受自己所做的每件事情。记住，明天是一个很棒的机会。不管它将如何绽放，也不管它会如何可笑，不管那个经历是什么，就只是停留在当下，对此感觉良好，并且活在当下，不去想结果如何。因为我们无法决定结果。但至少他们会很喜欢你，非常想要雇佣你，这将改变你的职业生涯，水到渠成，所以就放松下来，顺其自然吧。

好，把你的双手平放在你的大腿上，一条腿一只。看着你的手，就这样看一会儿。安娜，现在把注意力放在你的呼吸上。当你深吸了一口气，留意到你的呼吸加深的时候就点头确认。你现在会立刻留意到自己的呼吸有些加深，深吸一口气，吸气……好，呼气……很好，你做得非常棒！再深吸一口气，吸气……呼气……很好！再深吸一口气，屏住呼吸……现在，呼气……很好！我接下来要你做的是举起你的手来，像我这样，立刻举到你的面前。看你的手，不要看我。我要你看着你的手，闭上眼睛，安娜。闭上眼睛就好，让你的手就停留在那儿，保持眼睛闭着，你的手就停留在你的面前。保持眼睛闭着，手就停留在那儿，因为你把手举到了空中，举到了你的面前。我要你点头确认，在我们开始之前我要你点头确认。点头就好，对，上下点头。现在，安娜，我要你做的是让你的手慢慢地向你的脸靠拢。保持眼睛闭着，让那只手离你的脸越来越近。当手停留在脸上的时候，就让它在脸上放松下来。手一碰到脸，就让它立刻停留在脸上。我们在提升我们所说的专注力高度集中的一种状态。现在就让那只手停留在脸上，停留在现在的位置上。现在那只手停留在脸上，就让它停留在那儿，同时让你的头缓缓地垂下来。现在，立刻让你的头垂下来，就让头向前垂下来，头向前垂下来，手掉落在你的腿上，保持眼睛闭着，我要你在心里想着，允许自己放松下来。安娜，保持眼睛闭着，我要你放松你的眼皮，让眼皮松弛下来。安娜，保持眼睛闭着，我要你放松你的头部，让头部感到更沉、更放松。安娜，保持眼睛闭着，我要你允许我立刻催眠你。保持眼睛闭着，让你的肩膀放松下来；安娜，放松脖子上的肌肉，现在，放松你胸部和腹部的肌肉；安娜，让自己全身的肌肉都放松下来，让你身体里的肌肉都感到放松、舒缓、安宁、平静而放松。安娜，当我从 5 倒数到 0 的时候，我每倒数一个数字，都会让你进入接受度更高，或者更深的催眠状态里。让你思维的大脑或者你的想法暂时离开这个房间。5，让你的眼皮更加放松，让你的头垂下来，头垂下来，再垂低一点，安娜，让你的头再垂低一点，放松你颈部的肌肉。4，放松你下巴的肌肉，让嘴巴微微张开，再张开一点，安娜，放松你的嘴巴，放松你的牙齿，放松你的下巴。3，放松你的手掌和手指。2，放松你的双腿。1，0！安娜，我要你保持眼睛闭着，让整个身体都完全放松下来。现在，给自己一个允许，允许自己放松自己的头脑。安娜，现在让整个身体都完全放松，让整个身体都变得平静、安宁而放松。保持眼睛闭着，现在我在跟你讲话，让自己的下巴再放松一点，嘴巴再张开一点，想象这种安宁的放松，不管它对你来说意味着什么，都感到平静、安宁而放松。我要你现在闭着眼睛，立刻感受到这种感觉。很好，你做得很棒！你做得非常棒！现在，安娜，我们要移除恐惧。我要帮助你移除你人生中现有的任何恐惧。你不会感受到它，但你会把任何一种恐惧从你的大脑中删除，从头脑里删除所有的恐惧。我们现在就要删除它。我要你给我一个允许，允许我帮助你删除所有在你人生中曾经有过的恐惧、不安全感或自我怀疑。安娜，现在，保持眼睛闭着，我要你在脑海里看见恐惧，但我不要你感受到它，因为它只是一个情绪而已。我要你在你的脑海里看到它，你看到那种恐惧，那种恐惧的情绪，但你感受不到它。我要你想象你把它从你的脑海里拿出来，放在你的右手臂上，因为你想从你的身体里释放掉它们，你想把所有那些跟恐惧有关的念头从身体里释放掉，毫无感觉地从身体里释放掉它。当我数到 3 的时候，我要你的右手臂立刻高高地举到空中，当我数到 3 的时候，举起你的右手臂，当我数到 3 的时候，我要你的右手臂立刻高高地举到空中。我要你同时想象，你把那种叫做恐惧的情绪从你的脑海里拿出来，从你的人生当中彻底地删除。安娜，当我从 1 数到 3 的时候，我要你的右手和手臂立刻高高地举到空中。现在，1，2，3！让你的右手臂立刻高高地举到空中，一路往上，很好！就让手停留在空中。我要你想象你开始从安娜的脑海里把安娜在过去的人生中所有那些叫做恐惧的情绪转移到那只手上，我们要释放掉它，从你的人生当中彻底地删除，从你的想法里删除，从你的脑海里删除！当我说"释放恐惧"的时候，我要你闭着眼睛，让那只手立刻掉落在腿上。当我说这两个词的时候，我要你想象你看见自己正给自己允许，将那个叫做恐惧的情绪拿出来，把它从真正的自己身上删除，从你的人生当中删除。当我说这两个词的时候，我要你的手立刻掉落在腿上，释放掉那些情绪，释放掉那些恐惧。现在，"释放恐惧！"让手掉下来！释放！头低下来！释放！看到它被擦掉，被擦掉，消失了，被移除了，从安娜本来的样子里消除了。安娜，你给自己一个允许，从现在这一刻开始，允许安娜曾经的恐惧消失，对别人的恐惧消失了。你允许自己从脑海里擦掉那个叫做恐惧的情绪。消失了，释放掉了。安娜，现在，保持眼睛闭着，感觉自己的头更沉了，就让你的头垂下来，让它垂下来，再垂低一点。很好！非常完美！现在你给自己一个允许，让恐惧消失。在心里默念，对自己说：我给了自己一个允许，在心里默念，我给了自己一个允许，允许恐惧消失，从现在开始！你就这样释放了它。释放！释放！释放！安娜，保持眼睛闭着，我希望你给自己一个允许，允许自己去改变，拥有一个新的情绪，叫做自信，自信！给自己一个允许，允许自己拥有叫做自信的习惯。安娜，你知道自信是什么，我们讨论过了，怎样才是自信的人。当安娜很自信的时候，她会非常信赖自己，工作会做得很棒，能够不遗余力。自信不是追求完美，而是在自己能力范围内做到最好。保持眼睛闭着，当我数到 3 的时候，让你的另一只手臂，左手臂高高地举到空中。我要你把那只手举到空中，代表着你把自信的情绪放进自己的思想和脑海里。当我数到 3 的时候，我要你的左手举到空中，这样你就可以把自信的情绪安装进你的脑海里、你的身体里、你的眼睛里、你的呼吸中，融入你的话语里、你的唇齿之间。当我从 1 数到 3 的时候，让你的另一只手臂，你的右手高高地举到空中。1，2，3！让你的另一只手高高地举到空中，高高地举到空中！停留在空中的那只手代表着自信。在心里默想：我很自信！我很自信！安娜，在心里默念这句话：我是一个自信的人！在心里默念：我对自己非常笃定。我总是把工作做得很棒，我的工作总是做得很棒。我不遗余力，我很放松，很平静，多才多艺，非常强大，非常开心。当我说"安装"这个词的时候，当我说那个词的时候，我要你的手立刻掉到腿上，把自信安装进整个身心。现在，"安装！"手掉下来，安装！手掉下来，把自信安装进你的头脑里。我现在很自信！在心里这样想，这样想就好。我本身非常自信！我是一件非常精美而又充满创意的艺术品。我很强大，很积极，很愉快。我很自信！我不再需要完美，因为我就是我，没有任何人跟我一样。所以我很自信！我本身就很自信！现在你把自信放进脑海里，你会看到自己明天去面试的情况，你会把这个面试看做一场探险，一个机遇，一种体验。安娜，当你走进去跟大家见面的时候，你的身体非常放松，感觉到平静，对自己非常笃定。你很自信，交流的时候从容自如，充满信心。因为你有创造的天赋，没有任何一个人跟你一样。你是一件杰作。跟自己说：我是一件杰作。你有内在的美，友善开朗，充满爱心，是个开心的人。这就是你。在心里默想：我信赖自己，我信赖自己，我信赖自己；我很自信，对明天的面试感到兴奋；我充满创意，活力十足，非常强大、积极。现在，你意识到自己不再需要变得完美。安娜，所有你要做的只是成为你自己，成为安娜本身已经非常完美。你在每个方面本来就很完美了。在心里默想，成为我这样的人已经很完美。在任何方面都很完美。所以，接纳自己现在的样子。保持眼睛闭着，我要你吸入一种感觉，感觉到很开心，一丝微笑开始绽放在你的脸上，感觉到自信而开心。现在，一丝微笑立刻绽放在你的脸上。安娜，让那个微笑在脸上绽放，你会意识到明天会是一个很棒的机会，非常激动人心，非常有趣的一场探险之旅，那只是一个机遇，一次经历。他们会认为你充满魅力，令人惊艳，自带光芒，能量充沛，充满创意，才华横溢，因为你，安娜本来就是这样的。你的内心非常清楚地知道这一点。我要你在心里默念：从现在开始，我永远爱自己本来的样子。我爱自己，如我所是，从现在，到永远。安娜，保持眼睛闭着，吸入一种感觉，感觉到很棒，准备好去面试了，准备好抓住这个机会了，准备好明天去赴这一场令人激动的探险之旅了。安娜，让一丝微笑浮现在你的脸上，那是你的自信。每次你微笑的时候都会更加自信，对自己更加笃定，更有安全感，更加开心，更强大，更平静，更放松，更有创意，更有活力，更有才华。这就是微笑。明天当你参加面试的时候，你会带出这些能量，每个人都会感受到它。因为你本身就能激励身边的人，比任何空中的彩虹或者鲜花更美，因为安娜生来魅力十足，甚至在心里跟自己说，我是一个魅力十足的人！安娜，点头确认，点头确认。是的，这是一个事实，我很自信。好的，安娜，保持眼睛闭着，让我看到你嘴角和脸上的微笑，让我看到你脸上这幸福的微笑，让微笑绽放，越来越开心，越来越明媚，越来越开心，对，就是这样，就是这样，无法抑制的笑容，安娜，你无法抑制对明天面试的兴奋，所以会非常的积极，这样你会做得很出色！是的，明天你会成为天空中的明星。当我数到5的时候，我会说"自信"这个词，我要你睁开眼睛，焕然一新，感觉很棒。当我数到5的时候，1，2，3，4，5！自信！睁开眼睛！睁开眼睛！太棒了，就是这样。很好，现在，你已经有你需要的一切了，能够成为你人生中最好的自己。好吗？很好！（我可以把音量调小了）你感觉怎么样？

    A：很平静……自信。

    T：自信，太完美了！

    A：放松……

    T：太棒了！我们今天做了一次，明天早上我们再做一次，好吗？

    A：好的。

    T：明天早上 9 点可以吗？

    A：正合适。

    T：准备好你的简历，准备好一切，因为明天是个令人兴奋的日子。你会做得很棒，一切都会很圆满，好吧？

    A：太感谢您了！

    T：我的荣幸。那么我们明天早上见！

    A：好的，非常感谢！

    T：不客气，祝你晚安！

    A：谢谢，您也一样。明天见！

    T：明天见！再见！

    A：再见！

# 案例三　课堂演示

## 无法摆脱香烟的酒店服务员

本案例是根据汤姆·史立福老师在英国催眠课上的现场催眠演示录音听打翻译的逐字稿。个案是当时为培训室服务的一名酒店服务员，21 岁。被汤姆老师的课程吸引，请求汤姆老师以他为案例帮助自己催眠戒烟。为保护来访者，名字都采用了化名或者用代码表示。T 代表汤姆老师，C 代表个案。

T：今天会是一场催眠治疗实况直播，我们的目标是从这位绅士的人生中移除一个习惯，这样他就可以做自己想做的事，并且把自己想做的事做得更好。因为到目前为止，这个习惯似乎削弱了他的能量。你能告诉大家你的名字吗？

C：是的，我叫克里斯·泰楠。我工作有大约 7 个半月了，这位绅士要在这里帮助我戒掉抽烟的习惯。

（学员们开始鼓掌）

T：克里斯，我们来聊一聊这个抽烟的习惯吧。这习惯是什么时候开始的？

C：从很小的时候就开始了。我们家一家三口都抽烟。我父母本来就吸烟。我围着他们转，被动吸烟。上了高中以后，很多十几岁的青少年也抽烟，看上去很酷，我们都开始抽了。几年以后，上瘾了，非常棘手，很难再放下。我现在快21岁了，这个习惯太久了，我竭尽全力想要戒掉，我学太极，学功夫，希望能帮到自己，这的确帮了我很多，但于事无补，因为练习的时间少了，现在我每天要工作。我每天回家练习的时候，能够感受到它。我能够真切地感受到我能产生的能量，感受到如果我戒烟以后能够如何地一往无前。现在这位绅士，交给您了。

（学员笑）

T：他很棒吧？

学员：是啊！

T：好，他是关系型吸烟者还是情绪型吸烟者？哪一种呢？

学员：关系型吸烟者。

T：嗯，他尝试了其他的一些方法，以为体育运动或者锻炼能帮助自己，你做的是什么？功夫？

C：嗯，功夫。

T：你觉得吸烟使自己缺乏精力和活力去练习自己喜欢的功夫，是吧？

C：对，是的。

T：好的，过去你有没有用传统的戒烟方法戒烟？

C：我试过尼古丁口香糖，大厅里到处都是尼古丁口香糖的盒子。（学员笑）不管花多少钱，我都会去买。它的确有效，我可以放下。但不可置信的是，那种压力很快又会回来，你又开了一盒。就在前几天，我得到了很多信息，不管相信与否，尼古丁会成瘾，它形同垃圾。就像我昨天跟您说的，其实一切都与呼吸有关。当你吸气的时候，吸入一种烟雾，不是烟雾，或者尼古丁让你感觉，啊，好受多了。的确好受多了，那只是因为呼吸本身，你深呼吸的时候，让自己觉得好受些了。

T：也就是说你可能吸入了其他的化学品，这点我们前边谈过了，也可能是因为这个。你烟龄有几年了？

C：从12岁开始吧，现在我21岁了。

T：好的。21岁了。你每天要抽多少支香烟？

C：每天 10 支。

T：每天 10 支，不算太多。你有没有发现在某些特定的时候会比其他时候抽烟多一些？

C：是的，一定是这样的。阴天的时候，去酒吧打台球的时候。如果我打台球的时候，手上没有香烟，边上没有放一瓶酒，就会觉得不合适。虽然不是很强烈地想要抽烟，我也没有想到香烟，但你知道，我想把它从脑海里彻底地抹掉。我出这个门的时候一定会戒掉它。所以我很期待。

T：好的，也就是说有个触发点。当你出去玩的时候和打台球的时候，你喝酒吗？

C：是的，哦，不，喝得不多。

（学员大笑）

T：好机灵的小伙子呀！你曾经喝过啤酒吗？

C：是的，喝过一点儿，就一点儿。

T：好的。

（学员笑）

你曾经在喝酒的时候抽烟吗？

C：嗯嗯。

T：好。除了出去打台球和喝啤酒的时候抽过烟，在人生中的其他时候你还一边做某事，一边抽烟吗？

C：是的，偶尔的，当你感觉到压力很大的时候，会觉得需要抽支烟。我觉得这会让我平静、放松下来。

T：嗯，也就是说你也因为有压力而抽烟。

C：嗯。

T：通常一天当中你会在什么时候抽第一支烟？如果每天抽 10 支，那么第一支是什么时候？

C：大概是我去上班之前。

T：好。

C：大概是骑车上班之前抽一支，到了单位抽一到两支，因为我们有个吸烟区，然后在几次工间休息的时候抽几支。

T：也就是说工作的时候有几次休息时间。其他时间呢？用餐时间呢？

C：没有，用餐时间从来不抽烟。

T：餐后不抽吗？

C：不抽。

T：好的。（面对学员们说）我只是讨论一下。（学员笑）看，每个人都有自己的规律。在美国，90％的吸烟者餐后要抽烟的。这非常有趣。

（对 C）现在，你在意识层面如何看待香烟？你对抽烟的真实感受是什么？你对它有什么感觉？

C：我恨它。但愿我能摆脱它。我总是自我怀疑并且想，如果我从来没有吸烟，我现在会在哪里呢？我会完成些什么呢？我会在哪些方面获得进展呢？因为如果我不开始抽烟，就不会越陷越深。如果我从来没有拿起香烟，我应该在某个地方接受非常专业的培训。谁知道呢？你知道，在那么小的年龄，这一切都有可能，一切都与精神健康和身体健康相关，仅仅因为抽烟，害得我不够健康。我的确憎恶它，我恨它。但是我却无法放手。除非你来……

（学员笑）

T：因为你感觉到它困住你，让你无法实现目标，所以抽烟的时候会让你觉得愧疚吗？

C：是的，的确如此。

T：伙伴们，在我们开始之前，你们有问题要问克里斯吗？这是我们在催眠之前给大家的机会，有什么问题吗？请讲。

学员 1：在这周之前，你是否彻底摆脱了尼古丁？

C：是的，肯定的，就在昨天或者是前天发现了尼古丁所做的不过是另外一种成瘾之后。

学员 1：所以就能够更容易地摆脱它了是吧？

C：是的，更容易一些，更容易。

T：同学们，还有问题吗？我们通过发问来学习。

学员 2 ：你吸烟的时候还有享受的感觉吗？或者还有让你觉得愉快的时候吗？

C：是的，我可以很确定地说，比如说你在一个酒吧里或者酒馆里，在打台球的时候，那会让我觉得自己很好交往，而且我感觉自己坐下来，点一支烟，喝一杯酒，打着台球跟别人交流的时候会很合群。这就像是一种成规。那的确跟合群有关，但现在对烟的真实想法却是压力，会让我觉得自己的心灵很脆弱。当我静下来思考，烟到底在我身上做了什么？它让我停止了骑行。现在我能感觉到它，我能感觉到它禁锢我的力量。是的，它的确做到了。所以，上帝啊，停下来吧。

学员 2：它还影响了你的呼吸是吧？

C：我的呼吸，是的，更虚弱，胸部呼吸很浅。

学员 2：你觉得吸烟的原因是什么？

C：一种遗传，从我父亲那里来的。

学员 3：噢，我觉得还是直接把台球戒了吧。

（学员大笑）

C：不，打台球很健康啊。当然我也有很多爱好。那只是我跟朋友一起玩儿的一种。

学员 4：克里斯，你觉得你是不是还没准备好要戒烟？

C：我今天就要戒掉它。随着你们每个人跟我聊天，帮助我，几天来也一直在鼓励我，现在我很确定今天我一定会戒掉它。

学员 5：如果你戒烟了，你的朋友还继续抽烟，你会怎么想呢？

C：我明白你的意思。我想要坐在这里戒烟的真正原因是：我对此有一点紧张不安，但同时我也知道，如果这位绅士能够从我的脑海里把它擦除，那么我就可以很开心地摆脱烟草的奴役，回归生活，平静而意志坚强。因为我知道这给你们带来了什么。我不想让它再影响我，我不想让任何人再影响我。

学员 5：是的。

T：还有问题吗？

学员 6：如果连续几周不抽烟的话，你会怎么看待自己？你会有什么不同？

C：我会更帅更健康啊！（学员们笑）我的爷爷吸了 52 年烟。医生跟他说，戒烟吧，否则我怕你活不久了。然后他就戒了。接着警报解除，恢复正常了。戒烟之后的两周，他再也不像以前那么痛苦了。随着呼吸，烟毒消失，那两周之后，他说他从来没有感觉到人生如此美好。

学员 6：也就是说你非常希望看到自己戒烟以后也会这样对吧？

C：肯定的。你是喜欢走上坡路还是下坡路啊？

学员 6：嗯。

C：永远往上走对吧？

学员们：不，不。

C：不是吗？

学员意见不一，有人说：那只是一个方向。因为当你长大成人，很容易停下来的。有时候是心理上的事情，可能有个信念说，要提升之前必须要先到谷底。这有可能会发生。你利用这个信念，期待戒烟会发生，你期待这个会发生，但可能不会发生在每个人身上。

C：那只是个打算。

学员 7：是的。

T：在你的健康、能量和活力方面，如果不需要先降到谷底而是直接提升，你会感觉如何？ 因为你的身体并不是充满烟毒。也许你的爷爷这样，但你不是。你刚刚说过是吧？

C：对。

T：你没有吸那么多烟，只要你的肺里并没有充满那些烟毒，那些化学品……

C：如果没有工作和培训，也没有体育锻炼的话，我通常会去酒吧，但实际上晚上去了却找不到自己想做的。我一停止每天骑行，去朋友家里一起锻炼，就会立刻觉得说，不，我真的希望做得更好。

T：你希望多骑自行车吗？

C：是的，肯定的。

T：是什么阻碍你多骑自行车了？

C：一辆汽车，一张驾驶执照。

（学员大笑）

T：好，哈哈，好。

C：是四个轮子啊！所以……

T：但你希望多骑自行车。

C：是啊，当然这样。如果按下按钮就可以跑步，我没有任何问题。我有点懒。

T：嗯。如果现在你已经不抽烟了，你觉得在哪些方面你能做得更好？

C：当然会多做运动，多工作。还有，当你工作时抽烟，尼古丁控制了你的大脑，告诉你说离开尼古丁的话，你会感到有压力。如果你在一个有压力的环境下工作，你不断地工作，两三个小时以后，压力越来越大，尼古丁会让你产生要骂人的冲动，或者使你想坐下来喝杯咖啡，这样其实不好。

T：嗯。

C：你不想这样，是吧？

学员 8：不想。

C：你希望自己一整天都能保持头脑清醒。

T：嗯。还有其他问题吗？

学员 9：你享受的是什么？

C：什么意思呢？

学员 9：你是不是总是想着要逃避不抽烟时的痛苦？还是说享受抽烟时的快感呢？

C：可能是第一个答案吧。

T：克里斯，你把抽烟和压力绑定在一起了，是吧？

C：嗯。

T：好。除了压力之外还有什么其他的原因导致你抽烟吗？

C：并没有，没有。

T：晚上睡眠怎样？

C：不错。

T：嗯，睡得不错。你在意识层面上，全身心地想要戒烟，很期待把今天当成是抽烟的最后一天，以后永远不再吸有毒烟草了。

C：是的。

T：你会立刻去完成我要你做的每件事。好，如果没有其他问题的话，我已经可以开始了。

好，我要做的是从生理上移除掉那个习惯，从你的大脑和身体里删掉它。这样它就不再跟你有联系了。我一把它删掉，就会带你进入更深的催眠，给你制定一个每天可以使用的程序。这个程序会给你带来更多自信，更大的动力，变得更健康。永远释放掉那个旧的习惯，并且感受不到任何消极的反应，你能感受到的只有积极的收获。每天都能够感受到这种积极的反应，使你能够控制你的思维，你的身体。你的身体会变得越来越健康。身体是你思维的栖息之地，是你头脑的礼拜之所，就像你的神圣殿堂一样，它理应非常健康。尤其是你还在练习功夫，功夫，比如太极，需要你全身心地投入。现在你允许我去帮助你摆脱这个习惯吗？（克里斯回答：是的）不仅仅是今天，也不仅仅是明天，而是在你的余生里再也不吸食有毒的烟草？你再也不会回到过去继续吸有害烟草了，是吗？

C：是的。

T：太棒了。看，我的催眠前谈话是让来访者追随他们的心，做自己想做的，而不是做我想要的。我们想要戒烟的原因是你想要戒，你想要练好功夫，你想要骑自行车，你想要有动力，你想要在工作中充满了活力，你想要能够百分百地掌控自己的人生。对吗？

C：对。

T：好，克里斯，在我们开始之前你还有什么问题要问吗？

C：没有啦！

T：那好，你知道，催眠是一种非常自然的状态，每一天我们都会进进出出。它是专注力的最大化，就像你知道的，当你练功夫的时候，到了某一个点，你会进入状态，会感觉到非常的纯粹，就是那种专注力非常集中的状态，所以就是一种非常自然的状态。人们有时候开着车或者骑着摩托车到了目的地，他们可能就是在思维和头脑专注的催眠状态下自动导航过去的。还有电影，我们每个人都去看过电影，然后感受到了电影里的情绪，就好像生活在那场电影里一样。有人有这样的体验吗？如果是，那时你已经处于催眠状态了。还有一种就是体育比赛。你曾经观看体育比赛，然后真切地被那个比赛场地的激情感染了吗？

C：看篮球比赛的时候。

T：很好！很好，非常棒。那也是一种催眠状态。你喜欢音乐吗？

C：是的。哦，不，我有点五音不全，老是跑调儿。

（学员大笑）

T：好的，事实上有一天我听到你一个人在唱歌。实际上他的嗓音非常优美，那些都是专注力高度集中的状态。今天，我要催眠你进入接受度很高的状态。我要给你想要的人生，而不是我想要的人生。那就是，能够拥有自由，永远远离有害的烟草。并且再也不会回头去吸食烟草，不管是你去酒吧也好，去打台球也好，你周围吸烟的人对你不会有任何的影响，反而会让你的决心更加坚定。你完全能够掌控自己的头脑，从现在开始，你要让自己的身心都完全健康。这是你要给自己的一个礼物，不是我给你的。今天你会给自己这个礼物，这就是你来此的目的，我在这儿也是为了帮助你实现这个目标，并且每一天都可以实现你的任何一个目标。我也会同时提高你的自信和动力，使你做的每件事情都更加成功，可以吗？

C：可以。

T：好的，很好。现在我基本上写好了我的精神处方了。我听到了他说的，也会给他想要的，他值得拥有那些美好的东西。今天，没有任何事、任何人能够阻碍他实现自己的目标，包括他曾经的自己、曾经的习惯或者是所谓的香烟。同学们，我们要开始了。我要你不加思索地立刻按照我的指令去做。当我让你放松，进入催眠，你的头脑和身体立刻进入这种美妙安宁的放松之中，有点类似于进入冥想的状态。但这是一种有引导的冥想。我要你拿出你头脑最虚弱的部分：你意识的大脑。实际上它有些削弱你的目标，倾向于给你一些借口，让你以为自己在打台球的时候，喝酒的同时要抽烟。事实上你是可以把它们分开的，可以把你的情绪、你的习惯从现在所享受的这个惯例上分开。所以，把你意识的大脑拿出来，把它放在房间的某个角落里。这样我的疗愈就是跟你的潜意识直接进行沟通，那里有你90%的情绪、感受以及那个抽烟的习惯。好吗？我会移除掉它。我要强力地移除掉它，即使以后你想要回到吸食有毒烟草的习惯里，你也回不去了，并且你也绝不会想，因为你把曾经的习惯跟今天以及以后的每一天里你非常想要成为的那个人隔离开来。好吗？

C：好。

T：好，很好。双脚平放地板上，坐直身体，让自己舒服地坐在椅子里，克里斯，双手平放在大腿上，现在还不要闭上眼睛，我让你闭眼的时候再闭眼。克里斯，第一件事是要提高你的注意力。现在是时候了，对你来说这是一个机会，去改变你的人生，实现你人生中值得拥有的一切，也就是说每件事都会是最好的。人生苦短，没有时间用来浪费，也没有时间用来为自己需要做、想做而没做的事情感到愧疚。现在事情会很简单，你只是从那个吸食有害烟草的习惯边上走开，永远地离开。恭喜你，这很快就要见效了。对工作会非常有帮助，没有任何事可以妨碍你的工作。好，现在看着你的手，我要你放松你的手，克里斯，现在，看你的手。我要你看着你的手，让他们变得松散、柔软又放松。现在我们要尝试一个技术来提高你的专注力。克里斯，我再说一遍，立刻不加思索、毫不怀疑地按照我说的去做。当我让你进入催眠放松的时候你会立刻被深深地催眠。我要你感觉到自己的眼皮变得越来越沉，越来越放松，深吸一口气，深深地吸一口气，给自己一个允许，允许自己的眼皮变得非常的沉重，越来越沉，昏昏欲睡，眼皮合下来，合下来。我还没有催眠你，我们只是在提高你的专注力。催眠就是专注力的高度集中。眼睛闭着，手放松地放在腿上。我要你想象你的手变得非常温暖，非常放松。放弃对手部所有肌肉的控制，让它松散，柔软，放松，就像一个放松、柔软的橡皮筋一样。保持眼睛闭着，克里斯，随着你手部的放松，我让你感受到一种温暖舒缓的感觉，就只是一种温暖舒缓的温度，酥酥麻麻地从你的手蔓延到你的腿上。你能够感受到你的手放在腿上的温度，就让手变得温暖。非常的平静，并且感受到那种温暖。点头确认。很好！现在睁开眼睛，抬头看我。我们现在就要开始了，立刻按照我的指令去做，深吸一口气，屏住呼吸。呼气，让眼皮缓缓地合下来，合下来，合下来，合下来，非常好。克里斯，现在你的眼睛闭上了。我要你把注意力专注于你的呼吸上，留意到你的每一次吸气，每一次呼气。当你深吸了一口气的时候，你留意到自己的呼吸加深，就点头确认。很好，你做得非常棒。保持眼睛闭着，做三次深呼吸，每一次呼气的时候，当你缓缓呼出空气的同时，我要你想着放松、放手，当我让你进入催眠放松状态的时候，允许我深深地催眠你，进入接受度很高的美妙的放松之中。保持眼睛闭着，当我数到 3 的时候，我要你的左手举到你的面前，掌心朝向你的脸。当我数到 3 的时候，我要你把左手举到你的面前，掌心朝向你的脸，离你的脸大约 20 厘米的距离。现在，1，2，3！左手举到你的面前，我要你的头靠在椅背上，左手就在你的面前。我要你想象，甚至勾勒出这幅画面，假装你能够看到左手停留在你的面前。我要你点头确认。很好！克里斯，现在我们要挖掘你富有创造力的想象力。当我数到 3 的时候，我要你想象如果我在你的左手指缝间放入很多的小木片，那会是一种怎样的感受？当我数到 3 的时候，就让左手的手指推着、拉扯着，远远地分开。1，2，3！手指分开，远远地分开，你指缝间那些小木片推着、挤着，让你的手指远远地分开！远远地分开！远远地分开！远远地分开！远远地分开！放松右腿上的右手，当我数到 3 的时候，想象你的左手像磁铁一样，让左手立刻向你的脸靠近。你的额头上也有一块强大的磁铁，吸引着你的左手越来越近，越来越近，越来越近！抬起，抬高，拉着，扯着，越来越近，离你的脸越来越近。随着手离你的脸越来越近，你的专注力越来越集中，深化了你的催眠放松深度，手越来越近，离你的脸越来越近。当手一碰到你的脸，我要你让左手在脸上放松下来。当你想着左手的时候，我要你想象有 5 倍的磁力吸引着它。越来越近，越来越近，抬起，抬高，拉着，扯着，越来越近，离你的脸越来越近。当你的手碰到脸的时候，我要你让左手停留在脸上，放松下来。手一碰到你的脸，立刻让它在脸上放松下来。很好！对，就让它停留在那儿，就停留在那儿。你的专注力达到了巅峰状态。很棒的专注力！强大的专注力！真正的专注力！就让你的手停留在脸上的这个位置。当我从 3 倒数到 0 的时候，就让手停留在脸上，当我从 3 倒数到 0 的时候，放松你颈部的肌肉，让你的头低下来，手仍然放松地停留在脸上。当我从 3 倒数到 0 的时候，让你的头缓缓地低下来，让手停留在脸上，放松颈部的肌肉。3，头越来越沉，垂下来，垂下来，垂下来，手放松地停留在脸上。2，感受到头垂下来，颈部的肌肉放松下来，现在，让头垂下来！1，让手停留在脸上。0！突破阻抗，手在脸上放松下来，过一会儿，我会走到你身边，我会触碰你的肩膀。当我触碰你的肩膀，并说"睡"这个词的时候，你的手会掉落下来，头会靠在躺椅里，下巴的肌肉放松，嘴巴张开。立刻进入接受度很高的催眠放松之中。当我触碰你的肩膀，说"睡"这个词的时候，让你的手立刻掉落在你的腿上，立刻倒在躺椅里，放松下巴，让嘴巴从容放松地打开，进入深深的催眠放松之中。我一触碰到你的肩膀，手掉下来，头躺下去，舒缓地靠在躺椅里，被深深地催眠。手掉下来，睡！下巴放松，就停在这儿。嘴巴张开，进入更深的催眠睡眠之中。我的触碰、我的声音不会对你造成任何的干扰，只会让你进入更深的催眠之中，越来越深，随着你的每一次呼气，越来越深。越来越深地睡着。5，4，3，2，1，0。过一会儿，我会拿起你的手，我不要你来帮助我，我要感觉到它保持非常的放松。当我松开你的手，它会立刻掉落在你的腿上，手会百分百地放松下来。当手掉落在你的腿上的时候，你会进入 20 倍的催眠睡眠，不受控制地想让嘴巴张开，再张开一点，现在，放松你下巴的肌肉，不要帮助我抬手，让它放松，让它放松，让它放松，松散，放松，睡！更深地睡着！我会拿起你的手，当我松开它的时候，它会立刻掉落在你的腿上，你的手会立刻重重地落在你的腿上，从容自如，毫不费力。你会进入 20 倍的催眠睡眠。不要帮我抬手，让它放松，睡！深深地睡着！很好！保持眼睛闭着，想象一种温暖放松的感觉，想象这种放松的感觉让你的左脚和你的右脚都放松下来。每一次呼吸呼气的时候想着"睡"这个词，进入一种美妙的、深深的放松睡眠之中。

想象那种放松的感觉，缓缓地蔓延到你的左脚和右脚。想象这种感觉，仿佛你放松了身体里的每一条神经、每一根纤维、每一块肌肉、每一个组织，松散、柔软、放松，就像昨天已经过去，而明天还在千里之外。现在就让这种放松向上蔓延，舒缓地进入你的脚踝。下巴放松，嘴巴张开，进入更深的睡眠之中。感觉到这种放松舒缓地蔓延到你的脚踝，进入你小腿的肌肉，蔓延到你的膝盖。想象就像有人拔走了你身体里的一个塞子，今天你会释放掉所有的压力、紧张、担忧、消极的情绪。你会变得更加平静、安宁、开心。让这种放松舒缓地蔓延进你的膝盖，缓缓地放松你大腿和臀部的肌肉。深吸一口气，呼气的时候释放掉所有的这些压力、紧张，从你的人生中、从你的头脑里彻底地释放掉它们。现在，感受到那种放松，就好像有 100 只小手指在给你的背部做按摩一样。从肩膀到手指完全放松了下来，有一种酥酥麻麻的感觉在身体里蔓延。现在，一种全新的平静、舒适、安宁的放松进入了你的人生。有 100 只小手指在你的头顶给你做按摩，一路往下，到你的眼皮，到你的脸颊，到你的双腿。保持眼睛闭着，想象你闭着眼睛往头顶看。眼皮非常的松散、柔软、沉重，让自己的下巴放松，嘴巴微微地打开，就像有一个小砝码悬挂在你的下巴上一样，下巴更放松。你被深深地催眠了。每次我让你进入这个深度的放松状态，当我让你闭上眼睛，说"睡"这个词的时候，你会立刻平静、安宁、放松地进入深深的催眠状态。你给自己一个机会去移除这个程序，从你的人生当中去移除这个习惯，重获自由。你值得拥有自由。保持眼睛闭着，当我从 3 倒数到 0 的时候，我要你带出那种曾经的想要抽烟的冲动、愿望或者渴求，你不会感觉到它，我们会把那种情绪上的习惯从你的头脑当中、从你的人生当中、从你的世界里彻底地移除。当我从 3 倒数到 0 的时候，我要你回到你的脑海深处，回到你打台球的时候，心中升起一种对香烟的渴望。你不会感受到它，但是当我从 3 倒数到 0 的时候，你的左手会一路往上高高地举到空中。代表着那个习惯绑定在你的这个动作上，我们今天要删除掉它。从此以后，你将永远感受不到这种渴求了。现在，当我从 3 倒数到 0 的时候，让你的左手一路往上高高地举到空中，想象你打着台球，心里升腾起那个渴望。那个对香烟的渴求，现在，3，让你的左手慢慢地举到空中，让它举到空中。2，将它高高地举到空中，现在带出那种情绪，让它高高地举到空中。1，高高举在空中的手代表着这个消极的情绪上的习惯。你把它跟吸食有害烟草绑定在一起，今天你想要释放掉它。当我拉一下你的手，跟你说"睡"的时候，立刻释放掉 50% 的那个消极的情绪、强迫的渴求、对香烟的渴望。因为那只是过去的一个习惯，现在你想要永远地放手了。当我拉一下你的手，跟你说"睡"这个词的时候，50% 的那个渴求、情绪、习惯会立刻消失。睡！深深地睡着。释放！过去了，即使你想要寻找也找不到了，因为现在你已经释放了 50%，就像是浪花消弭在大海，溪流融汇进海洋，50% 的那个习惯、情绪或者是对那个有毒烟草的渴求已经消失了，即使你想寻找也回不来了，因为你把它轻松地擦掉了，消融了，关掉了。深深地睡着，深深地放松，克里斯，当我从 3 倒数到 0 的时候，我要你再次回到你打着台球想要抽烟的时候，我要你带出那种对香烟的渴望，对抽烟的习惯在情绪上的那种感受。当我从 3 倒数到 0 的时候，让你的左手举到空中，只能举到半空中，不管你怎么努力都举不高了，因为 50% 的那个习惯已经消失了，不见了，就像是昨天已经过去，再也无法回来，而明天还在千里之外。当我从 3 倒数到 0 的时候，我要你带出那个习惯，对香烟的那个渴求，你会努力抬高你的手，你的手会停留在半空中，无论怎么努力都抬不高了，因为它就只会停留在那儿。回到酒吧，回到台球馆，打着台球，渴望抽烟，我要你带出那种情绪，让你的左手举到半空中。3，左手抬高，抬高，努力抬高！再也抬不高了。不管你怎么努力，手只能举到半空中，因为 50% 的那个习惯已经消失了，回不来了。2，1，手就停留在那儿，你努力抬高你的手，但手再也抬不高了。尝试感受到它，但你感受不到它。释放掉 80% 的这个习惯，睡！擦掉它，释放它！它已经离开了你，以前不属于你，现在更不属于你，你曾经以为你需要它，但现在你知道，你根本就不需要它。现在这个习惯，只剩下 20% 了。80% 的习惯已经消失了，就像蜡烛融化在烛光里，就像昨天已经过去，它只是你过去的一个习惯。你跟过去告别，是时候继续前行了。因为你有更多的目标，有比这有毒的纸烟更重要的事情。香烟从来不是朋友，而是你的敌人，这是你要摆脱它的原因。你已经不需要它了。深深地睡着！5，4，3，2，1，0，下巴放松，嘴巴张开，深深地放松。很好，你做得非常棒！现在，当我从3倒数到0的时候，我要你尝试带出这个习惯，这种对香烟的渴望。我要你努力尝试，把它带出来。就像你在酒吧里，你在台球馆，一边喝酒一边打球的时候，非常想要抽一支香烟。你会发现，当你尝试要带出这个习惯的时候，80%的那个习惯，那个情绪，那个渴求已经消失了。当我要你抬起你的左手的时候，那只手只会抬高几厘米。不管你怎么努力，那只手再也抬不高了，因为你从你的大脑里、从你的人生中删除了80%的那个习惯，你已经释放掉了。这是你想要实现的，你非常清楚这一点。当我从3倒数到0的时候，我要你立刻想象自己想要抽烟，竭尽全力去带出那种感觉。你不会感受到它，我们会把它转移到你的左手上，让你的手从你的腿上抬高几厘米。不管你怎么努力，都无法再抬高了。3，尝试带出那种感觉。2，尝试一下，你无法抬高，你已经释放掉它们了，它们已经从你身上分离出去。1，努力尝试，你无法抬高你的手，再也抬不高了。80%的习惯已经消失了，它停留在过去，而你已经不是过去的那个人了。停留在空中的手代表着剩下的20%的习惯。今天你会释放掉它！0，手掉下来！睡！下巴放松，很好，你做得非常棒！现在只剩下10%了。90%的习惯已经消失，回到了过去。就像记忆一样，一切只是一个曾经的习惯而已。今天你会释放掉它。现在只剩下了10%的渴望和情绪，或者是对香烟的任何一种感受。当我从3倒数到0的时候，我要你再次想象自己在酒吧打着台球。我要你努力尝试抬起你的左手，你会发现自己甚至无法抬起手来，也许只是某个手指会抬高一点，90%的习惯已经消失了，不见了，蒸发了，就像昨天已经过去，再也回不来了，那个习惯也已经消失了，再也回不来了，即使你想要寻找也找不到了，况且你根本就不想要它。因为你已经把它删除了。当我从3倒数到0的时候，我要你尝试把那只手举到空中，也许手指会抖动，会抬高一点，其他的根本就不会发生，因为90%的那个习惯已经消失，远离了你的头脑、你的人生、你的世界。这是你想要的，也是你值得拥有的。3，尝试带出那感觉，竭尽全力地去尝试。2，竭尽全力地尝试带出那种感觉，带出那个欲望、渴求、习惯。只有手指举到空中，手根本无法移动，你带不出任何感觉，你已经斩断了那个链接，跟那个习惯隔离开来。你已经释放掉它了。现在，睡！10% 已经消失了，丝毫不剩。让下巴放松，进入更深的放松之中，非常安全，完全被保护，平静而安宁。百分百的那个对香烟的欲望、渴求和习惯已经完全地消失了。它们留在了过去，再也回不来了，即使你想要寻找也找不到了，而且你根本就不想要寻找。它已经完全地与你剥离开来，从台球上剥离开来，从啤酒上剥离开来，从工作中剥离开来。你断开了与这个有毒烟草有关的所有的链接，永远地斩断了。你甚至感受不到那个欲望，你甚至无法带出那个习惯来，因为它已经不在了，只是完全不在了。我们会做一个测试，当我从 3 倒数到 0 的时候，想象你自己在台球桌上，想象自己尝试带出想要抽烟的感觉，但是想象那个感觉不见了，就像是把一小撮沙粒扔到了海滩上，消失在茫茫的沙粒中；又像水从水龙头滴下来，消失在水槽中。现在，水停了下来，你的习惯也停了下来，那个情绪也停了下来，欲望也不见了。他们被关掉了，停留在过去。你接纳自己的过去，不带任何愧疚。当我从 3 倒数到 0 的时候，竭尽全力去带出那种情绪，或者是对香烟的那个欲望、渴求。你尝试举起左手，但却完全无法移动，你的手一动不动，因为习惯已经没有了，不在了。左手变得松散、柔软，就像一个布娃娃，无法抬高，感受不到任何的情绪。3，2，1，0！它消失了。3，2，1，0！它不见了。我要你吸入一种感觉，感觉到非常非常自信，非常非常强壮，你成为了一个功夫大师。强大，拥有能量和活力，每一天都活出极致，享受所有的奇迹，你的健康，你的人生，你的幸福，你的能量！吸入那种感觉，让你的右手立刻高高地举到空中！现在，右手立刻高高地举到空中！这是你的自信！你的动力！你的成功！你的能量！你的力量！你的活力！右手无法落下，除非我去拉下它来，让这些情绪进入你的潜意识。当我去推你的手的时候，它会变得越来越强壮，举得越来越高，越来越高！越来越高！越来越高！越来越高！越来越高！很好！这就是你！这就是你的人生该有的样子！这是你每天给自己的健康礼物：力量、能量、功夫，享受骑行，享受体育锻炼，享受你当下的太极，非常的纯粹，比以前任何时候都更纯粹。每一天，你的每一项例行工作都摆脱了那个有毒的烟草，获得了永远的自由。你身边吸烟的朋友对你没有任何影响，只会强化你的信心，让你更加坚定地远离烟草。你永远不会回到过去，吸食那些有毒的烟草。当手掉落下来，你会留意到自己脸上的微笑，那是你的自信，是你的成功。你的余生都会很健康。接纳过去，断开那个习惯，断开那个情绪，斩断那个欲望和渴求，你只是关掉它们。即使你想要有那个欲望也找不到了，因为它消失了。当我说"睡"的时候，手会立刻自动地掉落下来，脸上绽放出自信的微笑。手掉落下来，"睡！"脸上绽放出微笑，这是你的自信！你的能量！你强大的头脑！你成为了自己头脑的主人，主宰了自己的人生，吃健康的食物，拥有健康的思维，百分百相信自己！你会成为伟大的功夫大师，一代宗师！每天你都很享受骑行，享受体育锻炼，在工作中动力十足，激情万丈，令人炫目！接纳你的微笑，你在忍着，让它绽放开来。你在忍着微笑，让它绽放开来。你尝试忍着微笑，让它绽放开来。当我数到 5 的时候，你会完全清醒，永远摆脱了那个曾经的习惯，一劳永逸，获得了自由。那只是过去的一个习惯。你接纳这个事实。现在，微笑，让微笑绽放，那是你的自信。你尝试要忍住不笑，但你忍不住要微笑。你也不会忍着，永远不要忍住你的幸福，别的抽烟的人只会增加你的自信。的确，你曾经抽烟，但现在，在心里跟自己说：我摆脱了欲望，获得了自由，我值得拥有最好的一切。我会成为一个很棒的功夫大师。当我数到 5 的时候，你会睁开眼睛，完全清醒。你成为了一个不同的人，一个你总是期望能够成为的人，现在已经如你所愿。每天都像奇迹，你的人生，你的幸福，你的力量，你的安宁。当我数到 5 的时候，你会睁开眼睛，完全清醒，脸上带着大大的微笑，不可抑制的微笑。就像现在，每天你都无法抑制地要去实现自己人生当中所有美好的一切一样。1，让微笑绽放，感受到它。它是真实的、永恒的笑容，笑容继续绽放。2，不要忍着，吸入一种感觉，感觉到非常棒！非常自由！非常幸福！3，4，5，睁开眼睛，完全清醒！

（学员大笑）

C：早上好！

（学员大笑）

T：你感觉如何？

C：赚了。

T：真好。当你想到香烟的时候，它对你有任何作用吗？

C：没感觉到啊！（笑）

（学员大笑）

T：我们现在录制了这个治疗过程，很好，我移除了那个习惯。实际上它甚至永远也回不来了，因为现在它已经从你身上完全隔离开来了。

C：这个怎么办？（克里斯掏出了香烟）

T：扔了好了。

克里斯走到垃圾桶，把烟扔了进去。学员给他长久的热烈的掌声。

T：好，克里斯，坐回椅子里，双手平放在你的大腿上。闭上眼睛，当我从5倒数到0的时候，我要你立刻回到催眠睡眠之中。5，4，下巴放松，深深地睡着。3，2，1，0，越来越深地睡着。当我从10倒数到0的时候，我每倒数一个数字，都会送你进入一种身心放松的状态，进入一种全身心的放松之中，进入更深的睡眠之中。今天你给自己一个美妙的机会，允许自己摆脱有害的烟草，获得自由。每一次你微笑的时候，都会增加自信和动力，获得健康、活力。保持眼睛闭着，让下巴放松，嘴巴张开，进入更深的放松，越来越深地睡着。今天，我会给你制作一个程序，来强化这些暗示，让它们永远留在那儿，永远留在那儿。保持眼睛闭着，我要你看到自己每天都在做着例行的工作，看到自己所做的每件事情，看到自己不吸烟地去完成它们。手很自由，头脑非常清晰敏锐，身体感觉非常健康。每次吸气都让你感觉到自信，每次呼气都给你带来放松。压力，紧张，担忧对你不再有任何影响，因为你根本不接受它们，你是自己头脑的主人，你掌控自己的人生和自己的技能，并且能够掌控自己像行家一样练习功夫的能力。保持眼睛闭着，看到自己在骑自行车，享受骑行的感觉。现在，在你的整个身心里创造出一种稳定性。点头确认。很好！保持眼睛闭着，看到自己在练习功夫，看到自己的每一个动作都做得非常的精准，感觉到自己拥有不可思议的充沛的力量，强劲有力！看到自己像一个勇士，现在，在自己做的每件事上都非常成功！看到自己练习得非常完美。点头确认。保持眼睛闭着，看到自己在酒吧玩台球，看到你周围的人在抽烟，看到自己跟那个习惯已经没有任何的链接，看到自己的脸上绽放出微笑，因为你意识到你不再被抽烟的人所影响。看到别人手里拿着香烟只会增加你的自信，不再回到吸食有害烟草的习惯里去。就只是看到自己在那个酒吧里，看到你自己在打台球的时候，不再跟香烟有任何的链接。点头确认。我要你看到自己的脸上绽放大大的微笑，对自己的幸福和健康感觉到非常开心。你尝试要忍住微笑，克里斯，但你再也忍不住了，微笑越来越大，越来越无法抑制，你越尝试，微笑越大，微笑越大，你越自信，你越有动力，今天是你人生当中最美好的一天，开启了你最好的健康、最好的幸福！当你回看今天的时候，你会说：我做到了！只要我在头脑里想好了，我可以做到任何事情！让微笑绽放！让能量绽放！你的人生改变了，成为最好的人生。当我数到 5 的时候，你睁开眼睛，完全清醒。你从吸食有害烟草的阴影里清醒过来，能够实现人生中的任何目标，这只是个开始，你知道，你从此不再受限制。你调整了自己的思维和身体，吃健康的食物，平静而自信，充满了动力！现在，看到自己在练习功夫，留意到自己脸上的微笑正在绽放，越来越大，感受到它，感受到它！你无法忍住，感受到它！它就在脸上！当我数到 5 的时候，你会睁开眼睛，完全清醒。那个习惯消失了，结束了。1，2，3，4，5！睁开眼睛！感觉如何？

　　C：醒醒吧，烟鬼！

　　（学员们大笑）

　　T：给他掌声！

　　（学员们给他热烈的掌声）

　　T：你一整天都在这儿是吧？

　　C：是的。

　　T：到几点下班？

　　C：我呆到下午差不多六七点钟的样子。

　　T：好的，下午 5 点以后我想要跟你见面，给你做一个每天都可以使用的程序。20 天一个周期。这个改变是永久的，它真实地发生了，并且永远有效。你不再被过去所影响，接纳过去，但不需要愧疚。因为现在你会把每件事都做得很棒！你的微笑就是你的自信。好吗？

    C：好的。

    T：好的。

    （学员们给他热烈的掌声）

    C：谢谢您！

# 后 记

　　此书的第一篇为我的从业经历，也是我人生长河里一串串闪耀的珍珠。有些经历让我惊艳，有些经历让我成长。我不相信有失败，所有的失败不过是通往成功的垫板。中国有句成语叫"画地为牢"，心理学上亦有"舒适区"一说。两者貌似不同，实则异曲同工。舒适区也是我们自己心甘情愿地画地为牢啊！当你说："我不能。"何不换成："让我试试？"我因不断地尝试，不断地打破自我设限的牢笼而得以拥有精彩的一生。人生就是一场催眠，愿你做自己最神奇的催眠师！

　　第二篇是我的技术精华，我相信人生的幸福本自具足。当我成为一个开心的人，当我发现了通往幸福人生的方法，最希望做的事情，就是分享。让每个人都能够拥有幸福的人生，如此，便有望拥有一个幸福的世界。催眠，既不神秘，也不高冷，它是一门科学，更是一门艺术；既能助人，亦能助己。每个人，都可以学会。这一篇，便是我奉献给这个世界的一份路线图，你既可以用来探索自己的幸福人生，也可以不断地练习这些技术，成为一个成功的问诊催眠师和催眠治疗师。当然，对后者来说，如果你不是个实战催眠师或者熟练的科学催眠师，那你的催眠治疗成果会很受限。现在，你要一遍一遍地调查研究，找出你可以使用的最好、最熟练、最有效、最经济，还要更成功的方法，更快速有效地帮助你的来访者解决问题。

　　对于想要精进的科学催眠治疗师，除了第二篇的技术，我也第一次给出了我的临床催眠案例实录做参考。这些，就是第三篇的案例了。我诚恳地希望能够将自己所掌握的最新、最先进的技术和科学研究成果分享给每个人，也在这本书里尽我所能，不断地扩充我认为对你了解催眠、学习催眠最重要的信息。但就像你们所知道的，语言在我们的沟通中能传递的信息只占7%。更多的有赖于声音语调与动作（肢体语言）。而这些，很难用文字去表达。所以，我也很期待未来能够在我的课堂上与大家相逢，将我的这些技术细节毫无保留地教给大家。

总是保持开放的头脑，总是训练你的头脑。通往完美之路永无止境。在这条长长的曲折的路上，要花很长的时间，做无数的练习，才能够守得云开见月明。

现在，轮到你一遍一遍地回顾每个章节和技术，直到你学到的一切都自动成为你人生的一部分，成为你个人催眠治疗技巧的一部分。唯一能提高你技能的是采取行动和练习、练习、再练习！

---

谨记：视觉化 — 确认—投射

现在是时候让自己的人生也成为一场自我催眠了。

## 完全自信——现在，立刻投射它！

本书作者汤姆·史立福与译者于连香